数学物理方程与进阶分析工具

（第二版）

朱一超　著

科学出版社

北京

内 容 简 介

本书的主要目的是帮助读者初步形成综合运用数学方法解决物理问题的能力. 其核心内容是偏微分方程, 它是刻画在演化中蕴含守恒之物理世界诸多机制的重要手段. 本书将着重讨论波动、热传导以及泊松方程这三类最典型的二阶线性偏微分方程, 同时也将对特殊函数——一类可用于求解偏微分方程的重要分析工具进行讨论. 本书也以函数发展的视角对初等函数、特殊函数以及人工智能中最为重要的深度神经网络定义的函数进行简单讨论.

本书假定读者已具备高等数学或类似课程的知识基础, 也可作为希望对偏微分方程有所了解的读者之入门教材.

图书在版编目(CIP)数据

数学物理方程与进阶分析工具 / 朱一超著. -- 2 版. -- 北京 : 科学出版社, 2025. 6. -- ISBN 978-7-03-081482-1

I. O411.1

中国国家版本馆 CIP 数据核字第 202578C03N 号

责任编辑: 刘信力　郭学雯 / 责任校对: 彭珍珍

责任印制: 赵　博 / 封面设计: 蓝正设计

科学出版社 出版

北京东黄城根北街 16 号

邮政编码: 100717

http://www.sciencep.com

北京市金木堂数码科技有限公司印刷

科学出版社发行　各地新华书店经销

*

2020 年 2 月第　一　版　开本: 720×1000 1/16

2025 年 6 月第　二　版　印张: 14 1/2

2025 年10月第七次印刷　字数: 288 000

定价: 98.00 元

(如有印装质量问题, 我社负责调换)

第二版前言

《数学物理方程与进阶分析工具》发行已四年有余, 得到读者大量建设性反馈. 本书作为其再版内容, 写作目的有二.

第一, 对初版内容进行补充完善. 本书初版的写作目的是帮助偏微分方程初学者形成: ① 用偏微分方程对物理问题建模; ② 解析求解偏微分方程问题; ③ 使用求解结果对所研究物理问题进行深入诠释的全链条分析习惯. 本书将继续以此为写作目的. 为此, 本书对初版的第 1~5 章进行了修订. 同时补充了两章的内容, 使得特殊函数部分的讨论更加完备.

第二, 将本书所讨论主题与相关前沿成果关联. 人工智能是今天的热点与前沿, 其背后的核心数学理念是使用神经网络来刻画极多因素间的隐式关联关系. 如果说基本初等函数是直觉驱动发现的, 特殊函数是偏微分方程求解驱动发现的, 那么神经网络函数代表的是数据驱动发现函数的新范式. 在本书的最后加入了对函数发现范式演化的讨论, 希冀为神经网络设计与训练提供些许灵感.

感谢广大读者对本书初版内容的积极反馈, 并指出其中的纰漏, 相关内容在再版中都一一修正. 感谢大连理工大学博士研究生马闯和硕士研究生杨凯峥在再版整理过程中的辛勤付出. 也特别感谢我的家人们在本书撰写过程中给予我的全力支持.

朱一超

2024 年 9 月于辽宁大连

第一版前言

数学物理方法或类似课程 (以下简称“数理方法课程”) 旨在帮助学生逐渐形成综合运用数学方法解决物理问题的能力. 在理工科本科生专业课程大纲中, 数理方法课程往往扮演着“承前启后”的枢纽角色. 这是因为, 一方面在数理方法课程学习过程中需要深入应用各类高等数学课程中的大量基础知识; 另一方面, 课程中的诸多思想方法也是后续定量分析类专业课程的基础. 本书旨在帮助读者梳理数理方法课程中的关键知识点, 提升量化分析之思维格局.

数理方法课程的核心内容是偏微分方程, 这是由物理世界的一些本质规律所决定的. 我们知道, 物理过程都是在不断发展演化的, 而在演化过程中某些物理量 (如能量等) 始终保持恒定. 从数学的角度看, 微分是描述变化最有效的工具, 而等式 (或方程) 则是描述守恒的直接手段. 因此, 微分方程很自然地成为了刻画在演化中蕴含守恒之物理机制的重要手段. 而当物理问题涉及多自变量因素时, 问题的刻画往往以多变元的偏微分方程形式呈现. 使用偏微分方程分析物理问题通常可以分三个步骤. 首先是建模, 即如何将一个物理问题用偏微分方程进行刻画; 其次是分析, 即如何运用数学工具对所得到的偏微分方程问题进行分析并求解; 最后是诠释, 即如何基于分析结果对该物理问题有一个更深刻全面的认识. 帮助读者养成上述“源于物理、拓于数学、归于物理”的全链条式思考习惯也是本书的写作目的之一. 此外, 为更有效地求解偏微分方程相关问题, 本书也将相应地介绍一些数学分析方法与工具. 这里需要指出的是, 基于求解数学物理方程而衍生出来的数学工具极其丰富, 有的甚至已演化成为一个独立的学科方向 (如泛函分析). 编者深感自身水平有限, 甚至难以找到特定术语对这些纷繁复杂的数学工具进行恰当的概括, 因此只能笼统地将其称为“进阶分析工具”. 这也是本书题目《数学物理方程与进阶分析工具》的由来. 限于篇幅及作者的知识水平, 本书仅能挑选编者认为重要的主题进行讨论.

本书数理方程部分将重点讨论波动、热传导及静电场这三类物理现象各自对应的偏微分方程, 以及相应的系列求解方法. 这是绝大部分面向本科生之数学物理方程教材的核心内容. 从内容编排上看, 现有的教材可以按逻辑脉络分为两类. 一类以建模–分析为主线, 即首先介绍各类具有重要物理意义的偏微分方程, 随后逐一介绍重要的求解方法. 这样的编排有利于提高读者对各种求解方法掌握之熟练程度. 这样的逻辑脉络在面向工科类本科生数理方法教材中是较为普遍的. 另一类则是以方程的类型为纲编写. 首先介绍波动方程的导出及相应的求解方法, 其次是热传导方程的相关内容, 之后是静电场对应方程, 即泊松方程的相关内容. 实际上, 上述三类物理现象所对应的偏微分方程恰好是双曲型、抛物型、椭圆型二阶线性偏微分方程的典型代表. 这样的编排方式有助于明晰不同偏微分方程背后的数学结构. 类似编写方式更多为以数学为学科背景的编著者所采纳. 实际上, 深刻认识偏微分方程的数学结构更有利于把握物理问题的本质. 例如, 对流体力学问题使用中心差分离散格式进行数值模拟往往会导致数值振荡, 而对线弹性力学的模拟仿真则不存在上述问题. 其背后的一个关键原因是, 流体力学问题的控制方程通常是 (一阶) 双曲型的, 物理过程会沿着特定方向, 即特征线方向演化. 换言之, 流体力学问题具有 "上下游" 的特点, 这与中心差分假定差分点两边信息权重对称的基本设置相悖. 而作为广义椭圆型的线弹性力学方程组则没有特征线, 因此使用中心差分模拟就不会出现数值振荡的问题. 由此可见, 了解偏微分方程的数学结构将有助于读者面对新问题时做到举一反三, 选择恰当的分析计算方法. 因此, 本书将采用以方程分类为纲的编写方式, 旨在将物理现象与其对应偏微分方程之间的关联深化到数学结构的层面. 此外, 由于本书侧重于呈现数学工具的物理应用性, 因此将不会讨论与该侧重点关联性较弱且过于复杂的数学证明. 本书的前三章将分别介绍波动方程、热传导方程及泊松方程各自的物理问题建模、求解方法及相关诠释. 而第 4 章将对一般二阶线性偏微分方程进行分类讨论, 并对比上述三类方程在数学结构上的异同. 鉴于国内高校大部分数学物理方法类本科生课程都设定在 64 学时或以下的规模, 本书在篇幅上也有所控制, 因此进阶分析工具部分将只系统介绍贝塞尔函数的相关内容.

根据编者多年的学习及教学经验, 本科二年级及以下本科生学习数理方法类课程是很具有挑战性的. 这是由课程的内在规律所决定的. 首先, 课程要求学生可以熟练运用高等数学 (包括微积分、线性代数、常微分方程) 课程中介绍的各种数学工具. 另外, 课程所引入的部分概念与方法不仅理解起来抽象, 而且涉及复杂数学推导. 因此, 用 "且烦且难" 一词来描述数理方法类课程并不为过. 这样的课程特点自然地令一些同学因对其产生畏难情绪而无法翻越 "数理方法" 这座高山, 进而阻碍他们在后续课程中以更深刻的量化分析视角来吸收专业知识. 本书在编写过程中充分考虑到这一课程特点, 也采取了系列措施. 例如, 当一节内容中会深入涉及某些高等数学知识点时, 编者会在节后增加 "预备知识" 的内容, 力图用简明扼要的语言阐述该基础知识的关键特征, 激发读者对相关知识的回忆. 此外, 本书也会重点强调新知识与已有知识的类比, 以消除读者对新知识的陌生感. 例如, 在介绍贝塞尔函数的过程中, 本书将其各种性质与正余弦函数的相应性质进行类比, 希冀帮助读者更好地掌握系统地学习新函数的方法. 总而言之, 尽管数理方法课程的学习具有挑战性, 但它也创造了一个帮助读者整理并升级自己数学工具箱的契机. 本书也希望能帮助读者更好地把握上述契机, 从而打下扎实的量化分析功底.

这里我们再次强调, 数学物理方法这个题目本身的覆盖面极广. 广义上讲, 任何运用定量分析工具研究物理问题的实践都可以划归至数学物理方法的范畴. 本书仅选取其中最具代表性的内容展开蜻蜓点水式的讨论, 可以看作是一本入门级教材. 此外, 受编者知识水平的限制, 本书仍有诸多待改进之处, 还请读者多多包涵并欢迎指正.

在本书的编写过程中, 编者充分地参考了中外前辈及同行的相关高水平著作, 其中主要包括复旦大学谷超豪院士等编写的《数学物理方程》(第三版)、东南大学王元明教授编写的《工科数学——数学物理方程与特殊函数》(第三版)、北京大学吴崇试教授编写的《数学物理方法》(第二版)、英国牛津大学 John Ockendon 院士等编写的 *Applied Partial Differential Equations* 等. 此外, 本书的出版也得到各方面的大力支持. 在此特别感谢大连理工大学教务处及运载工程与力学学部在出版经费上的支持. 感谢大连理工大学工程力学系郭旭教授、杨春秋教授、闫军教授及郑勇刚教授在本书写作过程中的宝贵建议. 感谢薛丁川同学、罗静同学及向潜同学在本书成稿过程中的辛勤付出; 感谢周正成、马浩铭、矫君宁、马闯、李腾枭、徐康琪、仓铭培、项周逸、庄晓宇等同学在书稿校对过程中的积极参与. 最后, 要感谢我的家人一直以来对我工作的全力支持.

朱一超

2019 年 9 月

目　　录

第一部分

二阶线性偏微分方程

第 1 章 波 动 方 程

本章将从一维弦振动问题入手, 推导刻画弦振动过程的偏微分方程, 并讨论其相关定解问题与求解方法. 然后进一步推导空间二维/三维波动方程并讨论其性质. 最后介绍波动方程其数学结构与所描述物理过程之间的对应关系. 本章内容总结在知识地图图 1.1 中.

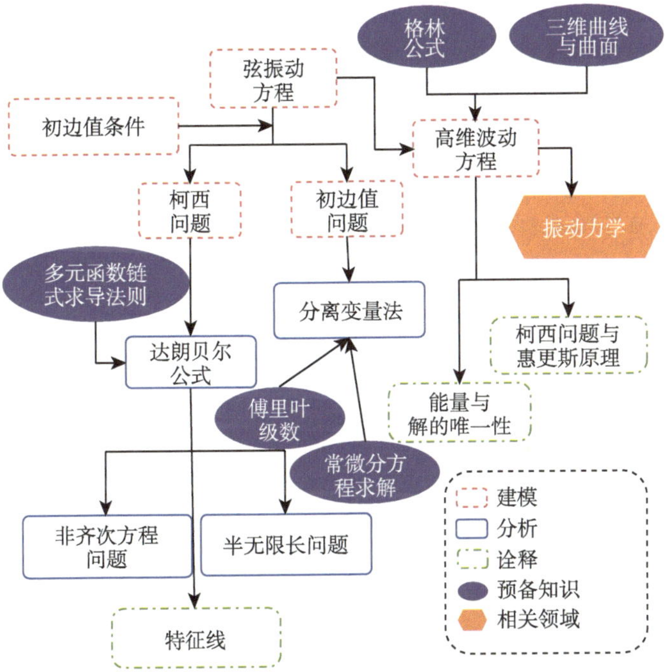

图 1.1 知识地图——波动方程

1.1 弦振动方程的导出与定解条件

1.1.1 弦振动方程的导出

本节将讨论描述弦振动过程的数学模型, 目的是给出弦上任何一点在其振动过程中所满足的定量关系. 具体而言, 考虑如图 1.2 所示一根自然长度为 L, 线质量密度为 ρ 的弦. 首先针对所研究弦振动过程给出如下符合现实特征的假设.

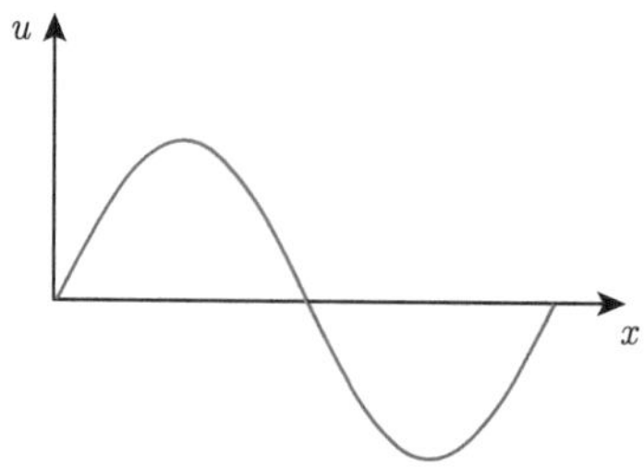

图 1.2　弦振动模型

(1) **弦的粗细远小于长度.** 数学上可描述为 $d \ll L$, 其中 d 为弦横截面的直径. 该问题就可看作一个空间一维问题. 如图 1.2 中的设定, 令 x 轴与弦伸直的方向平行. 如此, 弦上任意一点均对应一个 x 的值.

(2) **弦上各点都只沿垂直于 x 轴方向做垂向小变形运动.** 这就意味着本问题的因变量只有一个, 即弦的垂向位移, 用字母 u 表示. 它是时间 t 与空间位置 x 的函数, 即 $u(x,t)$ 表示弦上 x 点所对应部分在 t 时刻的垂向位置. 这里所说的小变形是指弦上任意一点的位移远小于其长度. 若从数学的角度描述垂向小变形, 可以认为 $\left|\dfrac{\partial u}{\partial x}\right|$ 是无穷小量, 因此可忽略其高阶项, 即

$$\left|\frac{\partial u}{\partial x}\right|^2 \approx 0. \tag{1.1}$$

值得指出的是, "小变形" 是一个相对的概念. 例如, 对于吉他弦而言, 厘米量级的位移已经不能看作是小变形; 而对于铁索桥的钢缆而言, 分米数量级的位移依然可以看作是小变形, 因为钢缆长度可能达到数十米的量级.

(3) **弦抗拉不抗弯, 且其线张力与弦的局部伸长成正比.** 若用 s 描述弦的弧长, T 表示弦的线张力, 则上述假设可以表达为增量形式, 即 $\Delta T \propto \Delta s$, 其中 ΔT 和 Δs 分别表示弦变形时线张力和弧长相对于前一状态的变化量. 这里的线张力 T 也应该是一个关于空间位置 x 和时间 t 的函数.

此外, 弦在振动过程中还会受到外力 $F(x,t)$ 的影响, 这里 F 为线密度力, 其单位为 N/m.

表 1.1 汇总了弦振动问题数学建模所涉及的物理量.

我们的目标是基于上述三个假设并利用动量定理, 推导出垂向位移 $u(x,t)$ 所满足的关系式. 具体推导过程可分为如下三个步骤.

(1) **证明线张力 T 与时间变量无关.** 在整个推导过程中, 我们将反复运用微元法的思想. 如图 1.3 所示, 考虑一个小区间 $[x, x+\Delta x]$ 所对应的弦微段. 该微段的弧长可用割线的长度来近似:

表 1.1　弦振动过程建模所涉及的物理量

符号	物理意义	单位
x	空间变量	m
t	时间变量	s
$u(x,t)$	垂向位移	m
$s(x,t)$	到端点弧长	m
$T(x,t)$	线张力	N
$F(x,t)$	外力	N/m
ρ	质量线密度	kg/m

$$\Delta s \approx \sqrt{1+\left(\frac{\partial u}{\partial x}\right)^2}\Delta x \approx \Delta x, \tag{1.2}$$

这里利用了 $\left(\dfrac{\partial u}{\partial x}\right)^2$ 为高阶无穷小量的假设. 这说明该微段的弧长在振动过程中与其伸直时的长度保持一致. 基于线张力与弦局部伸长成正比的假设, 进而证明该微段处的线张力不随时间改变. 最后, 再利用微元选取的任意性, 可以证明, 弦上任何一点所承受的线张力 T 在振动过程中均不随时间而改变.

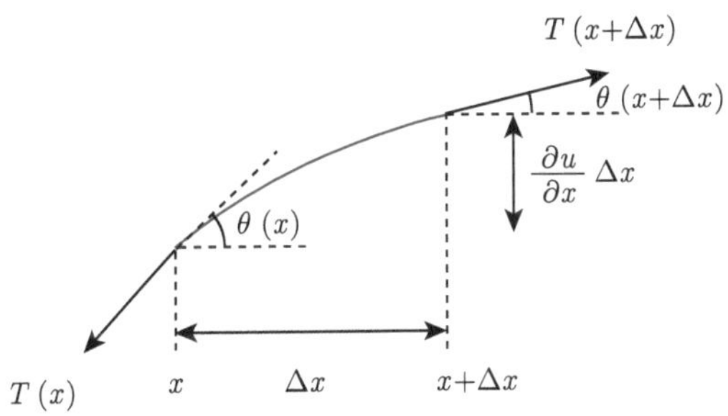

图 1.3　弦微元受力分析图

(2) **证明线张力 T 与空间变量无关.** 由上述假设 (2) 可知, 弦上每个微段在振动过程中都不存在沿 x 方向的位移, 即该微段在 x 方向上时刻保持力学平衡. 如图 1.3 所示, 我们首先引入 $\theta(x)$ 来表示 x 位置处弦的切线与 x 轴的夹角, 则弦微段在 x 轴方向上的力学平衡关系可由

$$T(x)\cos[\theta(x)] = T(x+\Delta x)\cos[\theta(x+\Delta x)]$$

给出.

在本书中, 为简化表达, 我们在某个变量后加竖线以及下标, 表示该变量在下标所对应的自变量处取值. 例如, 可引入 $T|_x = T(x)$ 等, 于是上式可改写为

$$T|_x \cos\theta|_x = T|_{x+\Delta x}\cos\theta|_{x+\Delta x}. \tag{1.3}$$

根据微积分的相关知识, $\theta(x)$ 与位移 u 应满足下列关系:

$$\tan[\theta(x)] = \frac{\partial u}{\partial x} \ll 1,$$

说明 $\tan[\theta(x)]$ 也是无穷小量. 由三角函数关系可得

$$\cos\theta = (1+\tan^2\theta)^{-\frac{1}{2}} = \left[1+\left(\frac{\partial u}{\partial x}\right)^2\right]^{-\frac{1}{2}} \approx 1, \tag{1.4}$$

这里再次用到 u 一阶空间偏导数的平方为高阶无穷小的假设. 将(1.4) 式代入(1.3) 式中, 有 $T|_x = T|_{x+\Delta x}$. 再由弦微段选取的任意性可知, 弦上任意一点所对应的线张力均相同. 因此, 在小变形振动过程中, 弦内部各点的线张力保持一致且不随时间变化.

在上述讨论中可能存在这样的疑惑. 既然已经将 $\cos\theta$ 近似为 1, 那么 $\sin\theta$ 为什么不是近似为 0 呢? 这是因为我们是考虑忽略二阶及以上小量的近似, 即相应的"误差"是二阶的. 这一点可以从三角函数在 $\theta=0$ 附近的泰勒展开看到:

$$\begin{aligned}
\sin\theta &\sim \theta - \frac{\theta^3}{6} + \cdots \\
\cos\theta &\sim 1 - \frac{\theta^2}{2} + \cdots \\
\tan\theta &\sim \theta + \frac{\theta^3}{3} + \cdots .
\end{aligned}$$

在忽略二阶及以上小量的前提下我们自然得到

$$\sin\theta \approx \theta \approx \tan\theta \approx \frac{\partial u}{\partial x}, \quad \cos\theta \approx 1. \tag{1.5}$$

(3) **基于动量定理导出 $u(x,t)$ 所满足的关系式.** 考虑 $[x, x+\Delta x]$ 所对应微段在时间微段 $[t, t+\Delta t]$ 内沿垂向的动量守恒. 根据(1.2)式, 所考察弦微段的质量为 $\rho\Delta s \approx \rho\Delta x$, 则其从 t 到 $t+\Delta t$ 在垂直方向上的动量变化可表达为

$$\rho\Delta x \left(\left.\frac{\partial u}{\partial t}\right|_{t+\Delta t} - \left.\frac{\partial u}{\partial t}\right|_{t}\right).$$

为方便表达, 我们再次引入新记号: 用变量加竖线再加上下标的形式来表示该变量在上标处取值与在下标处取值之差. 例如上面的式子可改写为

$$\rho\Delta x \left.\frac{\partial u}{\partial t}\right|_{t}^{t+\Delta t} = \rho\Delta x \left(\left.\frac{\partial u}{\partial t}\right|_{t+\Delta t} - \left.\frac{\partial u}{\partial t}\right|_{t}\right). \tag{1.6}$$

接下来我们考虑该弦微段在时间微元 $[t, t+\Delta t]$ 内的冲量, 即其垂向总受力与 Δt 的乘积. 弦微段的垂向运动受到两部分力的影响. 首先是线张力, 如图 1.3所示, 弦微段沿垂直方向的总线张力为 $T\sin\theta\,|_{x+\Delta x} - T\sin\theta\,|_x$. 此外, 弦微段还受到外力 $F\Delta x$ 的影响. 因此, 弦微段在 $[t, t+\Delta t]$ 内的冲量可表示为

$$\left(T\sin\theta|_x^{x+\Delta x} + F\Delta x\right)\Delta t = \left(T\left.\frac{\partial u}{\partial x}\right|_x^{x+\Delta x} + F\Delta x\right)\Delta t, \tag{1.7}$$

其中, 我们利用了(1.5)式的结论.

根据动量定理, 弦微段在时间微元 $[t, t+\Delta t]$ 内垂向动量的变化应该等于垂向冲量. 将(1.6)式与(1.7)式联立可得

$$\rho\Delta x\left.\frac{\partial u}{\partial t}\right|_t^{t+\Delta t} = T\left.\frac{\partial u}{\partial x}\right|_x^{x+\Delta x}\Delta t + F\Delta x\Delta t.$$

将上式两边同时除以 $\rho\Delta x\Delta t$ 可得

$$\frac{1}{\Delta t}\left(\left.\frac{\partial u}{\partial t}\right|_t^{t+\Delta t}\right) = \frac{T}{\rho}\cdot\frac{1}{\Delta x}\left.\frac{\partial u}{\partial x}\right|_x^{x+\Delta x} + \frac{F}{\rho}. \tag{1.8}$$

令 Δt 与 Δx 趋向于 0, 分别有

$$\lim_{\Delta t\to 0}\frac{1}{\Delta t}\left(\left.\frac{\partial u}{\partial t}\right|_t^{t+\Delta t}\right) = \frac{\partial^2 u}{\partial t^2}, \quad \lim_{\Delta x\to 0}\frac{1}{\Delta x}\left(\left.\frac{\partial u}{\partial x}\right|_x^{x+\Delta x}\right) = \frac{\partial^2 u}{\partial x^2}.$$

于是(1.8)式的极限形式可表达为

$$\frac{\partial^2 u}{\partial t^2} = \frac{T}{\rho}\frac{\partial^2 u}{\partial x^2} + \frac{F(x,t)}{\rho}. \tag{1.9}$$

若引入 $a^2 = \dfrac{T}{\rho}$, $f = \dfrac{F}{\rho}$, 则有

$$\frac{\partial^2 u}{\partial t^2} - a^2\frac{\partial^2 u}{\partial x^2} = f(x,t). \tag{1.10}$$

式中, a 的单位为 m/s, 后面我们将证明 a 实际上对应于波的传播速率; f 的单位为 N/kg, 其物理意义是单位质量弦所受的外力.

(1.10) 式可用于刻画弦在小变形振动过程中其垂向位移 $u(x,t)$ 所满足的数学表达式. 它具有方程的特征, 其未知量是一个二元函数 $u(x,t)$, 而我们通过其偏导

数来构建等式, 故(1.10)式称为一个偏微分方程 (partial differential equation). 我们也把它称为弦小变形振动过程的控制方程 (governing equation). 根据其物理背景, (1.10)式称为弦振动方程 (equation of vibrating string), 也称为 (空间一维) 波动方程 (wave equation).

1.1.2 定解条件

与常微分方程类似, 偏微分方程一般也需要额外添加条件从而确定所描述的物理过程. 所添加的条件也称为定解条件. 我们将物理过程的控制方程以及所对应的定解条件统称为一个问题 (problem). 从物理视角看, 若要确定弦振动问题的演化过程, 则需要知道弦的初始状态, 以及系统在弦的两端点处与外界的信息交换. 对应地, 我们将定解条件分为两类: 初始条件和边界条件.

初始条件 (initial condition) 对应 $t=0$ 时系统的状态. 对于弦振动问题, 我们需要知道弦在 $t=0$ 时的形貌以及其上每一点的初速度:

$$u\,\big|_{t=0} = \phi(x); \tag{1.11a}$$

$$\left.\frac{\partial u}{\partial t}\right|_{t=0} = \psi(x), \tag{1.11b}$$

其中, $\phi(x)$ 和 $\psi(x)$ 分别是关于空间变量 x 具有一定光滑性的已知函数. 值得指出的是, 初始条件中的函数不再与时间有关.

当弦无限长且无端点, 即 $x\in(-\infty,\infty)$ 时, 我们称所对应的定解问题为柯西问题 (Cauchy problem). 弦振动方程的柯西问题只需要初始条件 (1.11a) 式和 (1.11b) 式作为其定解条件.

当弦含有端点时, 例如弦为有限长度 $x\in(a,b)$, 我们还需要考虑弦在端点如 $x=a$ 处外界环境对弦振动的影响. 这时除了初始条件, 我们还需要给出相应的边界条件 (boundary condition). 边界条件一般有如下三类基于物理视角的提法.

第一类边界条件是控制弦端点处的位移, 即

$$u|_{x=a} = g_1(t), \tag{1.12a}$$

称为狄利克雷 (Dirichlet) 型边界条件, 或第一类边界条件. 特别地, 当 (1.12a) 式右端项 $g_1(t)$ 为常数时, 弦的端点固定, 称为固值 (fixed value) 边界条件.

第二类边界条件的提法是基于弦端点处的斜率, 即

$$\left.\frac{\partial u}{\partial x}\right|_{x=a} = g_2(t), \tag{1.12b}$$

称为诺伊曼 (Neumann) 型边界条件, 或第二类边界条件. 由前面推导可知, (1.12b) 式左端项乘以线张力 T 表示弦在垂向上的张力分量, 因此诺伊曼型边界条件可以

通过控制弦在端点处的垂向力而得到. 特别地, 当 $g_2(t) = 0$ 时, 弦在端点处不再有垂向作用力. 此类端点也称为弦的*自由端* (free end).

第三类边界条件可以看作是前两类边界条件的线性组合, 即

$$\left(ku \pm T\frac{\partial u}{\partial x}\right)\bigg|_{x=a,x=b} = g_3(t), \tag{1.12c}$$

我们称之为*罗宾* (Robin) 型边界条件, 或第三类边界条件. 罗宾边界条件的物理意义可以参考弦的端点固定在一垂向弹簧上的情形. 若弹簧的弹性系数为 k, 则其对端点的弹力为 $-ku$. 需要指出的是, 罗宾型边界条件 (1.12c)中的符号选择与该端点的位置有关. 若弦的空间定义域为 $x \in (a, b)$, 则考虑弦在右端点 $(x = b)$ 的受力情况, 根据前面讨论可知, 弦的内部对其右端点处产生的垂向力满足 $-T\dfrac{\partial u}{\partial x}$, 故(1.12c)式应该取正号. 若我们考虑弦左端点 $(x = a)$ 处的罗宾边界条件, 则弦的内部对左端点处所产生的垂向力应为 $T\dfrac{\partial u}{\partial x}$, 故在左端点处, (1.12c)式中 $T\dfrac{\partial u}{\partial x}$ 项前面应该取负号. 另外, 罗宾型边界条件实际上可以涵盖前两类边界条件: 当 $k = 0$ 时, 表明端点处的弹簧不提供任何约束力, 此时, (1.12c) 式退化为诺伊曼型边界条件; 当 $k \to \infty$ 时, 弹簧对弦端点约束近似无穷大, 因而弦端点不能产生任何垂向位移, 此时, (1.12c) 式退化为 (固定端) 狄利克雷型边界条件.

1.1.3 偏微分方程分类概述

在本节末, 我们将简要讨论偏微分方程分类问题. 首先为方便后续讨论, 在本节中我们通过给因变量加自变量下标的方式来表示该因变量关于该自变量的各阶偏导数. 例如, $u_t = \dfrac{\partial u}{\partial t}$, $u_{xx} = \dfrac{\partial^2 u}{\partial x^2}$. 于是弦振动方程(1.10)可表达为

$$u_{tt} - a^2 u_{xx} = f(x, t). \tag{1.13}$$

我们再引入记号 $\mathcal{L}[u] = u_{tt} - a^2 u_{xx}$, 则(1.13)式可以写成

$$\mathcal{L}[u] = f. \tag{1.14}$$

实际上, 一般的偏微分方程都可以写成(1.14)式的形式. 左端项 $\mathcal{L}[u]$ 是关于未知函数 u 的操作, 称为关于 u 的一个*微分算子* (differential operator). 右端项为已知函数. 偏微分方程的阶数 (order) 由 $\mathcal{L}[u]$ 中关于 u 的最高阶偏导数的阶数来决定. 例如, 弦振动方程(1.13) 是一个*二阶* (second-order) 偏微分方程, 因为其最高阶偏导数为二阶.

如果算子 $\mathcal{L}$ 关于未知函数 u 是线性的, 即对于满足一定光滑性的函数 u_1 和 u_2 以及两个任意实数 α 和 β, 恒成立

$$\mathcal{L}[\alpha u_1+\beta u_2]=\alpha\mathcal{L}[u_1]+\beta\mathcal{L}[u_2],$$

则称偏微分方程(1.14)为一个*线性偏微分方程* (linear partial differential equation). 若算子 $\mathcal{L}$ 不满足上述的线性关系, 则称其所对应的偏微分方程为一个*非线性偏微分方程* (nonlinear partial differential equation). 据此判据, 弦振动方程(1.13)是一个线性偏微分方程. 一般而言, 针对线性微分方程的分析工具较非线性方程要丰富许多. 例如, 我们知道, 线性常微分方程的一个特征是具有叠加性. 对于复杂的情况, 可以通过将原问题看作几个相对简单问题的叠加, 从而完成对问题的求解. 而线性偏微分方程问题也有类似特征.

对于具有 (1.14) 通式形式的线性偏微分方程, 若 $f\equiv 0$, 则称该方程是*齐次* (homogeneous) 的. 此时弦不受外力 f 的影响, 对应的振动过程称为*自由振动* (free vibration) 过程. 反之, 若 $f\neq 0$, 称所对应的方程为*非齐次* (inhomogeneous) 方程. 此时弦发生*受迫振动* (forced vibration). 我们已经在常微分方程理论中知道, 一个非齐次线性方程的解可以通过满足其对应齐次方程的通解与一个特解叠加而得. 类似的原理也可以用于非齐次线性偏微分方程的求解. 同样的准则也可以用于判断初边值条件齐次与否. 例如, 若(1.11a)式 $\sim$ (1.12c) 式的右端项为零, 则称对应的初边值条件为齐次的.

1.2　弦振动方程柯西问题的求解

本节我们讨论弦振动方程柯西问题的求解. 如 1.1 节讨论, 弦振动方程的柯西问题有如下表述:

$$\begin{cases}u_{tt}-a^2u_{xx}=f(x,t), & (x,t)\in\mathbb{R}\times\mathbb{R}^+;\\ u|_{t=0}=\phi(x), & u_t|_{t=0}=\psi(x).\end{cases}\tag{1.15}$$

(1.15)式实际上给出了表述偏微分方程定解问题的一个范式. 在第一行首先给出描述弦振动过程的控制方程, 就是 1.1 节所导出的波动方程(1.10). 第一行的后半部分表明控制方程自变量的取值范围, 这里使用了笛卡儿积的形式, 等价于 $x\in(-\infty,\infty)$, $t>0$. 问题(1.15) 的第二行给出了问题的定解条件. 对于弦振动方程柯西问题, 我们只需要提初始位移和初速度两个初始条件, 无需提边界条件.

问题(1.15)由一个非齐次线性偏微分方程和两个非齐次初始条件组成. 容易验证, 问题(1.15)可等价于两个偏微分方程柯西问题的叠加, 即问题(1.15)的解 u 可以分解为 $u=v+w$, 其中 v 和 w 分别满足

$$
\text{(I)} \quad \begin{cases} v_{tt} - a^2 v_{xx} = 0, & (x,t) \in \mathbb{R} \times \mathbb{R}^+; \\ v|_{t=0} = \phi(x), & v_t|_{t=0} = \psi(x) \end{cases} \tag{1.16}
$$

和

$$
\text{(II)} \quad \begin{cases} w_{tt} - a^2 w_{xx} = f(x,t), & (x,t) \in \mathbb{R} \times \mathbb{R}^+; \\ w|_{t=0} = 0, & w_t|_{t=0} = 0. \end{cases} \tag{1.17}
$$

利用上述分解, 我们将控制方程与初始条件均为非齐次的原问题(1.15)转化为 (I) 控制方程齐次而初始条件非齐次的柯西问题和 (II) 控制方程非齐次但初始条件齐次的柯西问题的叠加.

1.2.1 达朗贝尔公式

首先我们考虑求解问题 (I). 这里的基本思想是自变量代换, 即寻找一组新的自变量, 使得在新自变量所确定的坐标系下方程表达形式更易于求解. 考虑以下自变量代换:

$$
\xi = x - at, \quad \eta = x + at. \tag{1.18}
$$

基于偏导数链式法则, 未知函数 v 关于原时空自变量 x 和 t 的偏导数可以由 v 关于 ξ 和 η 的偏导数表示. 例如,

$$
v_x = v_\xi \xi_x + v_\eta \eta_x = v_\xi + v_\eta.
$$

对上式两边同时关于 x 再求偏导并利用链式法则可得

$$
v_{xx} = (v_\xi + v_\eta)_x = v_{\xi\xi}\xi_x + v_{\xi\eta}\eta_x + v_{\xi\eta}\xi_x + v_{\eta\eta}\eta_x = v_{\xi\xi} + 2v_{\xi\eta} + v_{\eta\eta}, \tag{1.19}
$$

(1.19)式的推导中使用了(1.18)式的结论, 即 $\xi_x = 1$, $\eta_x = 1$. 同理, 问题(1.16)中出现的 v_{tt} 也可表示为

$$
v_{tt} = a^2 \left(v_{\xi\xi} - 2v_{\xi\eta} + v_{\eta\eta}\right). \tag{1.20}
$$

将(1.19)式与(1.20)式代回问题(1.16)中的控制方程, 可得

$$
v_{\xi\eta} = 0. \tag{1.21}
$$

可以看到, 如果我们选择以 ξ 和 η 为问题的自变量, 则控制方程的形式极大地化简, 从而可直接求解. 根据(1.21)式可知, v 可以写成一个以 ξ 为自变量的函数与一个以 η 为自变量的函数之和的形式:

$$
v = F(\xi) + G(\eta). \tag{1.22}
$$

再将(1.18)式代入(1.22)式, 得到满足问题(1.16)中控制方程的一般表达式:

$$v(x,t)=F(x-at)+G(x+at). \tag{1.23}$$

为确定函数 F 和 G 的具体表达形式, 我们要代入问题(1.16)中的初始条件. 令(1.23)式中 $t=0$, 并代入问题(1.16)中的第一个初始条件有

$$F(x)+G(x)=\phi(x). \tag{1.24a}$$

若要使用问题(1.16)中的第二个初始条件, 则需要知道 $v(x,t)$ 关于 t 的导数. 对(1.23)式两边关于 t 求偏导, 并利用链式法则可得

$$v_t=a[-F'(x-at)+G'(x+at)],$$

其中, $F'(\cdot)$ 和 $G'(\cdot)$ 分别表示一元函数 $F(\cdot)$ 和 $G(\cdot)$ 关于各自自变量的求导. 令上式中 $t=0$, 并代入问题(1.16)中的第二个初始条件可得

$$-aF'(x)+aG'(x)=\psi(x).$$

再对上式两边关于 x 积分有

$$-aF(x)+aG(x)=\int_{x_0}^{x}\psi(\alpha)\mathrm{d}\alpha+C, \tag{1.24b}$$

其中, C 是积分常数, 与 x_0 的选取有关.

将(1.24a)式与(1.24b)式联立, 得到 $F(\cdot)$ 和 $G(\cdot)$ 的表达式:

$$F(x)=\frac{\phi(x)}{2}-\frac{1}{2a}\int_{x_0}^{x}\psi(\alpha)\mathrm{d}\alpha-\frac{C}{2a};$$

$$G(x)=\frac{\phi(x)}{2}+\frac{1}{2a}\int_{x_0}^{x}\psi(\alpha)\mathrm{d}\alpha+\frac{C}{2a}.$$

将上述 F 和 G 的表达式中的自变量分别换成 $x-at$ 和 $x+at$ 并代入(1.23)式, 问题(1.16)的解可表达为

$$v(x,t)=\frac{1}{2}\left[\phi(x-at)+\phi(x+at)\right]+\frac{1}{2a}\int_{x-at}^{x+at}\psi(\alpha)\mathrm{d}\alpha. \tag{1.25}$$

(1.25)式称为达朗贝尔公式 (d'Alembert formula).

严格意义上讲, 我们还需要验证达朗贝尔公式(1.25)确实是问题(1.16)的解. 首先验证其满足控制方程. 对(1.25)式两边关于 t 求偏导得

$$v_t = \frac{a}{2}\left[-\phi'(x-at)+\phi'(x+at)\right]+\frac{1}{2}\left[\psi(x-at)+\psi(x+at)\right],$$

其中, 含参变量积分的求导可以参考本节预备知识的(1.43)式. 对上式再关于 t 求偏导有

$$v_{tt} = \frac{a^2}{2}\left[\phi''(x-at)+\phi''(x+at)\right]+\frac{a}{2}\left[-\psi'(x-at)+\psi'(x+at)\right].$$

同理有

$$v_{xx} = \frac{1}{2}\left[\phi''(x-at)+\phi''(x+at)\right]+\frac{1}{2a}\left[-\psi'(x-at)+\psi'(x+at)\right].$$

由此可验证 $v_{tt}-a^2v_{xx}=0$, 即达朗贝尔公式(1.25)满足问题(1.16)的控制方程. 同样需要验证(1.25)式还满足问题(1.16)中的两个初始条件. 这一点也可以直接验证, 在此不展开讨论.

1.2.2 达朗贝尔公式的物理意义与特征线

为考察达朗贝尔公式对应的物理意义, 考虑以下弦振动方程的柯西问题:

$$\begin{cases} v_{tt}-a^2v_{xx}=0, \quad (x,t)\in\mathbb{R}\times\mathbb{R}^+; \\ v|_{t=0}=\cos x, \quad v_t|_{t=0}=0. \end{cases}$$

将上述初始条件代入达朗贝尔公式(1.25)$[\phi(x)=\cos x,\ \psi(x)=0]$, 可得

$$v(x,t)=\frac{1}{2}\left[\cos(x-at)+\cos(x+at)\right]. \tag{1.26}$$

这表明, 若无限长弦在初始时为静止的余弦线, 则该弦的自由振动过程可以看作一个向右以速度 a 传播的余弦波 $v_1=\dfrac{1}{2}\cos(x-at)$ 和一个向左以速度 a 传播的余弦波 $v_2=\dfrac{1}{2}\cos(x+at)$ 的叠加.

图 1.4 给出了右传播波 $v_1(x,t)$ 在 x-t 平面内的等势图, 其中颜色相同的区域表示 v_1 的取值相同. 可以观察到, 右传播波 $v_1(x,t)$ 的一个特点是, 其函数值沿着斜率为 $\dfrac{1}{a}$ 的直线上保持不变, 即对于任意参数 C, v 的值在由 $x-at=C$ 确定的参数曲线上为常数.

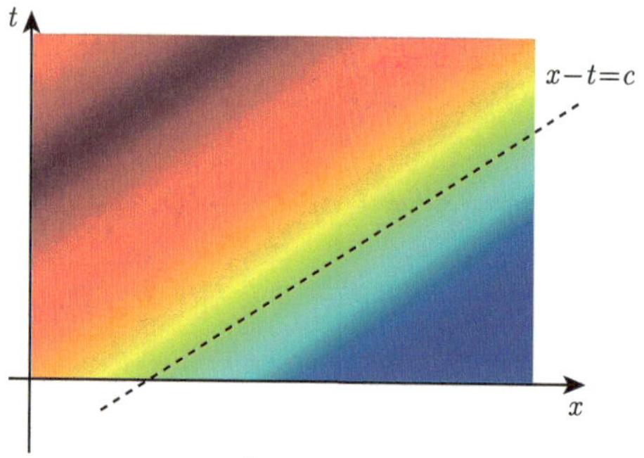

图 1.4 函数 $v_1(x,t)=\dfrac{1}{2}\cos(x-t)$ 在 x-t 平面上的等势图

沿用上述思路分析(1.23)式可以发现, 一维齐次弦振动方程的通解(1.23)也可以看作是由两列相互独立传播波的叠加. 一列是右传播波 $v_1=F(x-at)$; 另一列是左传播波 $v_2=G(x+at)$. 类似上例, 右传播波 $v_1=F(x-at)$ 同样对应着 x-t 平面内的一簇由参数 C 控制的参数曲线 $x-at=C$. 沿其上任意一条直线, 都有 $v_1=F(x-at)=F(C)$, 即 v_1 在 $x-at=C$ 这条直线上的函数值保持不变. 这表明初始时刻在 $x=x_0$ 处的信息 $F(x_0)$, 在 t 时刻后移到了 $x=x_0+at$ 处, 即波以恒定速度 a 向右传播. 类似地, $v_2=G(x+at)$ 描述的是一列以恒定速度 a 向左传播的波. 信息匀速双向传播是弦振动方程的一个重要物理特征.

经过上述讨论可以发现, 两簇参数曲线 $x\pm at=C$, 其中 C 为参数, 对分析弦振动问题具有重要意义. 它们被称为弦振动方程的两簇**特征线** (characteristics). 实际上, 特征线理论适用于分析类似波动方程等刻画信息以有限速度传播的过程的偏微分方程. 它们蕴含着信息传播速度、方向等关键信息. 特征线理论我们将在 4.1 节中继续讨论.

特别地, 当弦无初速度, 即 $\psi(x)=0$ 时, $F(x-at)=\dfrac{1}{2}\phi(x-at)$, $G(x+at)=\dfrac{1}{2}\phi(x+at)$. 这说明此时弦的初始形貌可以看作是两个完全相同弦构型的叠加. 若我们将弦的构型看作一种 "信息", 那么在随后的振动过程中, 上述两组信息中的一组会无损失地向右传播, 另一组则无损失地向左传播.

接下来考察初始状态如何影响弦未来的振动规律, 以进一步发掘达朗贝尔公式所揭示的物理特征. 根据(1.25)式, 对于初始时刻在 $x=x_0$ 处的信息, 其在 t 时刻, 最远可传播到 $x_0\pm at$. 这就说明, 时空中任意一点 (x,t) 处的函数值可以由区间 $[x-at,x+at]$ 内的初始状态完全确定. 因此, 我们将区间 $[x-at,x+at]$ 称为 (x,t) 的**依赖区域** (domain of dependence), 如图 1.5(a) 所示. 而对于给定 $[x_1,x_2]$ 区间上初始时刻的信息, 可以完全确定图 1.5(b) 中阴影三角形内任一点的函数值. 该三角形区域称为区间 $[x_1,x_2]$ 的**决定区域** (domain of determinacy). 此外, 对于

给定 $[x_1,x_2]$ 区间上初始时刻的函数值, 根据弦振动方程有限波速传播的特点, 我们可以画出该区间所能影响到的最大区域, 如图 1.5(c) 中阴影部分所示. 该区域称为区间 $[x_1,x_2]$ 的影响区域 (domain of influence).

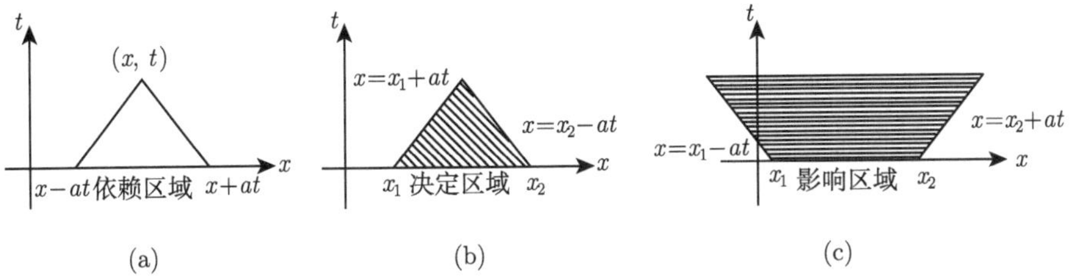

图 1.5 (a) 依赖区域, (b) 决定区域, (c) 影响区域

1.2.3 半无限长弦振动方程的求解

现考虑半无限长弦的振动问题. 如图 1.6 所示, 半无限长弦对应空间位置 $x\in(0,\infty)$. 相对于无限长弦的振动问题(1.16), 半无限长弦振动定解问题需要在端点 $x=0$ 处增加一个边界条件. 如图 1.6 所示, 我们要求弦在端点处的切线始终保持水平, 即 $u_x|_{x=0}=0$. 物理上它对应的是边界不受外力时的振动情形, 即自由振动的边界条件.

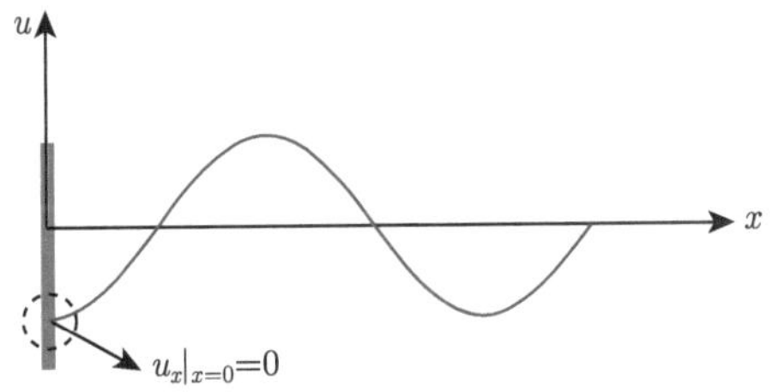

图 1.6 一种半无限长弦振动情况的示意图

考虑如下半空间内弦振动方程定解问题:

$$\begin{cases} u_{tt}-a^2u_{xx}=0, \quad (x,t)\in\mathbb{R}^+\times\mathbb{R}^+; \\ u|_{t=0}=\phi(x), \quad u_t|_{t=0}=\psi(x); \\ u_x|_{x=0}=0. \end{cases} \tag{1.27}$$

问题(1.27)的求解思路是将其转化为具有问题(1.16)的形式, 从而可以利用达朗贝尔公式进行求解. 此时一个自然的想法就是将问题(1.27)中的空间定义域 $x\in$

$\mathbb{R}^+$ 延拓为整个实数域 $\mathbb{R}$. 沿此思路, 假设问题(1.27)初始条件具有如下的延拓形式:

$$\Phi(x)=\begin{cases}\phi(x), & x>0;\\ p(-x), & x<0,\end{cases}$$

$$\Psi(x)=\begin{cases}\psi(x), & x>0;\\ q(-x), & x<0,\end{cases}$$

其中, 延拓函数 $p(\cdot)$ 和 $q(\cdot)$ 的形式待确定.

为保证延拓后的函数在端点 $x=0$ 处依然保持连续, 应满足

$$\begin{cases}\lim\limits_{x\to0^+}\phi(x)=\lim\limits_{x\to0^-}p(-x)=\lim\limits_{x\to0^+}p(x);\\ \lim\limits_{x\to0^+}\psi(x)=\lim\limits_{x\to0^-}q(-x)=\lim\limits_{x\to0^+}q(x).\end{cases} \tag{1.28}$$

实际上, 若要保证延拓后函数在端点处具有充分的光滑性, 则应有

$$\begin{cases}\lim\limits_{x\to0^+}\phi^{(n)}(x)=(-1)^n\lim\limits_{x\to0^-}p^{(n)}(-x)=(-1)^n\lim\limits_{x\to0^+}p^{(n)}(x);\\ \lim\limits_{x\to0^+}\psi^{(n)}(x)=(-1)^n\lim\limits_{x\to0^-}q^{(n)}(-x)=(-1)^n\lim\limits_{x\to0^+}q^{(n)}(x),\end{cases} \tag{1.29}$$

其中, $f^{(n)}(x)$ 表示 $f(x)$ 关于 x 的 n 次导数.

此时 $\Phi(x)$ 和 $\Psi(x)$ 的定义域为 $\mathbb{R}$, 我们考虑如下以 $U(x,t)$ 为未知函数的柯西问题:

$$\begin{cases}U_{tt}-a^2U_{xx}=0, & (x,t)\in\mathbb{R}\times\mathbb{R}^+;\\ U|_{t=0}=\Phi(x), & U_t|_{t=0}=\Psi(x).\end{cases} \tag{1.30}$$

当我们求得 $U(x,t)$ 的表达式后, 只需取其 $x>0$ 部分即可得到问题(1.27) 的解, 即 $u(x,t)=U|_{x>0}$.

根据达朗贝尔公式(1.25)有

$$U(x,t)=\frac{1}{2}\left[\Phi(x-at)+\Phi(x+at)\right]+\frac{1}{2a}\int_{x-at}^{x+at}\Psi(\alpha)\mathrm{d}\alpha. \tag{1.31}$$

需要注意的是, Φ 和 Ψ 均为分段函数. 因此需要根据 $x\pm at$ 的符号来确定(1.31)式的具体表达式.

当 $x>at$ 时, $x\pm at$ 均取正值. 于是(1.31)式中的 $\Phi(\cdot)$ 和 $\Psi(\cdot)$ 可分别用 $\phi(\cdot)$ 和 $\psi(\cdot)$ 直接替换.

当 $x < at$ 时, 我们着重考虑 $0 < x < at$ 的情形. 此时

$$\varPhi(x+at) = \phi(x+at);$$

$$\varPhi(x-at) = p(at-x);$$

$$\int_{x-at}^{x+at} \varPsi(\alpha)\,\mathrm{d}\alpha = \int_0^{x+at} \psi(\alpha)\mathrm{d}\alpha + \int_{x-at}^{0} q(-\alpha)\mathrm{d}\alpha.$$

根据微积分知识, 可对上式中关于 $q(-\alpha)$ 的积分式进行改写. 令 $s=-\alpha$, 整理后有

$$\int_{x-at}^{0} q(-\alpha)\,\mathrm{d}\alpha = \int_0^{at-x} q(s)\,\mathrm{d}s.$$

将上述讨论结果代入(1.31)式有

$$U(x,t) = \begin{cases} \dfrac{\phi(x-at)+\phi(x+at)}{2} + \dfrac{1}{2a}\displaystyle\int_{x-at}^{x+at} \psi(\alpha)\mathrm{d}\alpha, & x > at; \\ \dfrac{p(at-x)+\phi(x+at)}{2} & \\ +\dfrac{1}{2a}\left[\displaystyle\int_0^{x+at} \psi(\alpha)\mathrm{d}\alpha + \int_0^{at-x} q(\alpha)\mathrm{d}\alpha\right], & 0 < x < at. \end{cases} \tag{1.32}$$

此时, 还需利用问题(1.27)中的边界条件 $u_x|_{x=0}=0$ 来确定 $p(x)$ 和 $q(x)$ 的具体形式. 由于所关注的是 $U(x,t)$ 在 $x=0$ 处的空间偏导数值, 我们主要考虑(1.31)式中 $x \in (0,at)$ 的情形. 对(1.32)中第二行的式子关于 x 求偏导有

$$U_x = \frac{1}{2}\left[-p'(at-x)+\phi'(at+x)\right] + \frac{1}{2a}\left[-q(at-x)+\psi(at+x)\right].$$

代入问题(1.27)的边界条件可得

$$U_x|_{x=0} = \frac{1}{2}\left[-p'(at)+\phi'(at)\right] + \frac{1}{2a}\left[-q(at)+\psi(at)\right] = 0.$$

由于上式对于任意时刻 t 均需成立, 故要求

$$p'(s) = \phi'(s), \quad q(s) = \psi(s).$$

对第一式关于 s 积分得

$$p(s) = \phi(s) + C,$$

其中, C 为常数. 再利用连续性条件(1.28)可得 $C=0$. 这说明需要

$$p(s)=\phi(s),\quad q(s)=\psi(s), \tag{1.33}$$

从而保证(1.31)式满足问题(1.27)中的自由边界条件. 这就说明, 对于无初速度情形下的齐次诺伊曼型边界条件 $(u_x|_{x=0}=0)$ 所对应的弦振动问题, 只需对初始条件进行偶延拓即可利用达朗贝尔公式求解.

将(1.33)式代入(1.32)式, 问题(1.27)的解 u 可表达为

$$u(x,t)=\begin{cases}\dfrac{\phi(x-at)+\phi(x+at)}{2}+\dfrac{1}{2a}\displaystyle\int_{x-at}^{x+at}\psi(\alpha)\mathrm{d}\alpha, & x>at;\\ \dfrac{\phi(at-x)+\phi(x+at)}{2} & \\ +\dfrac{1}{2a}\left[\displaystyle\int_0^{x+at}\psi(\alpha)\mathrm{d}\alpha+\int_0^{at-x}\psi(\alpha)\mathrm{d}\alpha\right], & 0<x<at.\end{cases} \tag{1.34}$$

基于特征线的思想, 我们接下来分析(1.34)式所揭示的物理特征. 注意到, (1.34)式是一个以 $x=at$ 为边界的分段函数. 如图 1.7 所示, 虚线 $x-at=0$ 将 x-t 平面分为两个区域, 分别标定为区域 I $(x>at)$ 和区域 II $(0<x<at)$.

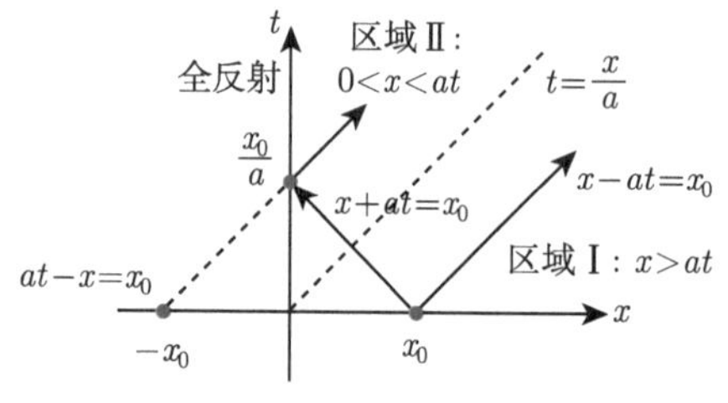

图 1.7　解(1.34)式在 x-t 平面的区域划分与波传播行为分析

为直观起见, 我们令(1.34)式中的 $\psi(\alpha)=0$. 于是

$$u(x,t)=\begin{cases}\dfrac{1}{2}\left[\phi(x-at)+\phi(x+at)\right], & x>at;\\ \dfrac{1}{2}\left[\phi(at-x)+\phi(x+at)\right], & 0<x<at;\end{cases} \tag{1.35}$$

根据上面 1.2.2 节的讨论, (1.35)式在两个区域内均可看作是两个反向匀速波的叠加. 但此处我们还有两点进一步的观察.

在区域 I 内, (1.35)式给出 u 的表达式与达朗贝尔公式(1.25)在 $\psi=0$ 的情形时完全一致. 故初始时刻在 $x=x_0$ 处的信息以速度 a 匀速向两边传播. 如图 1.7

所示, 其中右传播波在区域 I 内对应的特征线 $x-at=x_0$ 始终与区域边界 $x=at$ 平行, 故区域 I 内的右传播波不会进入区域 Ⅱ. 而相应的左传播波会在 $t=\dfrac{x_0}{2a}$ 时刻穿过边界进入区域 Ⅱ.

而在区域 Ⅱ 内, 由于其不包含任何初始区域 ($t=0$), 其内部的波必然源自区域 I. 实际上, 如图 1.7 所示, 区域 Ⅱ 内的左传播波是区域 I 内左传播波的自然延伸. 根据特征线理论, 区域 Ⅱ 内的右传播波也可以看作在初始时刻位于 $x<0$ 的虚拟位置所发出的信号. 而该信号的真实始发点在弦的端点处 ($x=0$). 例如, 从图 1.7 中虚拟点 $x=-x_0$, $t=0$ 所发出的右传播波的特征线满足 $x-at=-x_0$, 其所对应的信号值为 $\dfrac{1}{2}\phi(at-x_0)=\dfrac{1}{2}\phi(x_0)$. 其特征线与区域 Ⅱ 的左传播波特征线 $x+at=x_0$ 在 $t=\dfrac{x_0}{a}$ 时刻相交, 而该左传播波的信号值也满足 $\dfrac{1}{2}\phi(x+at)=\dfrac{1}{2}\phi(x_0)$. 这表明初始时刻 $x=x_0$ 位置发出的左传播波在 $t=\dfrac{x_0}{a}$ 时到达弦的自由振动端 ($x=0$), 随后该信号被无损耗地反射回去, 对应的是一个从 $x=0$ 轴上发出的右传播波. 这也从侧面反映了齐次诺伊曼型边界条件具有全反射的物理特征.

实际上, 当 (可能是高维空间内) 偏微分方程刻画的是信息以有限速度传播的过程时, 可以尝试寻找具有

$$u=\phi(\boldsymbol{r}+\boldsymbol{v}t) \tag{1.36}$$

形式的解, 其中, $\boldsymbol{r}$ 是空间坐标; $\boldsymbol{v}$ 为待求速度场; $\phi(\cdot)$ 为待求函数. 经此假设, 原有的偏微分方程往往可以转化为一个可能解析求解的常微分方程. 我们也将具有(1.36)式形式的解称为相应偏微分方程的一个行波 (travelling wave) 解.

1.2.4 齐次化原理

达朗贝尔公式(1.25)给出了满足齐次弦振动方程柯西问题的解. 接下来我们将考虑求解非齐次弦振动方程柯西问题(1.17):

$$(\text{II})\quad \begin{cases} w_{tt}-a^2w_{xx}=f(x,t), & (x,t)\in\mathbb{R}\times\mathbb{R}^+; \\ w|_{t=0}=0, \quad w_t|_{t=0}=0. \end{cases} \tag{1.37}$$

这里的策略是将该问题中的非齐次控制方程转化为齐次, 从而借用达朗贝尔公式进行求解. 在此我们给出如下齐次化原理, 又称为杜阿梅尔原理 (Duhamel's principle).

齐次化原理 若以 τ 为参数的函数 $W(x,t;\tau)$ 满足

$$\begin{cases} W_{tt}-a^2W_{xx}=0, \quad x\in\mathbb{R},\ t>\tau; \\ W|_{t=\tau}=0, \quad W_t|_{t=\tau}=f(x,\tau), \end{cases} \tag{1.38}$$

则

$$w(x,t)=\int_0^t W(x,t;\tau)\,\mathrm{d}\tau \tag{1.39}$$

就是问题(1.37)的解.

将(1.39)式代入问题(1.37)中的控制方程与初始条件, 就可以验证齐次化原理. 此处留作课后作业.

接下来我们讨论齐次化原理的物理意义. 若将时间轴分成 $[0,t_1]$, $[t_1,t_2]$, $\cdots$ 无数个时间微段, 并单独考虑每个微段上所施加外荷载 $f(x,t)$ 对后续振动的影响. 为此可引入一组 $f_j(x,t)$, $j=1,\ 2,\ \cdots$, 满足

$$f_j(x,t)=\begin{cases}f(x,t), & t\in[t_{j-1},t_j];\\ 0, & \text{其他时刻}.\end{cases}$$

可以验证, 问题(1.37)中的外力 f 由 f_j 叠加而成. 因此, 问题(1.37)可以看作是由外力 f_j, $j=1,\ 2,\ \cdots$ 影响的系列受迫振动过程叠加的结果. 对于第 j 个振动过程, f_j 在 $t=t_{j-1}$ 时刻才开始对弦振动产生影响. 而由于 $[t_{j-1},t_j]$ 是时间微段, f_j 的功效是向系统提供了一个 $t=t_j$ 时刻的初速度. 随后, 由于 f_j 变成 0, 弦在该初速度后开始进行自由振动. 这就是问题(1.38)的物理意义. 而令时间微段长度趋于 0, 上述叠加求和过程可以逼近一个黎曼积分, 这是(1.39)式的雏形.

基于齐次化原理, 我们可以将问题(1.37)转化为一个关于 $W(x,t;\tau)$ 的齐次控制方程的初值问题(1.38). 通过引入新的时间坐标 $\tilde{t}=t-\tau$, 问题(1.38)化为一个标准的初值问题:

$$\begin{cases}W_{\tilde{t}\tilde{t}}-a^2W_{xx}=0, & (x,\tilde{t})\in\mathbb{R}\times\mathbb{R}^+;\\ W|_{\tilde{t}=0}=0, & W_t|_{\tilde{t}=0}=f(x,\tau).\end{cases} \tag{1.40}$$

利用达朗贝尔公式(1.25), 有

$$W(x,t;\tau)=\frac{1}{2a}\int_{x-a\tilde{t}}^{x+a\tilde{t}}f(\alpha,\tau)\mathrm{d}\alpha=\frac{1}{2a}\int_{x-a(t-\tau)}^{x+a(t-\tau)}f(\alpha,\tau)\mathrm{d}\alpha, \tag{1.41}$$

这里将时间坐标换回 t. 再将(1.41)式代回(1.39)式, 得到问题(1.37)的解的表达式:

$$w(x,t)=\frac{1}{2a}\int_0^t\int_{x-a\tilde{t}}^{x+a\tilde{t}}f(\alpha,\tau)\mathrm{d}\alpha\mathrm{d}\tau=\frac{1}{2a}\int_0^t\int_{x-a(t-\tau)}^{x+a(t-\tau)}f(\alpha,\tau)\mathrm{d}\alpha\mathrm{d}\tau. \tag{1.42}$$

(1.42)式是一个以自变量 x 和 t 为参数的二重积分.

预 备 知 识

含参变量积分的求导运算

在求解偏微分方程的过程中, 时常会遇到由含参变量积分所定义的函数. 例如,

$$F(x) = \int_{a(x)}^{b(x)} f(x,t)\,\mathrm{d}t.$$

若被积函数 $f(x,t)$ 及其偏导数满足一定的光滑性, 则上述由积分定义的函数之导数可由

$$\frac{\mathrm{d}F}{\mathrm{d}x} = b'(x)f(x,b(x)) - a'(x)f(x,a(x)) + \int_{a(x)}^{b(x)} \frac{\partial f}{\partial x}\,\mathrm{d}t \tag{1.43}$$

来计算.

1.3 分离变量法

1.3.1 初边值问题的提法

本节将讨论有限长度弦振动问题的求解. 假设弦的两个端点分别对应空间 $x=0$ 和 $x=l$ 位置, 此时弦振动方程的定解问题需要给初始条件和边界条件. 若我们知道弦两端点对应位移的演化轨迹, 即 1.1 节中的狄利克雷型边界条件成立, 则相应初边值问题有如下描述:

$$\begin{cases} u_{tt} - a^2 u_{xx} = f(x,t), \quad (x,t) \in (0,l) \times \mathbb{R}^+; \\ u|_{t=0} = \phi(x), \quad u_t|_{t=0} = \psi(x); \\ u|_{x=0} = \mu_1(t), \quad u|_{x=l} = \mu_2(t), \end{cases} \tag{1.44}$$

其中, $\mu_1(t)$ 和 $\mu_2(t)$ 为时间的已知函数.

注意到, 上述问题中的控制方程、初始条件和边界条件均为非齐次. 我们首先证明, 对于任意非齐次边界条件, 可以通过引入一个已知函数的方式将边界条件齐次化. 具体而言, 引入函数

$$h(x,t) = \frac{l-x}{l}\mu_1(t) + \frac{x}{l}\mu_2(t).$$

实际上, $h(x,t)$ 是通过对原问题边界条件 $\mu_1(t)$ 和 $\mu_2(t)$ 插值得到的. 由此我们可以考虑一个新的未知函数 $v(x,t)=u(x,t)-h(x,t)$ 所满足的初边值问题:

$$\begin{cases} v_{tt}-a^2v_{xx}=f-\dfrac{l-x}{l}\mu_1''(t)-\dfrac{x}{l}\mu_2''(t), \quad (x,t)\in(0,l)\times\mathbb{R}^+; \\ v|_{t=0}=\phi(x)-\dfrac{l-x}{l}\mu_1(0)-\dfrac{x}{l}\mu_2(0), \quad v_t|_{t=0}=\psi(x)-\dfrac{l-x}{l}\mu_1'(0)-\dfrac{x}{l}\mu_2'(0); \\ v|_{x=0}=0, \quad v|_{x=l}=0. \end{cases} \tag{1.45}$$

问题(1.45)中控制方程的右端项以及初始条件仍为非齐次, 但边界条件变为齐次. 这就说明, 若要求解问题(1.44), 则总可以先求解一个满足非齐次方程、非齐次初始条件以及齐次边界条件的问题(1.45), 然后将新问题的解与 $h(x,t)$ 相加得到原问题(1.44)的解. 值得指出的是, 对于第二、三类边界条件, 上述构造齐次边界条件的方法依然适用, 但 $h(x,t)$ 的选取方法略有不同. 相应问题可参考课后习题 1.12.

因此, 针对问题(1.44), 我们只需要考虑 $\mu_1(t)=\mu_2(t)=0$ 的情形. 与 1.2 节的情形类似, 我们可以利用叠加法将原问题分成两部分, 即 $u=v+w$, 其中 v 和 w 分别满足

$$\text{(I)} \quad \begin{cases} v_{tt}-a^2v_{xx}=0, \quad (x,t)\in(0,l)\times\mathbb{R}^+; \\ v|_{t=0}=\phi(x), \quad v_t|_{t=0}=\psi(x); \\ v|_{x=0}=0, \quad v|_{x=l}=0 \end{cases} \tag{1.46}$$

和

$$\text{(II)} \quad \begin{cases} w_{tt}-a^2w_{xx}=f, \quad (x,t)\in(0,l)\times\mathbb{R}^+; \\ w|_{t=0}=0, \quad w_t|_{t=0}=0; \\ w|_{x=0}=0, \quad w|_{x=l}=0. \end{cases} \tag{1.47}$$

1.3.2 分离变量法

首先, 考虑问题 (I) 的求解. 这里将介绍分离变量法 (method of separation of variables). 考虑满足齐次波动方程且具有如下形式的解:

$$v(x,t)=X(x)T(t). \tag{1.48}$$

二元函数(1.48)具有变量分离的形式, 这是因为它可以表达为两个一元函数乘积的形式. 将该变量分离形式代入问题(1.46)中的控制方程有

$$T''X=a^2TX'',$$

其中, T'' 和 X'' 分别表示一元函数 $T(t)$ 和 $X(x)$ 对其各自自变量求二阶导数. 将上式两边同时除以 $a^2X(x)T(t)$, 我们发现, 等式的一边是 T''/a^2T, 一个只与自变量 t 相关的函数; 等式的另一边是 X''/X, 一个只与自变量 x 有关的函数. 这就说明, 该等式若要成立, 则两端都只能取常数, 不妨令该常数等于 $-\lambda$, 于是有

$$\frac{T''}{a^2T} = \frac{X''}{X} = -\lambda. \tag{1.49}$$

若(1.49)式成立, 则 $T(t)$ 和 $X(x)$ 需分别满足

$$T'' + a^2\lambda T = 0; \tag{1.50a}$$

$$X'' + \lambda X = 0. \tag{1.50b}$$

这里分别得到了关于 $T(t)$ 和 $X(x)$ 的二阶线性常系数常微分方程, 其定解还需给出相应的初始或边界条件.

注意到, 将变量分离形式(1.48)代入问题(1.46)中的齐次边界条件, 有 $X(0) = X(l) = 0$. 因此我们首先得到了关于空间变量一元函数 $X(x)$ 的常微分方程定解问题:

$$\begin{cases} X'' + \lambda X = 0, \quad x \in (0, l); \\ X(0) = X(l) = 0. \end{cases} \tag{1.51}$$

需要注意的是, $X(x) = 0$ 很自然是问题(1.51)的一个解. 但这里要找的是不恒为 0 的解, 也称为问题(1.51)的**非平凡解** (non-trivial solution).

根据线性常系数常微分方程的知识, 求解问题(1.51)时需要分情况讨论.

第一种情况: $\lambda < 0$. 此时微分方程(1.50b)的通解可表达为

$$X(x) = C_1 \mathrm{e}^{\sqrt{-\lambda}x} + C_2 \mathrm{e}^{-\sqrt{-\lambda}x}, \tag{1.52}$$

其中, C_1 和 C_2 为待定常数.

代入问题(1.51)的边界条件, 可以得到一个关于 C_1 和 C_2 的代数方程组:

$$\begin{pmatrix} 1 & 1 \\ \mathrm{e}^{\sqrt{-\lambda}l} & \mathrm{e}^{-\sqrt{-\lambda}l} \end{pmatrix} \begin{pmatrix} C_1 \\ C_2 \end{pmatrix} = \begin{pmatrix} 0 \\ 0 \end{pmatrix}.$$

注意到, 上式中的矩阵对于任意 $\lambda < 0$ 均为可逆的, 这就意味着 $C_1 = C_2 = 0$ 是上述代数方程的唯一解. 因此, 当 $\lambda < 0$ 时, 问题(1.51)只有平凡解.

第二种情况: $\lambda = 0$. 此时方程的通解写作

$$X(x) = C_1 x + C_2. \tag{1.53}$$

代入边界条件, 得到关于 C_1 和 C_2 的代数方程:

$$\begin{pmatrix} 0 & 1 \\ l & 1 \end{pmatrix} \begin{pmatrix} C_1 \\ C_2 \end{pmatrix} = \begin{pmatrix} 0 \\ 0 \end{pmatrix}$$

由于 $l > 0$, 这种情况下, 问题(1.51)依然只有平凡解.

第三种情况: $\lambda > 0$. 此时方程的通解形式为

$$X(x) = C_1 \cos(\sqrt{\lambda}x) + C_2 \sin(\sqrt{\lambda}x). \tag{1.54}$$

代入边界条件后得到

$$\begin{pmatrix} 1 & 0 \\ \cos(\sqrt{\lambda}l) & \sin(\sqrt{\lambda}l) \end{pmatrix} \begin{pmatrix} C_1 \\ C_2 \end{pmatrix} = \begin{pmatrix} 0 \\ 0 \end{pmatrix}.$$

此时我们发现, $C_1 = 0$. 但若 $\sin(\sqrt{\lambda}l) = 0$, 则 C_2 可以取任意非零值. 此时对应的 $\lambda = \left(\frac{k\pi}{l}\right)^2$, $k = 1, 2, \cdots$. 不妨令

$$\lambda_k = \left(\frac{k\pi}{l}\right)^2, \quad k = 1, 2, \cdots. \tag{1.55}$$

对于任意 λ_k, 均对应了一个常微分方程定解问题:

$$\begin{cases} X_k'' + \lambda_k X_k = 0, & x \in (0, l); \\ X_k(0) = X_k(l) = 0. \end{cases} \tag{1.56}$$

其存在非平凡解

$$X_k(x) = \sin\frac{k\pi x}{l}. \tag{1.57}$$

实际上, 这里计算得到的 λ_k 也称为问题(1.56)的第 k 个**特征值** (eigenvalue), 其对应的非平凡解也称为一个**特征函数** (eigenfunction). 相关内容将在 2.3.2 节中进行更详尽的讨论.

由(1.49)式可知, $X(x)$ 与 $T(t)$ 所满足的常微分方程是通过 λ 关联的. 因此, 我们只需考虑 $\lambda = \lambda_k$ 时所对应 T 的方程, 即

$$T_k'' + a^2 \lambda_k T_k = 0. \tag{1.58}$$

由此给出 $T_k(t)$ 通解的表达式为

$$T_k = A_k \cos \frac{ak\pi t}{l} + B_k \sin \frac{ak\pi t}{l}. \tag{1.59}$$

至此, 将(1.57)式和(1.59)式代回(1.48)式, 我们便得到一系列具有变量分离形式的函数表达式: $v_k(x,t) = X_k(x)T_k(t)$, $k = 1, 2, \cdots$. 可以验证, 每一个 v_k 都满足问题(1.46)中的控制方程与齐次边界条件. 自然地, 我们可以假设问题(1.46)的解可以写成关于上述 v_k 的某种线性组合:

$$v(x,t) = \sum_{k=1}^{\infty} v_k(x,t) = \sum_{k=1}^{\infty} \left(A_k \cos \frac{ak\pi t}{l} + B_k \sin \frac{ak\pi t}{l} \right) \cdot \sin \frac{k\pi x}{l}, \tag{1.60}$$

其中, A_k 和 B_k 为待定系数. 我们再利用问题(1.46)的初始条件完全确定 A_k 和 B_k 的值.

实际上, (1.60)式是将问题(1.46)的解表达为级数展开的形式. 上述等式若成立, 则(1.60)式中的级数必须对于任意 $x \in [0, l]$, $t > 0$ 一致收敛. 这里首先假设该级数满足一致收敛的要求, 之后会讨论该假设成立的证明思路.

接下来利用问题(1.46)来确定(1.60)式中的待定系数 A_k 和 B_k. 首先令 $t = 0$, 并代入问题(1.46)中的位移初始条件, 可以得到

$$\phi(x) = u|_{t=0} = \sum_{k=1}^{\infty} A_k \sin \frac{k\pi x}{l}. \tag{1.61a}$$

再对(1.60)式两边关于 t 求偏导并令 $t = 0$ 后, 将其代入问题(1.46)中的初速度条件可得

$$\psi(x) = u_t|_{t=0} = \sum_{k=1}^{\infty} X_k(x) T_k'(0) = \sum_{k=1}^{\infty} B_k \frac{ak\pi}{l} \sin \frac{k\pi x}{l}. \tag{1.61b}$$

(1.61a)式和(1.61b)式具有正弦级数的形式. 正弦级数可以看作是傅里叶级数的一个特例, 适用于目标函数为奇函数的情形. 关于正弦级数系数的确定, 在微积分的课程中已经涉及, 相关讨论也可参考本节后的预备知识部分. 这里我们直接给出(1.61a)式和(1.61b)式中正弦级数的系数:

$$A_k = \frac{2}{l} \int_0^l \phi(x) \sin \frac{k\pi x}{l} \,\mathrm{d}x, \quad B_k = \frac{2}{ak\pi} \int_0^l \psi(x) \sin \frac{k\pi x}{l} \,\mathrm{d}x. \tag{1.62}$$

由此我们给出了问题(1.46)解的级数展开形式:

$$v(x,t)=\sum_{k=1}^{\infty}\left(A_k\cos\frac{ak\pi t}{l}+B_k\sin\frac{ak\pi t}{l}\right)\cdot\sin\frac{k\pi x}{l},\tag{1.63}$$

其中的系数由(1.62)式给出.

这里, 也需要讨论上述级数形式可作为问题 (I) 解的成立条件. 首先, 若要保证问题解具有一定的光滑性, 除了保证问题(1.46)中的初始条件与边界条件具有一定的光滑性外, 还需要保证初边界条件的自相容性, 即弦在两个固定端点处的初始位置、初速度应该均为 0, $\phi(0)=\phi(l)=\psi(0)=\psi(l)=0$. 其次, 如前所述, (1.60) 式只有在关于 $x\in(0,l)$ 和 $t\in\mathbb{R}^+$ 均一致收敛的前提下才能作为问题 (I) 的解. 事实上, 可以证明, 在满足相容性的前提条件下, 以(1.62)为参数的正弦级数表达式(1.60) 关于 $(x,t)\in(0,l)\times\mathbb{R}^+$ 是一致收敛的. 具体的证明可以参考相关文献 (谷超豪等, 2012), 此处不作重点讨论.

为方便后文讨论, 我们也尝试从另一个角度给出确定(1.63)式系数 A_k 和 B_k 的方法. 我们将从“函数正交性”这一视角进行讨论. “正交”的概念已经在线性代数的课程中有所涉及. 如表 1.2 所列出的, 对于 n 维欧几里得空间内的向量 $\boldsymbol{u}$ 和 $\boldsymbol{v}$, 可以定义内积: $(\boldsymbol{u},\boldsymbol{v})=\sum_{k=1}^n u_kv_k$. 若 $(\boldsymbol{u},\boldsymbol{v})=0$, 则称两个向量是彼此正交的 (orthogonal). 此外, 在 n 维欧几里得空间中, 总可以选取 n 个两两正交的向量 $\boldsymbol{e}^1,\cdots,\boldsymbol{e}^n$, 从而组成一组正交基 (orthogonal basis), 即若 $j\neq k$, 则 $(\boldsymbol{e}^j,\boldsymbol{e}^k)=0$. 而该欧几里得空间中的任何一个向量 $\boldsymbol{v}$ 均可以表示为该组正交基的线性组合:

$$\boldsymbol{v}=\sum_{k=1}^{n}\alpha_k\boldsymbol{e}^k.\tag{1.64}$$

若要确定组合的第 k 个系数, 则只需在(1.64)式两边同时与 $\boldsymbol{e}^k$ 做内积, 并利用正交性得到

$$\alpha_k=\frac{(\boldsymbol{v},\boldsymbol{e}^k)}{(\boldsymbol{e}^k,\boldsymbol{e}^k)}.$$

以上正交的概念也可以从欧几里得空间推广到由函数组成的“空间”. 对应的类比关系可参考表 1.2. 根据(1.61a)式, $\phi(x)$ 可以看作是以正弦函数 $\sin\dfrac{k\pi x}{l}$, $k=1,2,\cdots$ 为基函数的一个无穷线性组合. 而两函数的“内积”可定义为它们乘积在 $[0,l]$ 区间内的定积分. 可以证明这组基函数在积分诱导的“内积”下彼此正交, 即

$$\int_0^l\sin\frac{k\pi x}{l}\sin\frac{j\pi x}{l}\,\mathrm{d}x=\begin{cases}l/2, & 若j=k;\\ 0, & 若j\neq k.\end{cases}\tag{1.65}$$

表 1.2 欧几里得空间向量正交性与函数正交性的类比

	向量	函数
内积	$(\boldsymbol{u},\boldsymbol{v})=\sum\limits_{k=1}^{n}u_k v_k$	$\langle f(x),g(x)\rangle=\int_0^l f(x)g(x)\mathrm{d}x$
正交基	$(\boldsymbol{e}^j,\boldsymbol{e}^k)=0,\ j\neq k$	$\int_0^l \sin\dfrac{j\pi x}{l}\sin\dfrac{k\pi x}{l}\mathrm{d}x=0,\ j\neq k$
正交分解	$\boldsymbol{v}=\sum\limits_{k=1}^{n}\alpha_k\boldsymbol{e}^k$	$\phi(x)=\sum\limits_{k=1}^{\infty}A_k\sin\dfrac{k\pi x}{l}$
系数确定	$\alpha_k=\dfrac{(\boldsymbol{v},\boldsymbol{e}^k)}{(\boldsymbol{e}^k,\boldsymbol{e}^k)}$	$A_k=\dfrac{2}{l}\int_0^l\phi(x)\sin\dfrac{k\pi x}{l}\mathrm{d}x$

这就说明, 若在(1.61a)式两边同乘以 $\sin\dfrac{j\pi x}{l}$ 并从 0 到 l 积分, 则有

$$\int_0^l \phi(x)\sin\frac{j\pi x}{l}\,\mathrm{d}x=\sum_{k=1}^{\infty}A_k\int_0^l \sin\frac{k\pi x}{l}\sin\frac{j\pi x}{l}\,\mathrm{d}x, \tag{1.66}$$

这里再次利用一致收敛级数积分与求和可交换的性质. 利用(1.65)式给出的正交性, (1.66)式右端项的积分只有在 $j=k$ 时不为零. 于是有

$$\int_0^l \phi(x)\sin\frac{j\pi x}{l}\mathrm{d}x=A_j\int_0^l\left(\sin\frac{j\pi x}{l}\right)^2\mathrm{d}x=\frac{A_j l}{2}.$$

由上式可以同样推出(1.62)式中的第一个公式 (将 j 换成 k). 但利用基函数正交性来确定级数的对应系数的思想在此后讨论分离变量法时会反复用到.

1.3.3 分离变量法解的物理意义

为更清楚地看到级数表达式(1.60)所蕴含的物理含义, 我们将其右端项做进一步整理:

$$v(x,t)=\sum_{k=1}^{\infty}N_k\cos(\omega_k t+\theta_k)\sin\frac{k\pi x}{l}=\sum_{k=1}^{\infty}v_k(x,t), \tag{1.67}$$

其中, $N_k=\sqrt{A_k^2+B_k^2}$, $\omega_k=a\sqrt{\lambda_k}=\dfrac{ak\pi}{l}$, $\cos\theta_k=\dfrac{A_k}{\sqrt{A_k^2+B_k^2}}$, $\sin\theta_k=\dfrac{-B_k}{\sqrt{A_k^2+B_k^2}}$.

从物理角度看, 端点固定的弦振动过程可以看作是一组简单波 $v_k(x,t)$ 的叠加, 这里 N_k、ω_k、θ_k 分别表示第 k 组简单波所对应的振幅、频率与初相位. 特别地, 根据表达式 $a=\sqrt{\dfrac{T}{\rho}}$, 我们可知每个频率值 ω_k 只与弦本身性质有关 (弦长 l、密度 ρ 与线张力 T), 而与振动的初始状态无关. 因此 ω_k 又称为弦振动问题

的第 k 个固有频率, 其可类比于线性代数中的特征值、振动力学中的固有频率等概念.

此外, 对于(1.67)式中的每个简单波 $v_k(x,t)$, 任意一点 x 微段的位移只发生垂向变化, 称为**驻波** (standing wave), 可对应参考图 1.8. 特别地, 第 k 组简单波 $v_k(x,t)$ 在 $x=\dfrac{nl}{k}, n\in\mathbb{Z}^+$ 等位置恒取 0 值, 即第 k 组简单波在上述位置没有发生位移. 这类点称为**驻点**或**节点** (node). 因此, 两端固定弦振动状态可看作是由一系列驻波叠加而得到的, 且每个驻波的振动频率仅由弦本身的物理性质决定, 与初始状态无关. 因此分离变量法又称为驻波法.

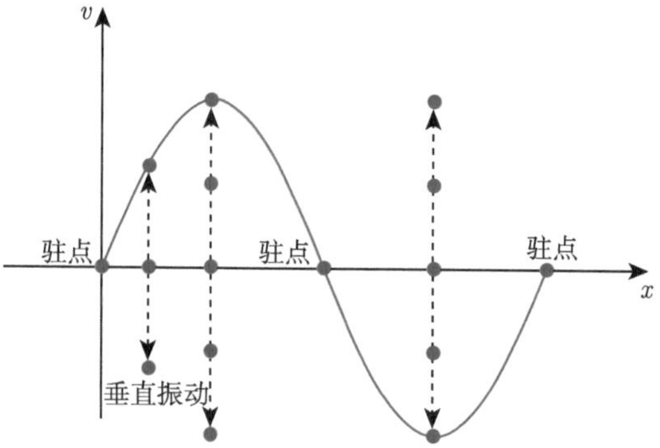

图 1.8 x-v_k 空间点运动示意图

实际上, 分离变量法是分析刻画诸多物理现象的重要工具. 这是因为, 分离变量法是将一个偏微分方程初边值问题的解看作系列特征状态 (即前文中的特征函数) 的叠加. 这样的叠加方法恰好反映了一系列物理现象的本质特征. 例如, 在量子力学研究中, 分离变量法被广泛用于求解电子的轨道信息. 尽管那时的控制方程 (量子力学以薛定谔方程为代表) 不再是波动方程, 但分离变量法的求解思路依然奏效. 所计算得到的每个特征函数都对应了电子的一种运行规律, 或者称为电子的一条轨道. 该特征函数对应的特征值则反映了该轨道的能量. 由于特征值的取值是不连续的, 其对应电子轨道也是离散的, 或称为“量子化”的. 这恰好反映了量子力学研究对象的基本特征. 因此, 熟练掌握本章中分离变量法算例, 也会为举一反三求解更复杂系统之偏微分方程初边值问题提供参考.

1.3.4 非齐次方程初边值问题的求解

最后, 我们考虑问题 (Ⅱ), 即非齐次方程初边值问题(1.47)的求解. 很自然地, 我们想到 1.2 节针对柯西问题的齐次化原理. 针对初边值问题, 我们提出以下的齐次化原理.

齐次化原理 若以 τ 为参数的函数 $W(x,t;\tau)$ 是问题

$$\begin{cases} W_{tt}-a^2W_{xx}=0, \quad x\in(0,l),\ t>\tau; \\ W|_{t=\tau}=0, \quad W_t|_{t=\tau}=f(x,\tau); \\ W|_{x=0}=0, \quad W|_{x=l}=0 \end{cases} \tag{1.68}$$

的解, 则

$$w(x,t)=\int_0^t W(x,t;\tau)\mathrm{d}\tau \tag{1.69}$$

为问题(1.47)的解.

由于 $W(x,t;\tau)$ 所满足的问题(1.68)之控制方程与边界条件为齐次, 而初始条件为非齐次, 则可以代入(1.60)式得到其表达式:

$$W(x,t;\tau)=\sum_{k=1}^{\infty}B_k\sin\frac{ak\pi(t-\tau)}{l}\sin\frac{k\pi x}{l},$$

其中, 系数 B_k 满足

$$B_k=\frac{2}{ak\pi}\int_0^l f(s,\tau)\sin\frac{k\pi s}{l}\,\mathrm{d}s.$$

将上式代入(1.69)式可得问题(1.47)解的级数表达式:

$$w(x,t)=\sum_{k=1}^{\infty}\frac{2}{ak\pi}\cdot\sin\frac{k\pi x}{l}\cdot\int_0^t\int_0^l f(s,\tau)\sin\frac{k\pi s}{l}\sin\frac{ak\pi(t-\tau)}{l}\,\mathrm{d}s\mathrm{d}\tau.$$

预 备 知 识

傅里叶级数相关知识

对于定义在 $x\in(-l,l)$ 的可积函数 $f(x)$, 具有如下傅里叶级数展开形式:

$$f(x)\sim\frac{a_0}{2}+\sum_{k=1}^{\infty}\left(a_k\cos\frac{k\pi x}{l}+b_k\sin\frac{k\pi x}{l}\right),$$

其中, a_k 和 b_k 为对应的傅里叶系数, 满足

$$a_k=\frac{1}{l}\int_{-l}^{l}f(x)\cos\frac{k\pi x}{l}\,\mathrm{d}x, \quad k=0,1,\cdots;$$

$$b_k = \frac{1}{l}\int_{-l}^{l} f(x)\sin\frac{k\pi x}{l}\,\mathrm{d}x, \quad k=1,2,\cdots.$$

这里注意到, 傅里叶级数的基函数是在定义域 $(-l,l)$ 内为周期函数的正余弦函数.

若 $f(x)$ 为奇函数 (odd function), 则对应的展开式中 $a_k=0$, 而 b_k 的表达式可以简化为

$$\begin{aligned} b_k &= \frac{1}{l}\int_{-l}^{0} f(x)\sin\frac{k\pi x}{l}\,\mathrm{d}x + \frac{1}{l}\int_{0}^{l} f(x)\sin\frac{k\pi x}{l}\,\mathrm{d}x \\ &= -\frac{1}{l}\int_{0}^{l} f(-s)\sin\frac{k\pi s}{l}\,\mathrm{d}s + \frac{1}{l}\int_{0}^{l} f(x)\sin\frac{k\pi x}{l}\,\mathrm{d}x \\ &= \frac{2}{l}\int_{0}^{l} f(x)\sin\frac{k\pi x}{l}\,\mathrm{d}x. \end{aligned}$$

我们将上述 b_k 所对应的在半周期 $x\in(0,l)$ 内定义的傅里叶级数

$$f(x) \sim \sum_{k=1}^{\infty} b_k \sin\frac{k\pi x}{l}$$

称为傅里叶正弦级数 (Fourier sine series), 或简称为正弦级数.

类似地, 若 $f(x)$ 为偶函数, 则其可对应于一个在半周期内定义的傅里叶余弦级数 (Fourier cosine series):

$$f(x) \sim \frac{a_0}{2} + \sum_{k=1}^{\infty} a_k \cos\frac{k\pi x}{l},$$

其中,

$$a_k = \frac{2}{l}\int_{0}^{l} f(x)\cos\frac{k\pi x}{l}\,\mathrm{d}x, \quad k=0,1,\cdots.$$

1.4 高维波动方程

1.4.1 薄膜振动方程的导出

这一节将讨论高维波动方程的推导过程, 其定解问题提法以及方程的一些基本性质. 考虑如图 1.9 所示的薄膜构型, 假设其在展平状态下与 x-y 平面平行. 我们要考虑如何刻画该薄膜在张紧状态下的振动过程. 与一维弦振动问题建模过程类似, 我们先对所研究问题作出一些合理的假设.

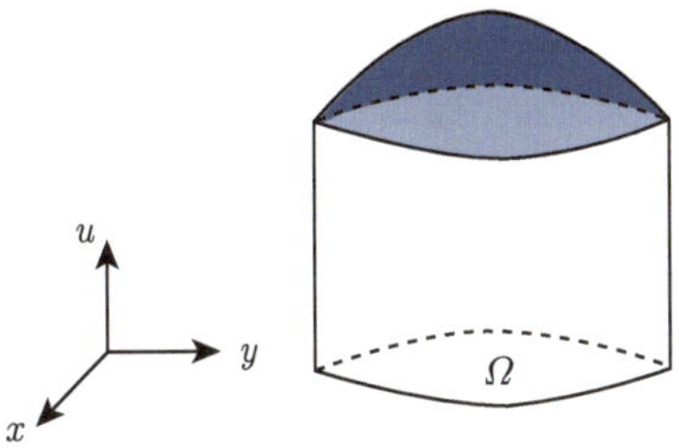

图 1.9 薄膜振动方程模型设定

(1) 薄膜的厚度远小于其他两个方向的尺寸, 且薄膜上任意一点仅发生垂直于 x-y 平面的位移, 设为 $u(x,y)$.

(2) 薄膜在振动过程中发生小变形, 即 $|u_x|$、$|u_y|$ 的高阶项均可近似为 0.

(3) 薄膜抗拉不抗皱, 即在张紧状态下, 薄膜仅受切向张力的影响. 需要指出的是, 关于二维薄膜上某点所承受张力的讨论需引入*应力* (stress) 的概念. 简单来说, 在薄膜上的某一点是无法定义力的. 若要进行受力分析, 则需要先确定该点处的一个虚拟剖面, 然后才能讨论剖面一侧对另一侧的受力情况. 剖面一侧对另一侧施加的力在薄膜切平面内可分解为两个分量: 与剖面垂直的*正应力* (normal force) 分量以及与剖面平行的*剪应力* (shear force) 分量. 此处的切向张力假设可具体总结为, 对于过薄膜上某点的任意剖面均只有正的张力分量, 而无剪力分量. 实际上, 可以证明, 对于仅发生垂向振动的匀质薄膜, 该张力分量的大小 T 与薄膜点的位置以及剖面方向无关①. 总结下来, 剖面一侧对另一侧单位长度的力可由 $T\boldsymbol{\nu}$ 表达, 其中 $\boldsymbol{\nu}$ 表示在该点处薄膜切平面内垂直于剖面的单位向量, 方向约定为由施力侧指向受力侧.

本问题所考虑的物理量总结如表 1.3 所示.

表 1.3 薄膜振动过程建模所涉及的物理量

符号	物理意义	单位
t	时间自变量	s
x, y	空间自变量	m
$u(x,y;t)$	垂向位移	m
$F(x,y;t)$	垂向外力面密度	$\mathrm{N/m^2}$
T	单位长度面张力	N/m
ρ	质量面密度	$\mathrm{kg/m^2}$

注意到薄膜仅发生垂向振动, 因此若在初始时刻薄膜在 x-y 平面的投影为区域 Ω, 则 Ω 在振动过程中不发生改变. 我们的目的是构建位移 $u(x,y,t)$ 所满足的偏微分方程, 其中 $(x,y)\in\Omega$.

① 请参考谷超豪等,《数学物理方程》(第三版. 北京: 高等教育出版社, 2012), 附录 II.

类似于一维问题的建模, 我们任取薄膜上一个部分. 如图 1.10 所示, 假设该部分在 x-y 平面投影区域为 Ω_0. 现考虑该薄膜片在时间区间 $[t_1, t_2]$ 内沿垂向方向的动量守恒关系, 即该薄膜片动量的变化应等于垂向力在相应时段内所引起的冲量. 类似于一维情形, 我们有

$$\text{动量变化} = \int_{\Omega_0} \rho \left[u_t|_{t=t_2} - u_t|_{t=t_1} \right] \mathrm{d}x\mathrm{d}y = \int_{t_1}^{t_2} \int_{\Omega_0} \rho u_{tt} \, \mathrm{d}x\mathrm{d}y\mathrm{d}t, \tag{1.70}$$

(1.70)式后半部分是基于牛顿–莱布尼茨公式.

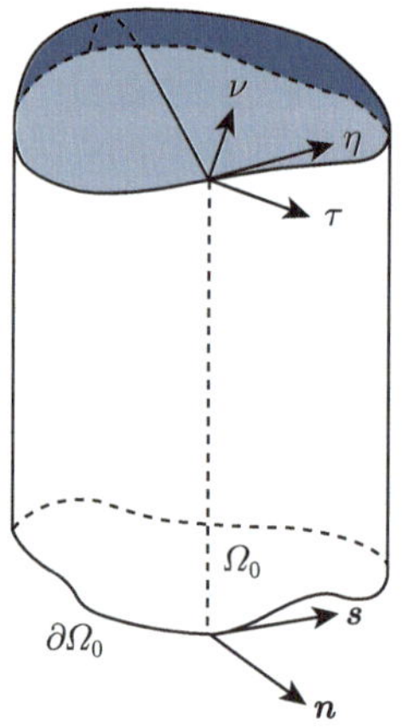

图 1.10　膜振动过程关键方向向量示意图

该问题的冲量由两项构成: ① 由外力 F 而引起的冲量; ②由 Ω_0 边界 (表示为 $\partial\Omega_0$) 所受到来自薄膜其他部分线张力而引起的冲量. 由外力引起的冲量可表示为

$$\int_{t_1}^{t_2} \int_{\Omega_0} F(x, y, t) \mathrm{d}x\mathrm{d}y\mathrm{d}t. \tag{1.71}$$

这里建模的关键是如何计算由薄膜其他部分线张力引起的冲量. 如图 1.10 所示, 我们需要引入与薄膜片边界相关的几个方向向量, 我们将用黑体希腊字母来表示此类向量. 对于薄膜片边界上的某点, 我们用 $\boldsymbol{\nu}$ 来表示该点所对应的薄膜单位法向量. 为避免方向上的歧义性, 我们要求 $\boldsymbol{\nu}$ 的第三个分量为取正号. 第二个关键方向向量是过薄膜片边界点且与薄膜边界相切的单位向量, 用 $\boldsymbol{\eta}$ 来表示. 第三个关键方向向量是与上述两向量均垂直的单位向量, 用 $\boldsymbol{\tau}$ 来表示. 这三个方向向量之间的关系可由

$$\boldsymbol{\tau} = \boldsymbol{\eta} \times \boldsymbol{\nu} \tag{1.72}$$

确定, 其中 "×" 表示两向量的外积. 由前面对薄膜线张力的描述, 薄膜其他部分在该边界点所产生的单位长度的力可表达为 $T\boldsymbol{\tau}$, 即力的大小为 T, 方向为 $\boldsymbol{\tau}$.

接下来我们将上述关键单位向量用 x 和 y 的二元函数来表示. 首先表达其对应的法向量 $\boldsymbol{\nu}$. 若将薄膜看作是 x-y-z 空间内的一个曲面, 则该曲面可以用隐函数 $z-u(x,y)=0$ 来表示. 因此, 我们有

$$\boldsymbol{\nu}=\frac{1}{\sqrt{1+u_x^2+u_y^2}}(-u_x,-u_y,1)\approx(-u_x,-u_y,1), \tag{1.73}$$

式中, 利用了 $|u_x^2|$、$|u_y|^2$ 均为二阶以上小量的假设. 这里为了与图 1.10 对应, 要求 $\boldsymbol{\nu}$ 的第三个分量恒大于 0.

接下来表达薄膜片边界切向量 $\boldsymbol{\eta}$. 这里需要借助图 1.10 所示的 x-y 平面内的关键向量. 值得指出的是, x-y 平面内的关键向量是二维向量. 为与上述 $\boldsymbol{\tau}$ 等三维向量有所区别, 这里用黑体的英文字母来表示 x-y 平面内的二维向量. 薄膜片边界上任何一点在 x-y 平面上的投影应满足 $(x,y)\in\partial\Omega_0$, 过该点可以定义 (二维) 边界 $\partial\Omega_0$ 上的单位切向量 $\boldsymbol{s}=(s_1,s_2)$ 与单位法向量 $\boldsymbol{n}=(n_1,n_2)$. 上述二维向量的两个分量分别等于所关注向量与 x 轴和 y 轴夹角的余弦值. 这里, $\boldsymbol{s}$ 方向的取法如下: 沿着 $\boldsymbol{s}$ 方向绕 Ω_0 运动, Ω_0 始终在左手边; 而 $\boldsymbol{n}$ 为空间二维区域 Ω_0 的单位外法向量, 即 $\boldsymbol{n}$ 永远指向 Ω_0 的外部. 如图 1.10 所示, 以上两组向量之间满足如下关系:

$$n_1=s_2,\quad n_2=-s_1. \tag{1.74}$$

如此, 薄膜片边界切向量 $\boldsymbol{\eta}$ 可表达为

$$\boldsymbol{\eta}\approx(s_1,s_2,u_xs_1+u_ys_2), \tag{1.75}$$

上述向量的第三个分量实质上是 $u(x,y)$ 沿着 Ω_0 边界切向 $\boldsymbol{s}$ 的方向导数.

将(1.73)式和(1.75)式代入(1.72)式, 得到薄膜片边界上任意一点所对应的线张力方向:

$$\boldsymbol{\tau}\approx(s_2,-s_1,u_xs_2-u_ys_1)=(n_1,n_2,u_xn_1+u_yn_2), \tag{1.76}$$

其中, 第二个等式是利用了 (1.74) 式中二维法向与切向向量的互换关系. 实际上, (1.76)式中的第三个分量等于 u 关于法向 $\boldsymbol{n}$ 的方向导数. 如前所述, 薄膜片边界上任意一点, 若其所在的一段边界微元表示为 $\mathrm{d}\Gamma$, 则其上所受到薄膜其他部分的线张力为 $T\boldsymbol{\tau}\mathrm{d}\Gamma$. 因此, 线张力对薄膜片在 $[t_1,t_2]$ 时段内沿垂向方向的冲量为

$$\int_{t_1}^{t_2}\int_{\Gamma}T(u_xn_1+u_yn_2)\,\mathrm{d}\Gamma\mathrm{d}t=\int_{t_1}^{t_2}\int_{\Omega_0}T(u_{xx}+u_{yy})\,\mathrm{d}x\mathrm{d}y\mathrm{d}t, \tag{1.77}$$

其中的等式是基于格林公式得到的. 格林公式是多元微积分课程中的重要公式, 它可以看作是分部积分 (integration by parts) 公式的高维对应, 相应具体细节请参考本节后的预备知识.

结合(1.70)式、(1.71)式与(1.77)式, 可建立沿垂向方向的动量守恒关系:

$$\int_{t_1}^{t_2}\int_{\Omega_0}\rho u_{tt}\,\mathrm{d}x\mathrm{d}y\mathrm{d}t=\int_{t_1}^{t_2}\int_{\Omega_0}[T(u_{xx}+u_{yy})+F(x,y,t)]\,\mathrm{d}x\mathrm{d}y\mathrm{d}t. \tag{1.78}$$

根据 Ω_0 以及 t_1 和 t_2 选取的任意性, (1.78)式中的被积函数需要满足如下等式:

$$\rho u_{tt}-T\left(u_{xx}+u_{yy}\right)=F(x,y,t).$$

类似于一维问题, 引入单位质量的外力 $f=\dfrac{F}{\rho}$ 以及 $a^2=\dfrac{T}{\rho}$, 最终得到薄膜振动的控制方程为

$$\frac{\partial^2 u}{\partial t^2}-a^2\left(\frac{\partial^2 u}{\partial x^2}+\frac{\partial^2 u}{\partial y^2}\right)=f(x,y,t). \tag{1.79}$$

(1.79)式常称为空间二维波动方程.

1.4.2 定解问题提法

类似于一维问题, 若要确定膜振动过程, 则二维波动问题也需要给出相应的定解条件. 若薄膜尺寸无限大, 即 $(x,y)\in\mathbb{R}^2$, 则称对应的定解问题为二维波动方程柯西问题. 此时我们需要提关于薄膜的初始形状与初速度的初始条件:

$$u\big|_{t=0}=\phi(x,y),\quad u_t\big|_{t=0}=\psi(x,y). \tag{1.80}$$

若薄膜为有限尺寸, 则所考虑的是初边值问题. 此时除了给出上述初始条件外, 还需要在边界处提边界条件. 类似于一维情形, 边界条件的提法也可以分为三种. 若我们控制薄膜边界的位移, 则有第一类 (也称狄利克雷型) 边界条件: $u=g(x,y,t)$, 其中 $(x,y)\in\partial\Omega$, 或简写为

$$u\big|_{\partial\Omega}=g(x,y,t). \tag{1.81}$$

若我们控制薄膜边界的受力状况, 则得到第二类 (也称诺伊曼型) 边界条件:

$$T\left.\frac{\partial u}{\partial n}\right|_{\partial\Omega}=g(x,y,t), \tag{1.82}$$

其中, $\dfrac{\partial u}{\partial n}$ 表示位移 u 沿 Ω 边界法向的导数. 将上述两类边界条件整合, 便得到第三类 (也称罗宾型) 边界条件:

$$\left(\sigma u+T\frac{\partial u}{\partial n}\right)\bigg|_{\partial\Omega}=g(x,y,t). \tag{1.83}$$

1.4.3 高维波动方程柯西问题的解及其基本性质

类比于一维和二维波动方程, 我们可以给出空间三维波动方程:

$$u_{tt}-a^2\left(u_{xx}+u_{yy}+u_{zz}\right)=f(x,y,z;t). \tag{1.84}$$

在后面的学习中, 我们会发现, 电磁波传播在某些条件下可以由上述三维波动方程来描述. 同时我们可以参考空间二维情形给出三维波动方程柯西问题以及初边值问题的提法.

高维 (二/三维) 波动方程柯西问题的解也存在相应的解析表达式. 三维波动方程柯西问题的求解常采用的方法有**球平均** (spherical mean) 法. 由于推导过程相对复杂, 在此略去求解的细节①. 然而, 球平均法背后的物理意义值得我们进行简要讨论. 球平均法告诉我们, 对于三维齐次波动方程的柯西问题:

$$\begin{cases}u_{tt}-a^2\left(u_{xx}+u_{yy}+u_{zz}\right)=0, \quad (x,y,z)\in\mathbb{R}^3,\ t>0;\\ u|_{t=0}=\phi(x,y,z), \quad u_t|_{t=0}=\psi(x,y,z),\end{cases} \tag{1.85}$$

其解可表达为

$$u(\boldsymbol{r};t)=\frac{\partial}{\partial t}\left(\frac{1}{4\pi a^2t}\iint_{\partial\mathcal{O}_{at}(\boldsymbol{r})}\phi(\tilde{\boldsymbol{r}})\,\mathrm{d}S_{\tilde{\boldsymbol{r}}}\right)+\frac{1}{4\pi a^2t}\iint_{\partial\mathcal{O}_{at}(\boldsymbol{r})}\psi(\tilde{\boldsymbol{r}})\,\mathrm{d}S_{\tilde{\boldsymbol{r}}}, \tag{1.86}$$

这里为简化起见, 我们引入黑体 $\boldsymbol{r}=(x,y,z)$ 表示空间坐标; $\tilde{\boldsymbol{r}}$ 表示的是三维空间中的积分变量; $\partial\mathcal{O}_{at}(\boldsymbol{r})$ 表示以 $\boldsymbol{r}$ 为圆心、at 为半径的球面; $\mathrm{d}S_{\tilde{\boldsymbol{r}}}$ 为该球面上的面积微元.

(1.86)式虽然看起来复杂, 但其表达的物理意义却非常直观. 三维空间内由(1.84)式控制的波动过程是以 a 为波速沿着径向方向传播的. 也就是说, 若我们到初始波源的距离为 r, 那我们只会在 $t=r/a$ 时刻感受到该波源的信息, 之前和之后的我们都无法感受到该波源的振动. 换句话说, 初始时刻 (x_0,y_0,z_0) 点的影响区域是一个 (比三维空间低一维的) 球面:

$$\{(x,y,z)|(x-x_0)^2+(y-y_0)^2+(z-z_0)^2=a^2t^2\}.$$

① 详细求解过程可参考谷超豪等,《数学物理方程》(第三版. 北京: 高等教育出版社, 2012), 1.4 节.

若我们将某点信息在 t 时刻首次达到的所有空间点的集合称为一个波阵面 (wave front), 则三维波动初始时刻的信息只停留在其波阵面上. 在下一时刻, 上述信息所对应的球面不会在此停留, 因此我们就不再能感受到点波源在此处的影响. 这种波阵面经过影响即消失的特点与 1.2.2节所讨论的一维情形形成鲜明对比. 对于一维问题, 达朗贝尔公式(1.25)告诉我们, x_0 点处初始波源对应 t 时刻的波阵面是两个点: $x_0 - at$ 和 $x_0 + at$. 然而, 若 x_0 处的初速度不为 0, 则其影响区域是波阵面内包含的所有点, 即一维区间 $[x_0 - at, x_0 + at]$. 也就是说, 在三维空间内, 声源所发出的声音传到我们耳朵那一瞬间之后, 我们就不再能听到该声源. 而一维空间里, 与我们距离 r 处的 "声源" 所发出的声音我们会在 $t = r/a$ 时刻首次听到, 此后我们还会不断听到该声源的振动. 从数学角度看, 这是因为三维问题解(1.86) 只在球面 $\partial\mathcal{O}_{at}(\boldsymbol{r})$ 上积分; 而一维达朗贝尔公式(1.25)则是在整个区间 $[x - at, x + at]$ 内做积分.

当初始波源不是一个点而是一个空间区域时, 其在 t 时刻的影响应该 "包裹" 在三维空间的一个 "球壳" 内, 即只有在该球壳内的区域感受到初始波源. 这一现象称为无后续效应原理, 关于这个主题可以参考惠更斯原理 (Huygens' principle) 的相关内容.

最后我们讨论二维波动方程柯西问题:

$$\begin{cases} u_{tt} - a^2\left(u_{xx} + u_{yy}\right) = 0, \quad (x,y) \in \mathbb{R}^2,\, t > 0; \\ u\big|_{t=0} = \phi(x,y), \quad u_t\big|_{t=0} = \psi(x,y). \end{cases} \tag{1.87}$$

上述问题的解是通过对三维问题的解进行降维 (reduction of dimension) 得到的, 因此求解方法也称为降维法. 同样地, 我们忽略降维法的推导过程而直接给出问题(1.87)的解的表达式:

$$\begin{aligned} u(x,y;t) = {} & \frac{1}{2\pi a}\frac{\partial}{\partial t}\iint_{\mathcal{O}_{at}(x,y)} \frac{\phi(\xi,\eta)\,\mathrm{d}\xi\mathrm{d}\eta}{\sqrt{a^2t^2 - (x-\xi)^2 - (y-\eta)^2}} \\ & + \frac{1}{2\pi a}\iint_{\mathcal{O}_{at}(x,y)} \frac{\psi(\xi,\eta)\,\mathrm{d}\xi\mathrm{d}\eta}{\sqrt{a^2t^2 - (x-\xi)^2 - (y-\eta)^2}}, \end{aligned} \tag{1.88}$$

其中, $\mathcal{O}_{at}(x,y)$ 表示以 (x,y) 为圆心、at 为半径的圆形区域.

对于(1.88)式刻画的二维情形, 初始点 (x_0, y_0) 对应的波阵面是以该点为圆心、at 为半径的圆形边界. 而二维问题初始点 (x_0, y_0) 处 (无论是初始位移还是初始速度) 信息的影响区域均包含波阵面内的所有点:

$$\{(x,y)|(x-x_0)^2 + (y-y_0)^2 \leqslant a^2t^2\}.$$

这在 x-y-t 空间内对应了一个如图 1.11(a) 所示的锥体, 锥体内的所有点均受到 $x = x_0$, $y = y_0$, $t = 0$ 的点处信息的影响. 我们称图 1.11 对应的锥体表面为一个特征锥 (characteristic cone). 类似一维问题, 我们也可以定义空间任意一点 (x_0, y_0) 在 t_0 时刻的依赖区域, 如图 1.11(b) 所示.

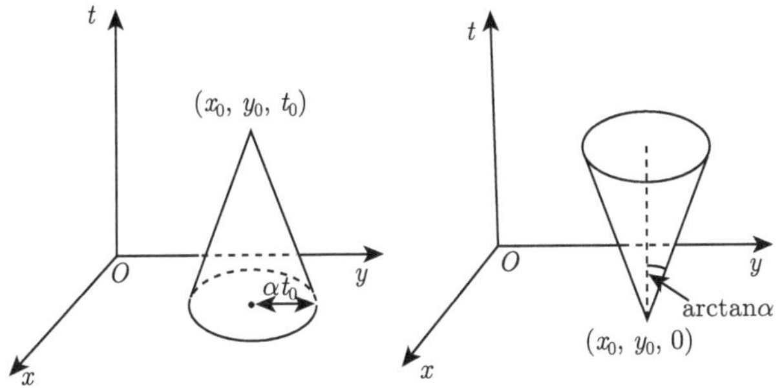

(a) 依赖区域　　(b) 影响区域

图 1.11　(a) 根据波动方程最远传播速率为 a 的性质, 二维空间 (x_0, y_0) 点在 $t = t_0$ 时刻的函数值应由以 (x_0, y_0) 为圆心、at 为半径的圆内部的初始条件完全确定; (b) 在 (x_0, y_0) 点处的初始条件会影响到 x-y-t 空间内的一个圆锥内部所有点的函数值, 该圆锥称为一个特征锥

预备知识

曲面相关解析描述

对于三维空间中的某曲面, 一般有两类解析表达形式. 一种是将曲面上任何一点 $\boldsymbol{r} = (x, y, z)^{\mathrm{T}}$ 的坐标均显式 (explicit) 表示为参数自变量 u 和 v 的二元函数. 例如, 单位球面上任何一点可以表示为

$$x = \cos\theta\sin\varphi, \quad y = \sin\theta\sin\varphi, \quad z = \cos\varphi.$$

其中, θ 与 φ 是参数自变量, 满足 $\theta \in [0, 2\pi)$, $\varphi \in [0, \pi]$.

此外, 曲面也可以通过引入其上任何一点所满足的一个方程来隐式 (implicit) 表达. 例如, 单位球面也可以用 $x^2 + y^2 + z^2 = 1$ 来表达. 我们可参考表 1.4 给出曲面上任意一点所对应法向量的数学描述以及曲面表达式的成立条件.

这里将曲面相关解析描述汇总于表 1.4 中.

格林公式

格林公式在偏微分方程的建模、分析与求解过程中扮演着极其重要的角色. 这里将汇总不同形式的格林公式, 并讨论它们之间的关系. 首先给出格林公式在不同维度下的一个统一形式:

表 1.4　曲面表达总结

	显式	隐式
解析表达式	$\boldsymbol{r}=\begin{cases}x=x(u,v)\\y=y(u,v)\\z=z(u,v)\end{cases}$	$f(x,y,z)=0$
法向量	$\dfrac{\partial\boldsymbol{r}}{\partial u}\times\dfrac{\partial\boldsymbol{r}}{\partial v}$	∇f
成立条件	$\left\lvert\dfrac{\partial\boldsymbol{r}}{\partial u}\times\dfrac{\partial\boldsymbol{r}}{\partial v}\right\rvert\neq 0$	$\lvert\nabla f\rvert\neq 0$

$$\int_{\Omega}\frac{\partial f(\boldsymbol{r})}{\partial r_i}\,\mathrm{d}\boldsymbol{r}=\int_{\partial\Omega}f(\boldsymbol{r})n_i\,\mathrm{d}\varGamma, \tag{1.89}$$

这里, 向量 $\boldsymbol{r}$ 为自变量, 既可以是二维的也可以是三维的, r_i 代表其第 i 个分量; $\varOmega$ 对应的是二维或三维空间内的一个封闭区域; $\partial\varOmega$ 是积分区域的边界; $\mathrm{d}\varGamma$ 是边界微元; n_i 为边界外法线方向的第 i 个分量. (1.89)式可以看作是一维牛顿–莱布尼兹公式的高维推广.

将(1.89)式中的 f 换成两个函数的乘积, 如 $f=g\cdot h$, 可得到一维分部积分公式的高维推广:

$$\int_{\Omega}g\frac{\partial h}{\partial r_i}\,\mathrm{d}\boldsymbol{r}=\int_{\partial\Omega}g\cdot hn_i\,\mathrm{d}\varGamma-\int_{\Omega}h\frac{\partial g}{\partial r_i}\,\mathrm{d}\boldsymbol{r}. \tag{1.90}$$

对于二维情形, 可以将(1.89)式具体写成

$$\iint_{\Omega}\left(\frac{\partial Q}{\partial x}-\frac{\partial P}{\partial y}\right)\mathrm{d}x\mathrm{d}y=\int_{\partial\Omega}(Qn_1-Pn_2)\,\mathrm{d}s,$$

其中, $\mathrm{d}s$ 代表弧长微元. 注意到二维区域的边界外法向 $\boldsymbol{n}$ 与正向切方向 $\boldsymbol{s}$ 有如(1.74)式的转换关系: $s_1=-n_2$, $s_2=n_1$. 这里正向切方向是指沿该方向运动时, 区域永远在左手边所对应的方向 (参考图 1.10). 此外, 我们再利用 $\mathrm{d}x=s_1\mathrm{d}s$, $\mathrm{d}y=s_2\mathrm{d}s$, 上式可以转化为

$$\int_{\partial\Omega}P\mathrm{d}x+Q\mathrm{d}y=\int_{\Omega}\left(\frac{\partial Q}{\partial x}-\frac{\partial P}{\partial y}\right)\mathrm{d}x\mathrm{d}y. \tag{1.91}$$

(1.91)式实际上是许多微积分教程中格林公式的形式.

对于三维情形, 可以将(1.89)式具体写成

$$\iiint_{\Omega}\left(\frac{\partial P}{\partial x}+\frac{\partial Q}{\partial y}+\frac{\partial R}{\partial z}\right)\mathrm{d}x\mathrm{d}y\mathrm{d}z=\iint_{\partial\Omega}(Pn_1+Qn_2+Rn_3)\,\mathrm{d}S, \tag{1.92}$$

其中, $\mathrm{d}S$ 为边界面积微元. 此外我们知道, $n_1\mathrm{d}S$ 对应的是该面积微元在 y-z 平面内的投影, 即 $n_1\mathrm{d}S=\mathrm{d}y\mathrm{d}z$, 且以此类推. 于是我们得到了微积分教材中的高斯公式:

$$\iiint_{\Omega}\left(\frac{\partial P}{\partial x}+\frac{\partial Q}{\partial y}+\frac{\partial R}{\partial z}\right)\mathrm{d}x\mathrm{d}y\mathrm{d}z=\iint_{\partial\Omega}P\mathrm{d}y\mathrm{d}z+Q\mathrm{d}x\mathrm{d}z+R\mathrm{d}x\mathrm{d}y. \tag{1.93}$$

1.5 波动方程解性质的讨论

本节将围绕波动方程解的性质展开讨论, 目的是将波动这一物理过程与其背后的数学描述联系起来. 基于物理视角, 我们将考察薄膜振动过程中能量的变化情况; 基于数学视角, 我们将讨论波动方程初边值问题解是否存在、唯一以及对误差的敏感度. 我们将以下述二维波动方程初边值问题为例开展讨论.

$$\begin{cases}u_{tt}-a^2(u_{xx}+u_{yy})=f(x,y;t), \quad (x,y)\in\Omega,\ t>0;\\ u|_{t=0}=\phi(x,y), \quad u_t|_{t=0}=\psi(x,y);\\ u|_{\partial\Omega}=h(x,y,t).\end{cases} \tag{1.94}$$

这里继续沿用 1.4 节中物理量的表达形式: f 是薄膜单位质量上的受力, $a^2=\dfrac{T}{\rho}$, 其中 T 为薄膜单位长度面张力, ρ 为薄膜质量面密度.

1.5.1 能量表达式

我们首先基于物理视角考察薄膜在振动过程中系统所对应的能量. 若忽略摩擦阻力, 则薄膜在振动过程中的总能量, 即**机械能** (mechanical energy)$\mathcal{E}$ 由两部分组成: **动能**(kinetic energy) 部分 $\mathcal{T}$ 与 **弹性能**(elastic energy) 部分 $\mathcal{U}$.

系统动能部分可描述为

$$\mathcal{T}=\frac{1}{2}\iint_{\Omega}\rho u_t^2\mathrm{d}x\mathrm{d}y, \tag{1.95}$$

其中的被积函数称为在 t 时刻系统在 (x,y) 点处的**动能密度** (kinetic energy density).

系统的弹性能则可表达为

$$\mathcal{U}=\frac{1}{2}\iint_{\Omega}T(u_x^2+u_y^2)\mathrm{d}x\mathrm{d}y, \tag{1.96}$$

其中的被积函数刻画了相应的 **弹性能密度**(elastic energy density). 需要指出的是, (1.96)式中的弹性能密度表达形式非常典型. 例如, 一根细杆若只产生纵向位移, 则其弹性能密度可表达为 $\dfrac{ES}{2}u_x^2$, 其中 E 为杨氏模量, S 为杆的截面积, u 为弹簧相对平衡位置的位移量, 等等.

因此, 在薄膜振动过程中, 系统的机械能可表达为

$$\mathcal{E}=\frac{1}{2}\iint_{\Omega}\left[\rho u_t^2+T(u_x^2+u_y^2)\right]\mathrm{d}x\mathrm{d}y. \tag{1.97}$$

现考察薄膜在振动过程中系统能量随时间的变化情况. 对(1.97)式两边同时关于时间求导数, 有

$$\dot{\mathcal{E}}=\iint_{\Omega}\left[\rho u_t u_{tt}+T(u_x u_{xt}+u_y u_{yt})\right]\mathrm{d}x\mathrm{d}y, \tag{1.98}$$

这里, 用 $\dot{\mathcal{E}}$ 来表示机械能关于时间的变化率.

根据格林公式有

$$\iint_{\Omega}(u_x u_{xt}+u_y u_{yt})\,\mathrm{d}x\mathrm{d}y=\int_{\partial\Omega}u_t\frac{\partial u}{\partial n}\,\mathrm{d}s-\iint_{\Omega}u_t(u_{xx}+u_{yy})\,\mathrm{d}x\mathrm{d}y,$$

其中, 关于 n 的偏导数表示沿边界外法向的方向导数; $\mathrm{d}s$ 表示边界的弧长微元.

将上式代入(1.98)式可以得到

$$\dot{\mathcal{E}}=\iint_{\Omega}\rho u_t\left[u_{tt}-a^2(u_{xx}+u_{yy})\right]\,\mathrm{d}x\mathrm{d}y+\int_{\partial\Omega}u_t T\frac{\partial u}{\partial n}\,\mathrm{d}s,$$

其中, 我们利用了 $a^2=\dfrac{T}{\rho}$. 将问题(1.94)中控制方程代入上式右端的二重积分项可继续化简为

$$\dot{\mathcal{E}}=\iint_{\Omega}\rho u_t f\,\mathrm{d}x\mathrm{d}y+\int_{\partial\Omega}u_t T\frac{\partial u}{\partial n}\,\mathrm{d}s. \tag{1.99}$$

由 1.4 节的分析可知, (1.99)式中的二重积分刻画的是密度力 f 对薄膜面做功的功率. 而 $T\dfrac{\partial u}{\partial n}\mathrm{d}s$ 实际上描述的是薄膜边界弧长微元 $\mathrm{d}s$ 所受的外力, 故(1.99)式中的一重积分刻画的是薄膜边界处外力对应的功率. 因此, (1.99)式具有明确的物理意义: 系统机械能的变化率等于所有外力净输入功率之和.

1.5.2 波动方程解性质分析

在本节中, 我们将重点讨论线性偏微分方程定解问题的解在以下三方面的性质:

- 解的存在性 (existence), 即线性偏微分方程问题解是否存在；
- 解的唯一性 (uniqueness), 即线性偏微分方程问题解是否唯一；
- 解的稳定性 (stability), 即线性偏微分方程问题对初边值条件的误差是否敏感.

研究偏微分方程问题解的性质具有重要的应用意义. 这是因为, 一般情况下我们无法求出偏微分方程解的解析表达式. 因此工程中一般需要借助计算机进行近似求解. 而解的存在性是数值求解的前提保证；解的唯一性则保证了计算结果不会因计算方法不同而不一致；解的稳定性则保证了数值逼近算法的误差不会对结果产生破坏性的影响. 当然, 偏微分方程问题解的其他性质也有许多学者研究与讨论, 在本书中就不做具体展开.

首先, 我们简要地讨论波动方程解的存在性. 通过本章的分析, 我们知道在特定条件下, 我们可以得到一个偏微分方程问题解的解析表达式 (如达朗贝尔公式) 或其级数展开形式 (如分离变量法的结果). 直接找到满足偏微分方程定解问题的一个解的表达式, 是证明相应问题解存在性最直观的方法. 然而在许多情况下, 我们无法求得解的解析表达式. 此时就需要在不知道解的具体表达式的情况下通过构造来证明解的存在. 上述证明过程往往会用到一些进阶数学工具, 在本书不做展开讨论.

我们将重点讨论波动方程初边值问题(1.94)的解的唯一性. 首先注意到的是, 若 $u_1(x,y;t)$ 与 $u_2(x,y;t)$ 均为问题(1.94)的解, 则 $v(x,y;t)=u_1-u_2$ 应该满足

$$\begin{cases} v_{tt}-a^2(v_{xx}+v_{yy})=0, \quad (x,y)\in\Omega,\ t>0; \\ v|_{t=0}=0, \quad v_t|_{t=0}=0; \\ v|_{\partial\Omega}=0. \end{cases} \tag{1.100}$$

而证明问题(1.94)具有唯一解, 等价于证明问题(1.100)只有零解: $v\equiv 0$. 此处利用了波动方程初边值问题可线性叠加的特点. 这也是证明线性偏微分方程唯一性的一般思路, 即分析控制方程与定解条件均为齐次情形下解的性质.

问题(1.100)同样具有波动方程的形式, 其对应的物理过程是边界固定薄膜做自由振动. 此时由于没有外力对系统做功, 系统的总机械能应该是守恒的. 这一点也可以通过分析机械能时间变化率(1.99)得到

$$\dot{\mathcal{E}}=0.$$

这就说明, 系统的能量在振动过程中始终等于初始状态的能量. 将初始条件代入能量表达式(1.97), 我们发现, 系统的初始机械能为 0. 这就意味着

$$\mathcal{E}=\frac{1}{2}\int_{\Omega}\left[\rho v_t^2+T(v_x^2+v_y^2)\right]\mathrm{d}x\mathrm{d}y=0 \tag{1.101}$$

对任意时刻 t 均成立. 此外, 由于(1.101)式中的被积函数非负, 我们可知若 (1.101) 式成立, 则需满足 $v_t = v_x = v_y = 0$, 即 v 只能是常值函数. 由于 $v|_{t=0} = 0$, 故 $v \equiv 0$. 由此证明, 问题(1.100)只有零解. □

这里考虑的是狄利克雷型边界条件下波动方程初边值问题解的唯一性. 其他类型边界条件下定解问题解的唯一性也可以类似证明, 留作课后作业.

最后简要讨论波动方程解的稳定性. 我们仅仅给出稳定性的提法. 若问题(1.94)的初边值条件因为某种原因 (如测量或数值近似等) 而产生了某种偏差, 则实际求解的是一个关于 $\tilde{u}$ 的定解问题, 即

$$\begin{cases} \tilde{u}_{tt} - a^2(\tilde{u}_{xx} + \tilde{u}_{yy}) = f + \Delta f, & (x,y) \in \Omega,\ t > 0; \\ \tilde{u}|_{t=0} = \phi + \Delta\phi, \quad \tilde{u}_t|_{t=0} = \psi + \Delta\psi; \\ \tilde{u}|_{\partial\Omega} = h + \Delta h, \end{cases} \tag{1.102}$$

这里, Δf、$\Delta\phi$、$\Delta\psi$ 以及 Δh 分别为外力、初始位移、初速度以及边界条件与原问题的偏差. 我们希望在测量偏差趋向于 0 时, 方程解的偏差 $u - \tilde{u}$ 也以较快的速度趋向于 0. 以上只是对偏微分方程定解问题解的稳定性的一个非严格描述, 目的是帮助读者了解研究偏微分方程定解问题解的稳定性的必要性. 关于波动方程稳定性更严格的提法与证明, 我们在这里暂时忽略①. 需要指出的是, 波动方程稳定性的证明依然需要使用本节推导的能量表达式.

课后习题

1.1　一质地非均匀的圆柱形细杆受某种外界因素影响而产生纵向小振动, 以 $u(x,t)$ 表示静止时在 x 点处的材料在时刻 t 距离平衡位置的偏移量. 假设细杆密度分布满足 $\rho(x)$(单位为 $\mathrm{kg/m^3}$), 其杨氏模量分布满足 $E(x)$, 且振动过程中所发生的张力服从胡克定律.

(a) 试证明 $u(x,t)$ 满足方程:

$$\frac{\partial}{\partial t}\left[\rho(x)\frac{\partial u}{\partial t}\right] = \frac{\partial}{\partial x}\left[E(x)\frac{\partial u}{\partial x}\right].$$

(b) 给出以下三种情况: ① 细杆端点固定; ② 端点处自由振动; ③ 端点处连接弹性系数为 k_1 的弹簧, 所对应的边界条件表达式.

1.2　试证: 圆锥形枢轴沿垂直锥底方向的振动方程满足

$$E\frac{\partial}{\partial x}\left[\left(\frac{x}{h}\right)^2\frac{\partial u}{\partial x}\right] = \rho\left(\frac{x}{h}\right)^2\frac{\partial^2 u}{\partial t^2},$$

① 具体可参考谷超豪等, 《数学物理方程》(第三版. 北京: 高等教育出版社, 2012).

其中, h 为圆锥的高; E 为圆锥材料的杨氏模量.

1.3　判断下列偏微分方程的阶数；并判断其是否为线性的；若是, 再判断其是否为齐次线性方程. 其中 u 为未知函数；x、y 或 t 为空间或时间的自变量；f、μ 为时空自变量的函数；ν、a 为常数.

(a) 伯格斯方程 (Burgers equation):

$$\frac{\partial u}{\partial t}+u\frac{\partial u}{\partial x}=\nu\frac{\partial^2 u}{\partial x^2};$$

(b) 热传导方程:

$$\frac{\partial u}{\partial t}-a^2\frac{\partial^2 u}{\partial x^2}=f(x,t);$$

(c) 双调和方程 (biharmonic equation):

$$\frac{\partial^4 u}{\partial x^4}+2\frac{\partial^4 u}{\partial x^2\partial y^2}+\frac{\partial^4 u}{\partial y^4}=0;$$

(d) 非匀质区域内静电势控制方程:

$$\frac{\partial}{\partial x}\left[\frac{1}{\mu(x,y)}\frac{\partial u}{\partial x}\right]+\frac{\partial}{\partial y}\left[\frac{1}{\mu(x,y)}\frac{\partial u}{\partial y}\right]=0.$$

1.4　求解波动方程的初值问题:

$$\begin{cases} u_{tt}-a^2u_{xx}=0, \quad (x,t)\in\mathbb{R}\times\mathbb{R}^+; \\ u|_{t=0}=0, \quad u_t|_{t=0}=\dfrac{1}{1+x^2}. \end{cases}$$

1.5　给定如下方程:

$$\frac{x^2}{a^2}\frac{\partial^2 u}{\partial t^2}=\frac{\partial}{\partial x}\left(x^2\frac{\partial u}{\partial x}\right)$$

(a) 证明其通解可以写成

$$u(x,t)=\frac{F(x-at)+G(x+at)}{x}$$

的形式, 其中 $F(\cdot)$、$G(\cdot)$ 为任意的具有二阶连续导数的单变量函数.

(b) 若方程同时满足初始条件:

$$u|_{t=0}=\phi(x), \quad \left.\frac{\partial u}{\partial t}\right|_{t=0}=\psi(x),$$

请给出对应柯西问题解的表达式.

(c) 问, 初始条件 $\phi(x)$ 与 $\psi(x)$ 满足怎样的条件时, 齐次波动方程初值问题的解仅由左传播波组成?

1.6　利用延拓法, 求解波动方程的古尔萨 (Goursat) 问题:

$$\begin{cases} u_{tt} - a^2 u_{xx} = 0, \quad (x,t) \in \mathbb{R} \times \mathbb{R}^+; \\ u|_{x-at=0} = \phi(x), \quad u|_{x+at=0} = \psi(x), \end{cases}$$

其中, $\phi(0) = \psi(0)$.

1.7　考虑弦振动方程初速度为零情形对应的柯西问题:

$$\begin{cases} u_{tt} - u_{xx} = 0, \quad (x,t) \in \mathbb{R} \times \mathbb{R}^+; \\ u|_{t=0} = \phi(x), \quad u_t|_{t=0} = 0, \end{cases}$$

设弦的初始状态满足

$$\phi(x) = \begin{cases} 3 - x, \quad x \in [0,3]; \\ 3 + x, \quad x \in [-3,0]; \\ 0, \quad |x| > 3. \end{cases}$$

(a) 画出弦以及左右传播波在 $t = 1, 2$ 时刻对应的波形.

(b) 在什么时刻左右传播波彼此不再干涉?

1.8　求解

$$\begin{cases} u_{tt} - a^2 u_{xx} = 0, \quad (x,t) \in \mathbb{R}^+ \times \mathbb{R}^+; \\ u|_{t=0} = \phi(x), \quad u_t|_{t=0} = 0; \\ (u_x - k u_t)|_{x=0} = 0. \end{cases}$$

其中, k 为正常数.

1.9　设弦为半无限长且其端点固定, 求解相应的振动问题:

$$\begin{cases} u_{tt} - a^2 u_{xx} = 0, \quad (x,t) \in \mathbb{R}^+ \times \mathbb{R}^+; \\ u|_{t=0} = \phi(x), \quad u_t|_{t=0} = \psi(x); \\ u|_{x=0} = 0. \end{cases}$$

1.10　验证齐次化原理, 即(1.39)式是问题(1.37)的解.

1.11 求解波动方程的初值问题:

$$\begin{cases}\dfrac{\partial^2 u}{\partial t^2}-\dfrac{\partial^2 u}{\partial x^2}=t\cos x,\\ u|_{t=0}=0,\quad \left.\dfrac{\partial u}{\partial t}\right|_{t=0}=0.\end{cases}$$

1.12 考虑弦振动方程初边值问题:

$$\begin{cases}u_{tt}-a^2u_{xx}=f(x,t),\quad (x,t)\in(0,l)\times\mathbb{R}^+;\\ u|_{t=0}=\phi(x),\quad u_t|_{t=0}=\psi(x);\\ \text{边界条件}.\end{cases}$$

如何将下述非齐次边界条件齐次化:

(a) $u_x|_{x=0}=\mu_1(t),\quad u_x|_{x=l}=\mu_2(t)$.

(b) $u|_{x=0}=\mu_1(t),\quad (u+u_x)|_{x=l}=\mu_2(t)$.

1.13 用分离变量法求下列问题的解:

(a) $$\begin{cases}u_{tt}-a^2u_{xx}=0,\quad x\in(0,l),\ t>0;\\ u|_{t=0}=\sin\dfrac{3\pi x}{l},\quad u_t|_{t=0}=x(l-x);\\ u|_{x=0}=u|_{x=l}=0.\end{cases}$$

(b) $$\begin{cases}u_{tt}-a^2u_{xx}=0,\quad x\in(0,1),\ t>0;\\ u|_{t=0}=0,\quad u_t|_{t=0}=x;\\ u|_{x=0}=0,\quad u_x|_{x=1}=0.\end{cases}$$

1.14 用分离变量法求解初边值问题:

$$\begin{cases}u_{tt}-a^2u_{xx}=g,\quad 0<x<l,t>0;\\ u|_{t=0}=0,\quad u_t|_{t=0}=0;\\ u|_{x=0}=u|_{x=l}=0.\end{cases}$$

其中, g 为常数.

1.15 用分离变量法求解初边值问题:

$$\begin{cases}u_{tt}+2bu_t-a^2u_{xx}=0,\quad x\in(0,1),\ t>0;\\ u|_{t=0}=x(2-x),\quad u_t|_{t=0}=0;\\ u|_{x=0}=u_x|_{x=1}=0,\end{cases}$$

其中, b 为常数, 且满足 $a > b > 0$.

1.16 代入三维波动方程解的表达式(1.86)来求解以下柯西问题:

(a) $$\begin{cases} u_{tt} - a^2(u_{xx} + u_{yy} + u_{zz}) = 0, \quad (x, y, z) \in \mathbb{R}^3,\ t > 0; \\ u|_{t=0} = 0, \quad u_t|_{t=0} = xy + z^2. \end{cases}$$

(b) $$\begin{cases} u_{tt} - a^2(u_{xx} + u_{yy} + u_{zz}) = 0, \quad (x, y, z) \in \mathbb{R}^3,\ t > 0; \\ u|_{t=0} = 2x^2z + y^3, \quad u_t|_{t=0} = 0. \end{cases}$$

1.17 对于三维非齐次波动方程柯西问题:

$$\begin{cases} u_{tt} - a^2(u_{xx} + u_{yy} + u_{zz}) = f(x, y, z; t), \quad (x, y, z) \in \mathbb{R}^3,\ t > 0; \\ u|_{t=0} = 0, \quad u_t|_{t=0} = 0, \end{cases}$$

试给出其相应的齐次化原理提法.

1.18 求解非齐次方程的柯西问题:

$$\begin{cases} u_{tt} = u_{xx} + u_{yy} + u_{zz} + 4(t - z), \quad (x, y, z) \in \mathbb{R}^3,\ t > 0; \\ u|_{t=0} = 0, \quad u_t|_{t=0} = 0. \end{cases}$$

1.19 证明下列初边值问题的解若存在则必唯一:

$$\begin{cases} u_{tt} - a^2(u_{xx} + u_{yy}) = f(x, y; t), \quad (x, y) \in \Omega,\ t > 0; \\ u|_{t=0} = \phi(x, y), \quad u_t|_{t=0} = \psi(x, y); \\ \left.\dfrac{\partial u}{\partial n}\right|_{\partial\Omega} = h(x, y, t). \end{cases}$$

1.20 若弦振动过程所受的摩擦力与速度成正比, 则弦的垂向位移满足方程:

$$u_{tt} = a^2 u_{xx} - \mu u_t,$$

其中, 常数 $\mu > 0$ 是摩擦系数. 请证明若弦两端固定, 则该系统的总能量是减少的, 并由此证明方程

$$u_{tt} = a^2 u_{xx} - \mu u_t + f$$

对应的含狄利克雷型边界条件之初边值问题的解若存在则必唯一.

1.21 考虑含第三类边界条件的薄膜振动初边值问题:

$$\begin{cases} u_{tt} - a^2(u_{xx} + u_{yy}) = 0, \quad (x,y) \in \Omega,\, t > 0; \\ u|_{t=0} = \phi(x,y), \quad u_t|_{t=0} = \psi(x,y); \\ \left(T\dfrac{\partial u}{\partial n} + \sigma u\right)\Big|_{\partial\Omega} = 0, \end{cases}$$

其中, $\sigma > 0$ 是常数, 且 $a^2 = T/\rho$. 对于上述定解问题的解, 可定义能量积分

$$\mathcal{E}(t) = \frac{1}{2}\iint_{\Omega} \left[\rho u_t^2 + T(u_x^2 + u_y^2)\right] \mathrm{d}x\mathrm{d}y + \frac{1}{2}\int_{\partial\Omega} \sigma u^2 \mathrm{d}s.$$

(a) 思考上述能量积分所对应的物理意义.

(b) 请证明 $\mathcal{E}(t)$ 恒为常数, 并由此证明上述定解问题的解的唯一性.

第 2 章　热传导方程

本章将考虑一个刻画热传导过程的二阶线性偏微分方程, 即热传导方程. 对于热传导方程的柯西问题, 我们将介绍一种求解无限空间内线性偏微分方程问题的重要方法——积分变换法. 此外, 我们将再次接触到分离变量法, 并讨论其在求解空间一维热传导方程初边值问题中的应用. 我们将目光放在一类与分离变量法联系紧密的常微分方程特征值问题上. 将介绍施图姆–刘维尔系统的概念与性质. 在本章最后, 将介绍讨论热传导过程中温度极值的取值特征, 即热传导方程的极值原理, 并利用该极值原理讨论热传导方程定解问题解的唯一性与稳定性. 知识地图图 2.1 给出了本章内容总结.

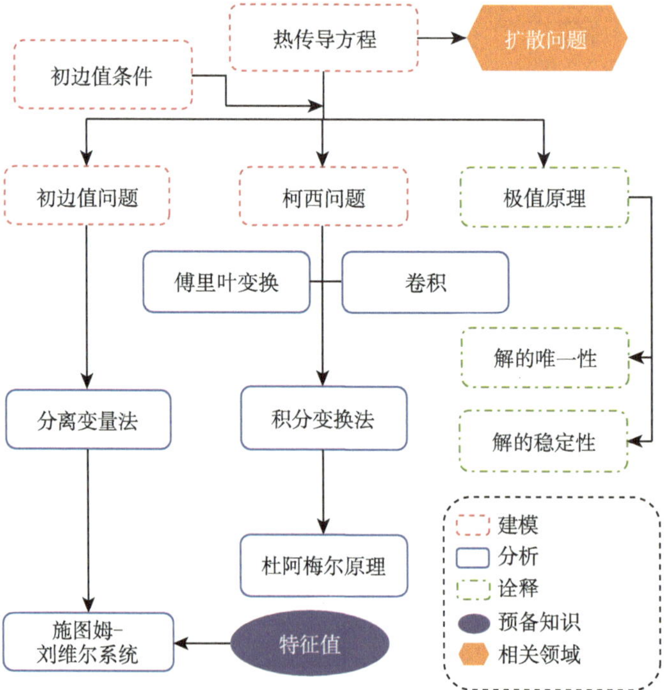

图 2.1　知识地图——热传导方程

2.1 热传导方程的导出与定解条件

2.1.1 热传导方程的导出

这里考虑对三维介质内温度分布随时间演化过程的建模. 对于某材料, 设其对应于三维空间区域 $\Omega \in \mathbb{R}^3$. 这里用 $u(x,y,z;t)$ 来表示在 t 时刻空间点 (x,y,z) 处的温度. 我们的目标是推导出温度场 u 所满足的偏微分方程.

首先列出建模过程中会使用到的物理定律. 第一是**傅里叶热传导定律** (Fourier law of heat conduction). 傅里叶热传导定律是一个基于实验观测的近似定律. 它告诉我们, 若某曲面微元的单位法向量为 $\boldsymbol{n}$, 则单位时间内沿 $\boldsymbol{n}$ 方向流过该曲面微元的热量 (用 $\mathrm{d}Q/\mathrm{d}t$ 表示) 正比于微元面积 $\mathrm{d}S$ 与温度沿 $\boldsymbol{n}$ 方向导数 $\dfrac{\partial u}{\partial n}$ 的乘积:

$$\mathrm{d}Q = -k\frac{\partial u}{\partial n}\mathrm{d}S\mathrm{d}t, \tag{2.1}$$

其中, $k(x,y,z)$ 称为**热传导系数** (heat conductivity coefficient). (2.1)式中的负号表示热量是从高温区域向低温区域流动的. 实际上, 若我们将热量流动等效为某种 "流体运动", 其 "流动" 规律可以用一个向量 $\boldsymbol{J}$ 来表示, 称为**热通量** (heat flux), 单位是 $\mathrm{J}/(\mathrm{m}^2{\cdot}\mathrm{s})$. 为保证热量以最快的方式扩散, 热量近似沿温度的负梯度方向流动, 数学上可表示为

$$\boldsymbol{J} = -k(x,y,z)\nabla u. \tag{2.2}$$

对于任意以 $\boldsymbol{n}$ 为法向的面积微元 $\mathrm{d}S$, 单位时间内穿过该微元的热量应该是热通量 $\boldsymbol{J}$ 与该面积 (向量) 微元 $\boldsymbol{n}\mathrm{d}S$ 作内积:

$$\frac{\mathrm{d}Q}{\mathrm{d}t} = \boldsymbol{J}\cdot\boldsymbol{n}\mathrm{d}S = -k\frac{\partial u}{\partial n}\mathrm{d}S.$$

上式和(2.1)式是一致的. 特别地, 若介质是匀质的, 则热传导系数 k 取常数.

接下来考虑**比热定律** (law of specific heat). 材料内能的变化与材料的质量和温度变化量成正比, 比例系数称为 (质量) **比热** (specific heat), 用 c 来表示. 比热定律的数学表达式是

$$\mathrm{d}Q = c\rho\mathrm{d}x\mathrm{d}y\mathrm{d}z\mathrm{d}u, \tag{2.3}$$

其中, ρ 表示材料的密度. 表 2.1 对本章出现的主要物理量进行一个简要的总结.

表 2.1　本章主要物理量总结

符号	物理意义	单位
x, y, z	空间变量	m
t	时间变量	s
$u(x, y, z; t)$	温度	K
$\boldsymbol{J}$	热流量	J/(m^2·s)
c	质量比热	J/(kg·K)
ρ	密度	kg/m^3
Q	热量	J
ΔU	内能变化	J
F	单位体积热源速率	J/(m^3·s)

最后, 我们基于*热力学第一定律* (first law of thermodynamics) 建立温度 u 所满足的方程. 在没有外力功的情况下, 系统内能的变化应等于内部热源产生的热量减去流出系统的热量. 这里引入物理量 $F(x,y,z;t)$ 来表示系统内部热源在单位时间内向系统内单位体积输送的热量, 在表 2.1 中我们简称其物理意义为 " 单位体积热源速率".

考虑介质内某区域 Ω 在 (t_1,t_2) 时段内的内能变化. 根据比热定律, 该部分内能的变化为

$$\Delta U = \iiint_\Omega c\rho\, u\big|_{t_1}^{t_2}\,\mathrm{d}x\mathrm{d}y\mathrm{d}z = \int_{t_1}^{t_2}\iiint_\Omega c\rho\frac{\partial u}{\partial t}\,\mathrm{d}x\mathrm{d}y\mathrm{d}z\mathrm{d}t. \tag{2.4}$$

根据傅里叶热传导定律, 在 $[t_1,t_2]$ 时段内从 Ω 边界 (沿外法向 $\boldsymbol{n}$) 流出的热量为

$$\Delta Q = \int_{t_1}^{t_2}\oiint_{\partial\Omega} -k\frac{\partial u}{\partial n}\,\mathrm{d}S\mathrm{d}t = -\int_{t_1}^{t_2}\iiint_\Omega k\left(\frac{\partial^2 u}{\partial x^2}+\frac{\partial^2 u}{\partial y^2}+\frac{\partial^2 u}{\partial z^2}\right)\mathrm{d}x\mathrm{d}y\mathrm{d}z\mathrm{d}t, \tag{2.5}$$

其中, "$\oiint$" 表示沿封闭曲面 $\partial\Omega$ 的积分. (2.5)式中第二个等式的推导我们再次使用了格林公式(1.92). 将(2.4)式与(2.5)式代入能量守恒定律关系中, 可得

$$\begin{aligned}&\int_{t_1}^{t_2}\iiint_\Omega c\rho\frac{\partial u}{\partial t}\,\mathrm{d}x\mathrm{d}y\mathrm{d}z\mathrm{d}t\\ =&\int_{t_1}^{t_2}\iiint_\Omega k\left(\frac{\partial^2 u}{\partial x^2}+\frac{\partial^2 u}{\partial y^2}+\frac{\partial^2 u}{\partial z^2}\right)\mathrm{d}x\mathrm{d}y\mathrm{d}z\mathrm{d}t+\int_{t_1}^{t_2}\iiint_\Omega F\,\mathrm{d}x\mathrm{d}y\mathrm{d}z\mathrm{d}t.\end{aligned} \tag{2.6}$$

(2.6)式右端的最后一个式子表示 Ω 内部热源/汇从系统注入/吸收的热量.

对(2.6)式进行整理, 并利用 t_1、t_2 以及 Ω 选取的任意性, 可得到温度 $u(x,y,$

$z;t)$ 在任意时刻以及区域内任一点上满足的偏微分方程:

$$\rho c\frac{\partial u}{\partial t}-k\left(\frac{\partial^2 u}{\partial x^2}+\frac{\partial^2 u}{\partial y^2}+\frac{\partial^2 u}{\partial z^2}\right)=F(x,y,z;t). \tag{2.7}$$

与波动方程的推导类似, 通过引入

$$a^2=\frac{k}{\rho c},\quad f=\frac{F}{\rho c},$$

得到**热传导方程** (heat equation) 的标准形式:

$$u_t-a^2(u_{xx}+u_{yy}+u_{zz})=f(x,y,z;t). \tag{2.8}$$

类似地, 可以给出空间一维热传导方程:

$$u_t-a^2u_{xx}=f(x;t), \tag{2.9}$$

以及空间二维热传导方程:

$$u_t-a^2(u_{xx}+u_{yy})=f(x,y;t). \tag{2.10}$$

2.1.2 热传导方程的定解条件

接下来讨论热传导方程的定解条件. 与波动方程类似, 热传导方程的定解问题也可以分为柯西问题和初边值问题两种情形. 柯西问题描述的是全空间内的热传导过程, 此时的空间定义域满足 $\Omega=\mathbb{R}^n$, 其中 n 代表空间维度. 对于柯西问题, 只需给出相应的初始条件. 注意到(2.8)式关于时间最高阶导数为一阶, 因此针对热传导方程, 理论上只需要提一个初始条件:

$$u|_{t=0}=\phi(x,y,z). \tag{2.11}$$

这说明, 若知道全空间初始时刻的温度分布, 就可以利用热传导方程计算出任意时刻全空间的温度分布.

当区域 Ω 有界时, 还需要给出热传导方程定解问题的边界条件. 与波动方程情形一致, 一般可以提三类边界条件.

若已知边界上的温度分布, 则有

$$u|_{\partial\Omega}=h(x,y,z,t), \tag{2.12}$$

称为第一类边界条件, 或狄利克雷型边界条件. 特别地, 当 $h=0$ 时, 得到齐次狄利克雷边界条件, 此时边界上的温度恒为 0.

若已知边界上单位面积流出的热量, 根据傅里叶热传导定律, 则有

$$-k\frac{\partial u}{\partial n}\bigg|_{\partial\Omega}=h(x,y,z,t), \tag{2.13}$$

称为第二类边界条件, 或诺伊曼型边界条件. 特别地, 当 $h=0$ 时, 得到齐次诺伊曼边界条件, 此时系统与外界绝热.

最后考察系统放在某种介质 (例如空气, 水) 中的情形. 此时只能测量介质的温度 (设为 u_0), 而系统边界上的准确温度并不知道. 此时, 需要借助另一个实验定律, 即*牛顿热传导定律* (Newton's law of heat conduction): 从物体流到介质中的热量, 与接触面积、接触时间, 以及两者在接触区域的温度差成正比, 比例系数设为 k_0. 其数学描述为

$$\mathrm{d}Q=k_0(u-u_0)\mathrm{d}S\mathrm{d}t. \tag{2.14}$$

将(2.14)式与傅里叶热传导定律(2.1)式联立, 得到

$$\left(k\frac{\partial u}{\partial n}+k_0u\right)\bigg|_{\partial\Omega}=k_0u_0.$$

上式可以进一步简化为

$$\left(\frac{\partial u}{\partial n}+\sigma u\right)\bigg|_{\partial\Omega}=h(x,y,z,t) \tag{2.15}$$

称为第三类边界条件, 或罗宾型边界条件.

2.1.3　扩散过程的数学描述

在本节最后, 我们要讨论还有哪些物理过程可以用类似于(2.8)式的方程形式进行刻画. 考虑自然界中一种物质在介质中*扩散* (diffusion) 的过程, 例如化学物质在空气或水中的弥散或溶解, 晶体材料中点缺陷的扩散等. 尽管上述物理过程具有不同的应用背景, 但它们的演化机理却非常相似. 若要使扩散达到 “最高效率”, 则扩散过程应该是沿着浓度的负梯度方向发生的. 借助于傅里叶热传导定律的思想, 我们可以再次引入 “扩散通量” $\boldsymbol{J}$, 它应该与浓度的负梯度成正比:

$$\boldsymbol{J}=-D(x,y,z)\nabla c(x,y,z;t), \tag{2.16}$$

其中, c 表示物质在介质中的*浓度* (concentration), 即单位体积内物质的量; D 称为*扩散系数* (diffusivity). 而在任意区域 Ω 内, 物质分子数目的变化应等于从 Ω 边界扩散进入的数目与 Ω 内部 (因化学反应等) 所产生/吸收的数目之和/差.

如此得到扩散方程:

$$\frac{\partial c}{\partial t}-\left[\frac{\partial}{\partial x}\left(D\frac{\partial c}{\partial x}\right)+\frac{\partial}{\partial y}\left(D\frac{\partial c}{\partial y}\right)+\frac{\partial}{\partial z}\left(D\frac{\partial c}{\partial z}\right)\right]=f(x,y,z), \tag{2.17}$$

其中, $(x,y,z)\in\Omega$. (2.17)式具体的推导以及扩散方程相应的定解条件, 我们留作课后作业.

特别地, 当扩散系数 D 在 Ω 内为常数时, (2.17)式与热传导方程(2.7)具有类似的形式 ($D=a^2$).

通过上述比较不难发现, 若物理过程是沿着某物理量的负梯度方向发生, 即沿着高温 (浓) 度向低温 (浓) 度的方向发生, 则该物理量的演化过程往往可以用热传导方程(2.8)的形式来描述.

2.2 柯西问题的求解与积分变换法

本节将讨论热传导方程柯西问题的求解. 我们将以空间一维问题为例:

$$\begin{cases}u_t-a^2u_{xx}=f(x,t), & (x,t)\in\mathbb{R}\times\mathbb{R}^+;\\ u|_{t=0}=\phi(x).\end{cases} \tag{2.18}$$

在此将介绍求解线性微分方程的两个重要工具: 卷积与傅里叶变换. 我们将从求解齐次方程问题开始讨论, 再进一步将结果推广到非齐次问题. 最后我们将给出高维热传导方程柯西问题解的表达形式.

2.2.1 卷积与傅里叶变换

1. 卷积

首先介绍卷积 (convolution) 的概念. 对于两个定义于全空间的一元函数 $f(x)$ 和 $g(x)$, $x\in\mathbb{R}$, 它们的卷积用 $f*g$ 或 $f*g(x)$ 来表示, 具体定义为

$$f*g=\int_{-\infty}^{\infty}f(x-t)g(t)\mathrm{d}t. \tag{2.19}$$

根据定义, 卷积的输出量仍是一个函数.

例 2.1 若

$$f(x)=\begin{cases}1, & |x|\leqslant 1;\\ 0, & |x|>1,\end{cases}\quad g(x)=\frac{1}{\sqrt{2\pi}}\mathrm{e}^{-\frac{x^2}{2}},$$

求 $f * g$.

解 由于 f 是分段函数, 因此只有当 $t-1 \leqslant x \leqslant t+1$ 时, $f(x-t)$ 取非零值. 将 f 和 g 的表达式代入(2.19)式, 得到

$$f * g = \frac{1}{\sqrt{2\pi}} \int_{x-1}^{x+1} \mathrm{e}^{-\frac{t^2}{2}} \mathrm{d}t.$$

注意到, $g(t)$ 实际上是标准正态分布的密度分布函数. 由此可知, $f * g = F(x+1) - F(x-1)$, 其中 $F(x)$ 是标准正态分布函数. □

通过例 2.1, 可以观察到卷积的几个特点. 首先, 卷积可以看作是对 $f(x)$ 的函数值进行加权平均, 权重分布是由函数 $g(x)$ 来确定的. 其次, 在例 2.1 中, $f(x)$ 是一个不连续函数, 但是经过和一个连续函数 $g(x)$ 进行卷积操作后, 我们得到了一个无穷次可微的函数. 换句话说, 卷积后函数的光滑性与输入函数中光滑性较好的函数一致. 此外, 利用定义还可以验证卷积具有可交换性, 即 $f * g = g * f$.

最后, 我们给出多元函数卷积的定义. 设 $f(\boldsymbol{r})$ 和 $g(\boldsymbol{r})$ 均为定义在整个 n 维欧几里得空间中的函数, 其卷积的定义为

$$f * g(\boldsymbol{r}) = \int_{\mathbb{R}^n} f(\boldsymbol{r} - \boldsymbol{s}) g(\boldsymbol{s}) \mathrm{d}\boldsymbol{s}. \tag{2.20}$$

(2.20)式是一元函数卷积定义的自然推广. 因此, 多元函数的卷积也具有上面讨论的一元函数卷积的性质.

2. 傅里叶变换

对于任意在全空间可积的一元函数 $y = f(x)$, 我们用 $\mathcal{F}[f]$ 或 $\tilde{f}$ 来表示其傅里叶变换 (Fourier transform), 其定义为

$$\mathcal{F}[f] = \int_{-\infty}^{\infty} f(x) \mathrm{e}^{-\mathrm{i}x\xi}\, \mathrm{d}x = \tilde{f}(\xi), \tag{2.21}$$

其中, i 为虚数单位, 满足 $\mathrm{i}^2 = -1$. 基于上述定义, 傅里叶变换将一个 (以 x 为自变量的) 一元函数变换为另一个 (以 ξ 为自变量的) 一元函数.

傅里叶变换在信号处理中发挥着重要作用. 我们知道, 傅里叶级数实际上是将一个代表某种信号的 (关于时间或空间的) 函数分解成一组具有三角函数形式简单信号的叠加. 简而言之, 傅里叶级数实际上是将时空域内表达信号转换成在频域 (frequency domain) 内表达的信号. 而傅里叶变换实际上可以看作是傅里叶级数的极限形式, 其具体的推导可参考本节后的相关阅读内容. 在该相关阅读内容中, 我们还可以看到, (2.21)式傅里叶变换的逆变换满足

$$\mathcal{F}^{-1}[\tilde{f}] = \frac{1}{2\pi} \int_{-\infty}^{\infty} \tilde{f}(\xi) \mathrm{e}^{\mathrm{i}x\xi} \mathrm{d}\xi = f(x), \tag{2.22}$$

称为傅里叶逆变换 (inverse Fourier transform).

接下来介绍傅里叶变换的一些性质, 它们将在后续解方程过程中发挥重要作用.

(1) **线性性质:** 若 α、β 为两个复常数; $f(x)$ 和 $g(x)$ 为两个可积函数, 则有

$$\mathcal{F}[\alpha f+\beta g]=\alpha\mathcal{F}[f]+\beta\mathcal{F}[g]. \tag{2.23}$$

(2) **微分性质:**

$$\mathcal{F}[f']=\mathrm{i}\xi\mathcal{F}[f] \tag{2.24}$$

(3) **与卷积相关性质:** 卷积的傅里叶变换等于两函数分别做傅里叶变换后的乘积, 即

$$\mathcal{F}[f*g]=\mathcal{F}[f]\cdot\mathcal{F}[g]. \tag{2.25}$$

这里给出上述性质 (3) 的简单证明: 将卷积表达式(2.19)代入傅里叶变换的表达式(2.21)中, 并引入坐标变换 $s=x-t$, 可得

$$\begin{aligned}\mathcal{F}[f*g]&=\int_{-\infty}^{+\infty}\int_{-\infty}^{+\infty}\mathrm{e}^{-\mathrm{i}x\xi}f(x-t)g(t)\mathrm{d}t\mathrm{d}x=\int_{-\infty}^{+\infty}\int_{-\infty}^{+\infty}\mathrm{e}^{-\mathrm{i}(s+t)\xi}f(s)g(t)\mathrm{d}t\mathrm{d}s\\&=\int_{-\infty}^{+\infty}\mathrm{e}^{-\mathrm{i}s\xi}f(s)\mathrm{d}s\cdot\int_{-\infty}^{+\infty}\mathrm{e}^{-\mathrm{i}t\xi}g(t)\mathrm{d}t=\mathcal{F}[f]\cdot\mathcal{F}[g].\end{aligned}$$

傅里叶逆变换也具有上述类似的性质, 在这里就不给出具体的表达式了.

这里也给出 n 元函数 $f(\boldsymbol{r})$ 对应的傅里叶变换表达式:

$$\mathcal{F}[f]=\int_{\mathbb{R}^n}f(\boldsymbol{r})\mathrm{e}^{-\mathrm{i}\boldsymbol{r}\cdot\boldsymbol{\xi}}\,\mathrm{d}\boldsymbol{r}=\tilde{f}(\boldsymbol{\xi}), \tag{2.26}$$

其中, $\boldsymbol{r}\cdot\boldsymbol{\xi}$ 表示 n 维欧几里得空间中两个向量做内积. 相应的傅里叶逆变换表达式为

$$\mathcal{F}^{-1}[\tilde{f}]=\frac{1}{(2\pi)^n}\int_{\mathbb{R}^n}\tilde{f}(\boldsymbol{\xi})\mathrm{e}^{\mathrm{i}\boldsymbol{r}\cdot\boldsymbol{\xi}}\mathrm{d}\xi=f(\boldsymbol{r}). \tag{2.27}$$

一些常用函数的傅里叶变换可参考本节最后预备知识中的表 2.2.

2.2.2 热传导方程柯西问题的求解

我们先考虑齐次方程与非齐次初始条件的情形:

$$\begin{cases}u_t-a^2u_{xx}=0, & (x,t)\in\mathbb{R}\times\mathbb{R}^+;\\ u|_{t=0}=\phi(x).\end{cases} \tag{2.28}$$

首先对问题(2.28)中的方程两边关于空间自变量 x 做傅里叶变换, 有

$$\mathcal{F}[u_t] - a^2\mathcal{F}[u_{xx}] = 0, \tag{2.29}$$

这里用到了(2.23)式傅里叶变换的线性性. 根据傅里叶变换的微分性质(2.24) 式, (2.29)式可以进一步改写为

$$\mathcal{F}[u_t] + a^2\xi^2\mathcal{F}[u] = 0.$$

由于上式是关于空间自变量 x 做傅里叶变换, 应该有 $\mathcal{F}[u_t] = \dfrac{\mathrm{d}}{\mathrm{d}t}\mathcal{F}[u]$, 于是上式可转化为

$$\frac{\mathrm{d}\mathcal{F}[u]}{\mathrm{d}t} + a^2\xi^2\mathcal{F}[u] = 0. \tag{2.30}$$

类似地, 对问题(2.28)中的初始条件两边关于 x 做傅里叶变换得到

$$\mathcal{F}[u]|_{t=0} = \mathcal{F}[\phi](\xi). \tag{2.31}$$

经过傅里叶变换, 问题(2.28)中的偏微分方程转化为一个以 $\mathcal{F}[u]$ 为因变量、以时间 t 为自变量的常微分方程(2.30), 其初始条件由(2.31)式给出. 而傅里叶变换所引入的自变量 ξ 仅仅作为上述常微分方程问题的一个参数. 对常微分方程系统(2.30)式和(2.31)式求解可得

$$\mathcal{F}[u] = \mathcal{F}[\phi](\xi)\cdot \mathrm{e}^{-a^2\xi^2 t}. \tag{2.32}$$

注意到, (2.32)式右端项是一个乘积的形式, 且乘积的第一个因子是函数 ϕ 的傅里叶变换. 若(2.32)式的第二个因子也可以写作某函数的傅里叶变换, 则(2.32)式右端项可表达为两个傅里叶变化乘积的形式. 于是可以利用傅里叶变换卷积的性质(2.25)对(2.32)式进一步化简. 为此, 可假定(2.32)式右端项的第二个因子存在关于 ξ 的傅里叶逆变换 $h(x,t)$, 即

$$\mathcal{F}^{-1}[\mathrm{e}^{-a^2\xi^2 t}] = h(x,t), \tag{2.33}$$

则借助(2.25)式, 可将(2.32)式转化为

$$\mathcal{F}[u] = \mathcal{F}[\phi](\xi)\cdot\mathcal{F}[h] = \mathcal{F}[\phi * h]. \tag{2.34}$$

对(2.34)式两边同时做傅里叶逆变换, 即可得到 $u(x,t)$ 的表达式:

$$u(x,t) = \phi * h = \int_{-\infty}^{\infty}\phi(s)h(x-s,t)\mathrm{d}s, \tag{2.35}$$

这里使用了(2.19)式给出的卷积的定义.

从(2.35)式可以看出, 若要给出 $u(x,t)$ 的具体表达式, 仍需要计算(2.33)式中的傅里叶逆变换. 傅里叶逆变换中的积分运算涉及复变函数的积分, 在这里不做重点讨论. 但通过查本节最后预备知识中的表 2.2 可知,

$$h(x,t)=\mathcal{F}^{-1}[\mathrm{e}^{-a^2\xi^2t}]=\frac{1}{2a\sqrt{\pi t}}\mathrm{e}^{-\frac{x^2}{4a^2t}}.$$

不难发现, $h(x,t)$ 关于其自变量 x, 是一个以 0 为期望. 以 $2a^2t$ 为方差的正态分布密度函数. 将上式代入(2.35)式, 得到问题(2.28)的解的表达式:

$$u(x,t)=\frac{1}{2a\sqrt{\pi t}}\int_{-\infty}^{\infty}\phi(s)\mathrm{e}^{-\frac{(x-s)^2}{4a^2t}}\mathrm{d}s. \tag{2.36}$$

严格意义上讲, (2.36)式只给出了问题(2.28)解的形式表达式. 我们还需要进行两点验证.

首先, 必须保证 $u(x,t)$ 对于任意 $x\in\mathbb{R}$ 及 $t>0$ 均有定义. 这就要求 (2.36)式中的积分式对于任意 (x,t) 必须一致收敛. 若 $\phi(x)$ 有界, 即 $|\phi(x)|\leqslant M$, 则代入(2.36)式有

$$|u(x,t)|\leqslant M\cdot\frac{1}{2a\sqrt{\pi t}}\int_{-\infty}^{\infty}\mathrm{e}^{-\frac{(x-s)^2}{4a^2t}}\mathrm{d}s=M.$$

这表明对于任意 $(x,t)\in\mathbb{R}\times\mathbb{R}^+$, (2.36)式中的被积函数的绝对值恒小于一个绝对可积的函数. 因此, (2.36)式中的积分表达式绝对收敛.

其次, 还需要验证(2.36)式满足柯西问题 (2.28). 利用一致收敛的含参变量积分其积分和求偏导运算可交换的性质, 可以证明, (2.36)式满足齐次热传导方程. 同样还需要验证(2.36) 式满足初始条件. 这里需要说明的是, 由于 t 出现在(2.36)式的分母上, 无法直接代入 $t=0$ 来求得对应 $u|_{t=0}$ 的表达式. 因此, 要验证(2.36) 式满足柯西问题(2.28)的初始条件, 需要证明:

$$\lim_{t\to0^+}u(x,t)=\phi(x).$$

证明上述表达式时需要借助于更为严格的 ϵ-δ 语言完成, 这里忽略具体证明过程.

对于高维空间中定义的热传导方程柯西问题,

$$\begin{cases}u_t-a^2(u_{xx}+u_{yy}+u_{zz})=0, & (x,y,z)\in\mathbb{R}^3,t>0;\\ u|_{t=0}=\phi(x,y,z),\end{cases} \tag{2.37}$$

也可以基于傅里叶变换的方法得到其解的表达式:

$$u(x,y,z;t)=\frac{1}{(2a\sqrt{\pi t})^3}\iiint_{\mathbb{R}^3}\phi(s_1,s_2,s_3)\mathrm{e}^{-\frac{(x-s_1)^2+(y-s_2)^2+(z-s_3)^2}{4a^2t}}\mathrm{d}s_1\mathrm{d}s_2\mathrm{d}s_3. \tag{2.38}$$

具体推导过程我们暂时略过.

2.2.3　柯西问题解性质分析

为了更直观地了解热传导方程柯西问题解的性质, 我们先考虑如下算例. 令柯西问题(2.28)的初始条件满足

$$\phi(x)=\begin{cases}1, & 0<x<1;\\ 0, & \text{其他情形}.\end{cases}$$

这表明在初始时刻, 高温区间 $[0,1]$ 内 $u=1$, 空间其他位置处于低温状态 $u=0$. 将该初始条件代入(2.36)式发现, 对应温度场的时空分布满足

$$u(x,t)=\frac{1}{2a\sqrt{\pi t}}\int_0^1 \mathrm{e}^{-\frac{(x-s)^2}{4a^2t}}\mathrm{d}s \tag{2.39}$$

图 2.2 给出了在不同时刻下由(2.39)式刻画的温度分布状态. 伴随着冷热区域之间不断进行热交换, 系统温度会逐渐趋向于恒温状态 $(u\equiv 0)$.

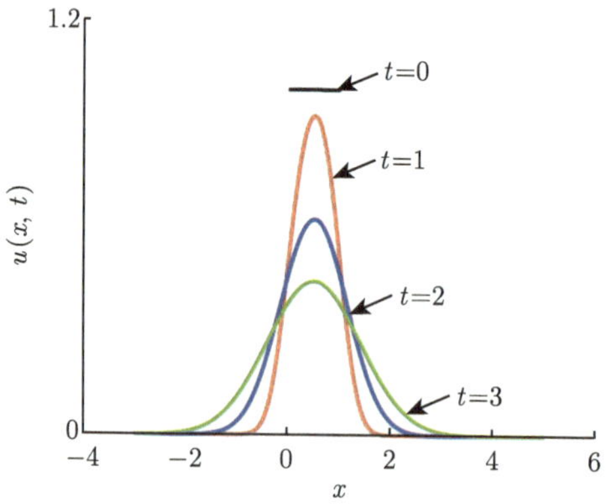

图 2.2　传热过程示意图, $a=0.2$

接下来我们讨论热传导方程对热量传播速度的刻画情况. 根据 1.4.3 节的讨论可以知道, 在波动方程所描述的物理过程中, 初始时刻的信息是以有限速度传播的, 可以用空间中任意一点的影响区域来刻画. 例如, 对于薄膜振动方程, 初始

时位于空间点 $\boldsymbol{r}$ 的信息, 在 t 时刻只会影响以 $\boldsymbol{r}$ 为圆心、at 为半径的圆以内点上的函数值, 而该圆周称为初始在 $\boldsymbol{r}$ 点处发出的信息在 t 时刻所对应的波阵面. 我们类比考察热传导方程所对应的物理过程其空间位置点的影响区域. 由(2.36)式可以发现, 对于任意 $t>0$ 时刻, 被积函数的指数函数部分均大于零. 这表明, 初始时刻在一点处的温度状态, 在任意 $t>0$ 时刻会影响到空间中任何一点的温度状态. 也就是说, 在热传导方程所刻画的物理过程中, 空间任意一点的影响区域都是整个实数域. 这也是热传导方程与波动方程所刻画物理过程的一个重要区别.

然而, 在现实中热量传播的速度不可能无限大. 造成这一偏差的原因是热传导方程是基于近似物理定律 (傅里叶热传导定律) 推导出来的, 因此其所描述的物理过程只是对真实物理过程的一个近似. 然而这样的近似在工程应用中仍是可行的. 这是因为某点的影响区域为全空间, 但其影响效果却是向无穷远以指数速度衰减的. 因此, 当离初始热源有一段距离时, 尽管该热源的温度在极短的时间内就会对观测点的温度产生影响, 但只是负指数量级的, 完全可以忽略不计.

最后我们讨论热传导问题的解关于时间的衰减性. 对于空间一维柯西问题可以证明, 当 $t\to\infty$ 时,

$$|u(x,t)|\leqslant Ct^{-\frac{1}{2}}, \tag{2.40}$$

其中, C 为一常数. (2.40)式说明, 一维柯西问题系统的最高温度是以负幂次数 $t^{-\frac{1}{2}}$ 的速度衰减的.

2.2.4 热传导方程柯西问题的齐次化原理

最后, 我们讨论如何求解含有非齐次热传导方程的柯西问题:

$$\begin{cases} u_t-a^2u_{xx}=f(x,t), \quad (x,t)\in\mathbb{R}\times\mathbb{R}^+; \\ u|_{t=0}=0. \end{cases} \tag{2.41}$$

类似于非齐次波动方程柯西问题, 我们可以给出热传导方程柯西问题的齐次化原理.

齐次化原理 若 $W(x,t;\tau)$ 满足方程

$$\begin{cases} W_t-a^2W_{xx}=0, \quad x\in\mathbb{R},\ t>\tau; \\ W|_{t=\tau}=f(x,\tau). \end{cases} \tag{2.42}$$

则

$$u(x,t)=\int_0^t W(x,t;\tau)\mathrm{d}\tau \tag{2.43}$$

是问题(2.41)的解.

对比问题(2.28)的解的表达式(2.36), 我们可以给出满足问题(2.42)的解的表达式:

$$W(x,t;\tau)=\frac{1}{2a\sqrt{\pi(t-\tau)}}\int_{-\infty}^{+\infty}f(s,\tau)\mathrm{e}^{-\frac{(x-s)^2}{4a^2(t-\tau)}}\mathrm{d}s. \tag{2.44}$$

将(2.44)式代入(2.43)式中可以得到问题(2.41)解的表达式:

$$u(x,t)=\int_0^t\frac{1}{2a\sqrt{\pi(t-\tau)}}\int_{-\infty}^{+\infty}f(s,\tau)\mathrm{e}^{-\frac{(x-s)^2}{4a^2(t-\tau)}}\mathrm{d}s\mathrm{d}\tau. \tag{2.45}$$

预 备 知 识

傅里叶变换与傅里叶级数的关系

下面介绍如何通过傅里叶级数来理解傅里叶变换. 由傅里叶级数可以知道, $(-l,l)$ 区间内的周期函数, 可以把它展开成如下级数形式:

$$f(x)=\frac{a_0}{2}+\sum_{k=1}^{\infty}a_k\cos\frac{k\pi x}{l}+b_k\sin\frac{k\pi x}{l}, \tag{2.46}$$

其中,

$$a_k=\frac{1}{l}\int_{-l}^{l}f(s)\cos\frac{k\pi s}{l}\mathrm{d}s,\quad k=0,1,\cdots \tag{2.47}$$

$$b_k=\frac{1}{l}\int_{-l}^{l}f(s)\sin\frac{k\pi s}{l}\mathrm{d}s,\quad k=1,2,\cdots. \tag{2.48}$$

傅里叶级数的一个特点是其基函数 $\cos\dfrac{k\pi x}{l}$ 和 $\sin\dfrac{k\pi x}{l}$ 在区间 $[-l,l]$ 内均为周期函数.

将(2.47)式和(2.48)式代入(2.46)式, 可得

$$\begin{aligned}f(x)&\sim\frac{a_0}{2}+\frac{1}{l}\sum_{k=1}^{\infty}\int_{-l}^{l}f(s)\left(\cos\frac{k\pi s}{l}\cos\frac{k\pi x}{l}+\sin\frac{k\pi s}{l}\sin\frac{k\pi x}{l}\right)\mathrm{d}s\\&\sim\frac{1}{2l}\int_{-l}^{l}f(s)\mathrm{d}s+\frac{1}{l}\sum_{k=1}^{\infty}\int_{-l}^{l}f(s)\cos\frac{k\pi(s-x)}{l}\mathrm{d}s\end{aligned} \tag{2.49}$$

下面考虑 $l \to \infty$ 的情况. 首先由于 $\int_{-l}^{l} f(s)\mathrm{d}s$ 是一个有限的数, 故当 $l \to \infty$ 时, (2.49)式右端的第一项趋近于 0. 此时令 $\dfrac{k\pi}{l} = \xi_k$, $\dfrac{\pi}{l} = \Delta\xi$ ($\Delta\xi \to 0$), 则(2.49)式可以转化为

$$f(x) \sim \lim_{\Delta\xi\to 0} \frac{\Delta\xi}{\pi} \sum_{k=1}^{\infty} \int_{-\infty}^{+\infty} f(s)\cos\left[\xi_k\,(s-x)\right]\mathrm{d}s.$$

上式的无限微元求和实际上可以看作是一个黎曼和 (Riemann sum) 的形式, 即可以看作将 $\xi \in (0,\infty)$ 分为无限多个长度为 $\Delta\xi$ 的微段, 而在第 k 个微段内我们取 $\xi = \xi_k$ 为代表元. 因此上式的无限求和可以写成如下定积分形式:

$$\begin{aligned} f(x) &= \frac{1}{\pi}\int_{0}^{+\infty}\int_{-\infty}^{+\infty} f(s)\cos\left[\xi\,(s-x)\right]\mathrm{d}s\mathrm{d}\xi \\ &= \frac{1}{2\pi}\int_{-\infty}^{+\infty}\int_{-\infty}^{+\infty} f(s)\cos\left[\xi\,(s-x)\right]\mathrm{d}s\mathrm{d}\xi, \end{aligned}$$

该积分式最后一个等式用到 $\cos\left[\xi(s-x)\right]$ 对于任意 $s-x$ 都是关于变量 ξ 的偶函数之性质.

由于 $\sin\left[\xi(x-s)\right]$ 是关于 ξ 的奇函数, 所以其在 $\xi \in (-\infty,+\infty)$ 的区间内积分为 0, 则上述积分式可以进一步写成

$$\begin{aligned} f(x) &= \frac{1}{2\pi}\int_{-\infty}^{+\infty}\int_{-\infty}^{+\infty} f(s)\left[\cos\xi\,(s-x) - \mathrm{i}\sin\xi\,(s-x)\right]\mathrm{d}s\mathrm{d}\xi \\ &= \frac{1}{2\pi}\int_{-\infty}^{+\infty} \mathrm{e}^{\mathrm{i}\xi x}\int_{-\infty}^{+\infty} f(s)\mathrm{e}^{-\mathrm{i}\xi s}\,\mathrm{d}s\mathrm{d}\xi. \end{aligned} \tag{2.50}$$

若引入

$$\tilde{f}(\xi) = \int_{-\infty}^{+\infty} f(s)\mathrm{e}^{-\mathrm{i}\xi s}\,\mathrm{d}s,$$

则对比上式与(2.21)式发现, $\tilde{f}(\xi)$ 正是 $f(x)$ 的傅里叶变换. 而将上式代回到(2.50)式中有

$$f(x) = \frac{1}{2\pi}\int_{-\infty}^{+\infty} \mathrm{e}^{\mathrm{i}\xi x}\tilde{f}(\xi)\mathrm{d}\xi.$$

式中的操作实际上是将 $\tilde{f}(\xi)$, 即 $f(x)$ 的傅里叶变换, 映射回 $f(x)$. 这便是傅里叶逆变换的定义, 即(2.22)式.

表 2.2 中列举了一些常用函数的傅里叶变换.

表 2.2 常见函数的傅里叶变换, 其中 $\delta(\cdot)$ 表示狄拉克函数, 详细内容可参考本书 3.6 节的讨论

$f(x)$	$\mathcal{F}[f](\xi)$
1	$\delta(\xi)$
$\mathrm{e}^{-a\lvert x\rvert},\ a>0$	$\dfrac{2a}{a^2+\xi^2}$
$\cos(ax)$	$\pi\left[\delta(\xi-a)+\delta(\xi+a)\right]$
$\sin(ax)$	$\mathrm{i}\pi\left[\delta(\xi-a)+\delta(\xi+a)\right]$
$\dfrac{1}{\sqrt{2\pi}\sigma}\mathrm{e}^{-\frac{x^2}{2\sigma^2}}$	$\mathrm{e}^{-\frac{\xi^2\sigma^2}{2}}$
$\dfrac{1}{x^2+a^2},\ a\in\mathbb{R}\backslash\{0\}$	$-\dfrac{\pi}{a}\mathrm{e}^{a\lvert\xi\rvert}$
$\delta(x)$	1

2.3 分离变量法

本节将使用 1.3 节所介绍的分离变量法求解空间一维热传导方程初边值问题, 其一般形式可表达为

$$\begin{cases} u_t-a^2u_{xx}=f(x,t), \quad (x,t)\in(0,l)\times\mathbb{R}^+; \\ u|_{t=0}=\phi(x); \\ u|_{x=0}=0, \quad \left.\left(\dfrac{\partial u}{\partial x}+hu\right)\right|_{x=l}=0, h>0. \end{cases} \tag{2.51}$$

注意到, 此处与 1.3 节只考虑狄利克雷型边界条件的情形不同, 我们将考虑第一类与第三类边界条件混合的情形. 此外, 问题 (2.51)中的边界条件是齐次的. 这是因为, 如果所考虑的边界条件非齐次, 则总可以借助 1.3 节的思路通过引入一个针对边界条件的空间插值函数来对边界条件进行齐次化. 为求解问题(2.51), 我们对其进行线性分解. 首先讨论齐次控制方程配合非齐次初始条件的情形, 随后讨论针对非齐次方程情形的齐次化原理.

2.3.1 热传导方程初边值问题的分离变量法

首先考虑齐次控制方程配合非齐次初始条件及齐次边界条件的热传导问题, 其一般形式可表达为

$$\begin{cases} u_t-a^2u_{xx}=0, \quad (x,t)\in(0,l)\times\mathbb{R}^+; \\ u|_{t=0}=\phi(x); \\ u|_{x=0}=0, \quad \left.\left(\dfrac{\partial u}{\partial x}+hu\right)\right|_{x=l}=0, h>0. \end{cases} \tag{2.52}$$

分离变量法的思路是首先寻找具有时空变量分离形式且满足控制方程的解. 为此我们假设

$$u(x,t)=X(x)T(t). \tag{2.53}$$

将(2.53)式代入问题(2.52)中的热传导方程可得

$$\frac{T'}{a^2T}=\frac{X''}{X}=-\lambda,$$

其中, λ 为待定常数. 上式可进一步转化为两个一元函数 $T(t)$ 与 $X(x)$ 所满足的常微分方程:

$$T'+a^2\lambda T=0; \tag{2.54a}$$

$$X''+\lambda X=0. \tag{2.54b}$$

将(2.54b)式与问题(2.52)中的齐次边界条件联立, 可得 $X(x)$ 所满足的常微分方程定解问题:

$$\begin{cases} X''+\lambda X=0, \\ X\big|_{x=0}=0, \quad \left(X'+hX\right)\Big|_{x=l}=0. \end{cases} \tag{2.55}$$

类似 1.3 节的讨论, $X(x)$ 的通解表达式与 λ 的符号选取有关. 当 $\lambda<0$ 时, 我们可以与 1.3 节类似的思路证明, 问题(2.55)只有平凡解, 即 $X\equiv 0$.

当 $\lambda=0$ 时, (2.55)式的通解为 $X(x)=A+Bx$, 其中 A 和 B 为待定常数. 代入边界条件, 由于 $h>0$, 可得 $A=B=0$, 即问题(2.55)只有平凡解.

当 $\lambda>0$ 时, 问题(2.55)中控制方程其通解可表达为

$$X(x)=A\cos\sqrt{\lambda}x+B\sin\sqrt{\lambda}x, \tag{2.56}$$

其中, A 和 B 为待定系数. 将(2.56)式代入 $x=0$ 处的边界条件有 $A=0$; 再代入 $x=l$ 处的边界条件有

$$B\left(\sqrt{\lambda}\cos\sqrt{\lambda}l+h\sin\sqrt{\lambda}l\right)=0. \tag{2.57}$$

由于只关注非平凡解, 因此 $B\neq 0$. 故(2.57)式括号内的因子需等于 0, 从而有

$$\sqrt{\lambda}\cos\sqrt{\lambda}l+h\sin\sqrt{\lambda}l=0. \tag{2.58}$$

(2.58)式实际上是关于 λ 的一个超越方程. 若引入新的未知变量 $z=\sqrt{\lambda}$ 的方程, 则(2.58)式可转化为

$$\tan zl=-\frac{z}{h}. \tag{2.59}$$

尽管上述超越方程很难解析求解, 但可以通过分析(2.59)式两边函数的图像特征来考察超越方程解的一些特征. 图 2.3 在 z-w 平面内给出了 $w = \tan zl$ 与 $w = -z/h$ 的函数图像. 这两簇曲线交点处的 z 坐标值应为超越方程(2.59)的解.

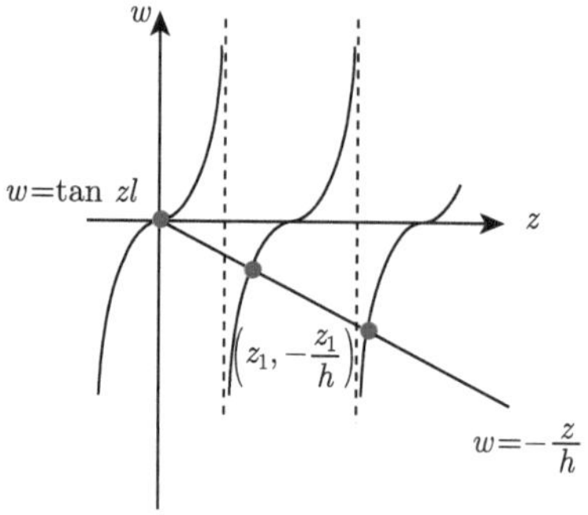

图 2.3　超越方程(2.59)解的分布示意图

基于图 2.3 有如下观察.

- 曲线 $w = \tan zl$ 与 $w = -z/h$ 在 $z > 0$ 时有无穷多个交点, 若用 z_k, $k = 1, 2, \cdots$ 来表示对应交点的横坐标, 则 z_1, z_2, $\cdots$ 均为超越方程(2.59)的解.
- 从 $z = \dfrac{\pi}{2l}$ 开始, $w = \tan zl$ 的每个周期中均存在唯一的 z_k, 满足

$$\left(k - \frac{1}{2}\right)\frac{\pi}{l} \leqslant z_k \leqslant \frac{k\pi}{l}. \tag{2.60}$$

- 当 k 充分大时, z_k 无限接近于 $\dfrac{(2k-1)\pi}{2l}$.

再将未知变量从 z 换回到 λ, 则 $\lambda = \lambda_k = z_k^2$, $k = 1, 2, \cdots$ 应为超越方程(2.58)的解. 这里称 λ_1, λ_2, $\cdots$ 为问题(2.55)的特征值.

需要指出的是, 虽然无法得到 λ_k 的解析表达式, 但依然可以基于上述分析结果并利用计算机近似求得 λ_k 的值. 因此在后续的计算中, 我们认为特征值 λ_k 是已知的. 再将 $\lambda = \lambda_k$ 代入问题(2.55)的控制方程中, 得到其对应的一个非平凡解:

$$X_k(x) = \sin\sqrt{\lambda_k}x, \quad k = 1, 2, \cdots. \tag{2.61}$$

其中, $X_k(x)$ 称为特征值 λ_k 对应的一个特征函数.

接下来求解含时间变量的一元函数. 将 $\lambda = \lambda_k$ 代入(2.54a)式有

$$T_k' + a^2\lambda_k T_k = 0. \tag{2.62}$$

其通解表达式为 $T_k(t)=A_k\mathrm{e}^{-a^2\lambda_k t}$. 由此可得到一系列具有变量分离形式的函数

$$u_k(x,t)=T_k(t)X_k(x),\quad k=1,2,\cdots.$$

其中, 每个 $u_k(x,t)$ 均满足齐次热传导方程和齐次边界条件.

随后我们认为, 问题(2.52)的解可以表达为上述系列函数的线性组合, 即

$$u(x,t)\sim\sum_{k=1}^{\infty}T_k(t)X_k(x)\sim\sum_{k=1}^{\infty}A_k\mathrm{e}^{-a^2\lambda_k t}\sin\sqrt{\lambda_k}x. \tag{2.63}$$

与 1.3 节的情形类似, 若要保证上述级数展开有意义, 则 A_k 的取值必须保证相应的级数对于任意 $x\in(0,l)$ 和 $t>0$ 是一致收敛的. 需要指出的是, 上述级数的一致收敛性是 2.3.2 节所讨论的施图姆–刘维尔系统的一个结论. 因此, 若(2.63)式的级数一致收敛, 则可将其中的波浪线换为等号, 且积分或求导运算与求和运算可以交换.

若要决定(2.63)式中的系数 A_k, 则将级数表达式代入初始条件有

$$\phi(x)=\sum_{k=1}^{\infty}A_k\sin\sqrt{\lambda_k}x. \tag{2.64}$$

在 1.3 节中, 我们曾使用傅里叶级数法来确定级数的系数. 但该方法在此处不再适用. 这是因为, 受 λ_k 取值的影响, 问题的空间定义域 $(0,l)$ 不再是特征函数 $X_k(x)$ 的半周期. 其根本原因是问题(2.52)考虑了第三类边界条件. 然而, 我们依然可以使用其他方法计算系数 A_k. 这里借助 1.3 节求解系数 A_k 的第二种方法, 即利用特征函数正交性来确定 A_k 的表达式.

为此, 将(2.64)式两边同时乘以 $\sin\sqrt{\lambda_j}x$ 后关于 x 在区域 $(0,l)$ 内积分可得

$$\int_0^l\phi(x)\sin\sqrt{\lambda_j}x\mathrm{d}x=\sum_{k=1,k\neq j}^{\infty}A_k\int_0^l\sin\sqrt{\lambda_k}x\sin\sqrt{\lambda_j}x\,\mathrm{d}x+A_j\int_0^l\sin^2\sqrt{\lambda_j}x\,\mathrm{d}x, \tag{2.65}$$

这里使用了一致收敛级数积分与求和运算可交换的性质.

若能证明, 当 $k\neq j$ 时恒成立

$$\int_0^l\sin\sqrt{\lambda_k}x\sin\sqrt{\lambda_j}x\,\mathrm{d}x=0, \tag{2.66}$$

则(2.65)式中的求和项化为 0. 于是就可以给出 (2.63)式中级数第 j 项系数 A_j 的表达式:

$$A_j=\frac{1}{M_j}\int_0^l\phi(x)\sin\sqrt{\lambda_j}x\mathrm{d}x, \tag{2.67}$$

其中, M_j 称为特征函数 X_j 的模值:

$$M_j = \int_0^l \sin^2 \sqrt{\lambda_j} x \, \mathrm{d}x. \tag{2.68}$$

若特征函数 $\{X_k(x)\}_{k=1}^{\infty}$ 之间满足(2.66)式, 则称它们是彼此正交的. 由该特征函数组成的集合, 称为一组正交特征函数系 (orthogonal eigenfunction basis). 接下来我们将证明 $\{X_k(x) = \sin\sqrt{\lambda_k}x, k = 1, 2, \cdots\}$ 恰为一组正交特征函数系.

对于任意两个特征函数 $X_k(x)$ 和 $X_j(x)$, $k \neq j$, 由(2.55)式知, 它们分别满足

$$X_k'' + \lambda_k X_k = 0, \quad X_j'' + \lambda_j X_j = 0.$$

将上面第一式两边乘以 X_j 后关于 $x \in (0, l)$ 积分有

$$\begin{aligned} 0 &= \int_0^l (X_j X_k'' + \lambda_k X_k X_j) \mathrm{d}x \\ &= X_j(l) X_k'(l) - X_j(0) X_k'(0) - \int_0^l X_j' X_k' \, \mathrm{d}x + \lambda_k \int_0^l X_k X_j \, \mathrm{d}x, \end{aligned}$$

其中, 为得到第二个等式我们用到了分部积分公式. 对于 X_j 所满足的方程也可以做类似处理, 即两边乘以 X_k 再关于 $x \in (0, l)$ 积分, 有

$$X_j'(l) X_k(l) - X_j'(0) X_k(0) - \int_0^l X_j' X_k' \, \mathrm{d}x + \lambda_j \int_0^l X_k X_j \, \mathrm{d}x = 0$$

将上面两式相减并化简得到

$$(\lambda_k - \lambda_j) \int_0^l X_k X_j \, \mathrm{d}x = [X_k(l) X_j'(l) - X_j(l) X_k'(l)] + [X_j(0) X_k'(0) - X_k(0) X_j'(0)]. \tag{2.69}$$

利用问题(2.55)中在 $x = 0$ 处的边界条件, 即 $X_j(0) = 0$ 和 $X_k(0) = 0$, 可知(2.69)式右端项的第二个方括号内项应取零值. 再使用问题(2.55)在 $x = l$ 处的边界条件, 即 $X_j'(l) = -hX_j(l)$ 和 $X_k'(l) = -hX_k(l)$, (2.69)式右端的第一项也化为零, 即

$$(\lambda_k - \lambda_j) \int_0^l X_k X_j \, \mathrm{d}x = 0.$$

当 $k \neq l$ 时, $\lambda_k \neq \lambda_j$, 上式两边除以 $(\lambda_k - \lambda_j)$ 即可证明(2.66)式成立, 即 $\{X_k(x), k = 1, 2, \cdots\}$ 组成一组正交特征函数系.

此外, 我们还可以对(2.68)式所定义的特征函数模值进行化简, 于是有

$$
\begin{aligned}
M_k &= \int_0^l \sin^2 \sqrt{\lambda_k} x \mathrm{d}x = \frac{1}{2}\int_0^l 1-\cos(2\sqrt{\lambda_k}x)\,\mathrm{d}x \\
&= \frac{l}{2} - \frac{\sin(2\sqrt{\lambda_k}l)}{4\sqrt{\lambda_k}} = \frac{l}{2} - \frac{1}{4\sqrt{\lambda_k}}\cdot\frac{2\tan\sqrt{\lambda_k}l}{1+\tan^2\sqrt{\lambda_k}l} \\
&= \frac{l}{2} + \frac{h}{2(h^2+\lambda_k)},
\end{aligned}
\tag{2.70}
$$

其中, 最后一步等式我们利用了(2.58)式, 即 $\tan\sqrt{\lambda_k}l = -\sqrt{\lambda_k}/h$.

将(2.70)式代入(2.67)式, 并将下标由 j 换成 k, 就得到

$$
A_k = \frac{1}{M_k}\int_0^l \phi(x)\sin\sqrt{\lambda_k}x\mathrm{d}x. \tag{2.71}
$$

原热传导方程定解问题(2.52)的解最终可由级数

$$
u(x,t) = \sum_{k=1}^{\infty} A_k \mathrm{e}^{-a^2\lambda_k t}\sin\sqrt{\lambda_k}x \tag{2.72}
$$

来表达.

关于(2.72)式中级数的形式解, 我们有如下两点讨论. 首先, 可以证明上述级数在 $(0,l)\times\mathbb{R}^+$ 区间内是一致收敛的, 证明过程这里忽略. 其次, 虽然无法给出特征值 λ_k 的解析表达式, 但基于上面分析 λ_k 的三条性质, 我们可以数值求解出 λ_k 的近似值. 由于(2.72)式中级数是一致收敛的, 因此可以通过有限项求和来逼近 $u(x,t)$, 因此并不需要得到所有 (无穷多个)λ_k 的近似值.

类似于 2.2节中的(2.40)式, 我们考虑热传导方程初边值问题(2.52)的解的长时行为. 当 $t\to\infty$ 时, 从级数表达式(2.72)可以看到

$$
|u(x,t)| \leqslant C\mathrm{e}^{-a^2\lambda_1 t}.
$$

说明在边界处保持恒定低温时, 系统的最高温度则是以指数速度衰减的, 这远快于(2.40)式所描述的热传导方程柯西问题的情形.

2.3.2 施图姆–刘维尔型方程及其性质

将本节针对热传导方程的分离变量法与 1.3 节针对波动方程的分离变量法对比, 可总结出分离变量法的一般求解思路:

(1) 利用可分离变量形式 ((2.53)式) 将初边值问题 ((2.52)式) 中的控制方程解耦为若干个常微分方程 ((2.54a)式和(2.54b)式);

(2) 代入齐次边界条件求解空间一元常微分方程问题 ((2.55)式) 所对应的特征值与特征函数.

(3) 将特征值代入时间方程 ((2.62)式) 进行求解.

(4) 将原方程的解表达为级数展开的形式 ((2.63)式), 并利用特征函数的正交性 ((2.66)式) 确定级数的系数 ((2.71)式).

根据上述总结, 分离变量法的关键在于能否求出空间常微分方程定解问题对应的特征值 λ_k, 以及其所对应的正交特征函数系. 事实上, 特征函数的正交性并非仅局限于本节所讨论的(2.55)式, 而是*施图姆–刘维尔* (Sturm-Liouville) 型系统共有的性质.

为此, 考虑具有如下形式的关于 $y=y(x)$ 的二阶线性常微分方程:

$$\frac{\mathrm{d}}{\mathrm{d}x}\left[k(x)\frac{\mathrm{d}y}{\mathrm{d}x}\right]-q(x)y(x)+\lambda\rho(x)y(x)=0,\quad x\in(a,b),\tag{2.73}$$

其中, 对于任意 $x\in(a,b)$ 有 $k(x)>0$, $q(x)\geqslant 0$, $\rho(x)>0$. 我们将具有(2.73)形式且满足 $k(x)$、$q(x)$、$\rho(x)$ 相应符号要求的二阶线性常微分方程称为一个施图姆–刘维尔型微分方程.

上述二阶常微分方程需要在 $x=a$ 与 $x=b$ 处各提一个边界条件. 需要指出的是, 这里边界条件的提法与 $k(x)$ 在边界点的取值有关. 若 $k(a)=0$, 则在 $x=a$ 处无须提边界条件, 只需保证函数值有界, 即

$$|y(a)|<\infty,\quad 当\ k(a)=0\ 时.\tag{2.74}$$

此类边界条件称为*自然边界条件* (natural boundary condition). 一种理解自然边界条件的方法是将 $k(x)$ 看作弹簧的弹性系数. 当 $k(a)=0$ 时, 表示弹簧在边界处失去弹性刚度, 因而在边界处不能施加任何荷载, 否则该点处位移 (由于没有弹簧的拉力约束) 会趋向于无穷大.

假设 $k(b)>0$, 则在边界点 $x=b$ 处需要给出边界条件:

$$\left.[\sigma y(x)+hy'(x)]\right|_{x=b}=0.\tag{2.75}$$

若 $y=y(x)$ 同时满足施图姆–刘维尔型微分方程及(2.74)式和/或(2.75)式的边界条件, 则称 $y=y(x)$ 是*施图姆–刘维尔型系统* (Sturm-Liouville system) 的一个解. 施图姆–刘维尔型系统具有如下性质.

(1) **特征值存在且非负:** 存在无穷多个特征值 λ_k, $0\leqslant\lambda_1\leqslant\lambda_2\leqslant\cdots$. 当施图姆–刘维尔型微分方程(2.73)中 $\lambda=\lambda_k$ 时, 存在非平凡解 $y=y_k(x)$ 同时满足微分方程与边界条件(2.74)式和/或(2.75)式时, $y=y_k(x)$ 称为特征值 λ_k 对应的特征函数.

(2) **特征函数相互正交:** 特征函数满足

$$\int_a^b \rho(x)y_k(x)y_m(x)\,\mathrm{d}x=0,\quad k\neq m. \tag{2.76}$$

(3) **特征函数系具有完备性 (completeness):** 对于定义在区间 $[a,b]$ 内且满足(2.74)式和/或(2.75)式边界条件的任意连续函数 $f(x)$, 均可以表达成为特征函数的线性组合, 即

$$f(x)=\sum_{k=1}^{\infty}A_k y_k(x). \tag{2.77}$$

上述级数在定义域 $x\in(a,b)$ 内一致收敛, 其系数 A_k 满足

$$A_k=\frac{\displaystyle\int_a^b \rho(x)f(x)y_k(x)\,\mathrm{d}x}{\displaystyle\int_a^b \rho(x)[y_k(x)]^2\,\mathrm{d}x}. \tag{2.78}$$

上述几点性质也是*施图姆–刘维尔定理* (Sturm-Liouville theorem) 的主要结果. 上述性质的证明有些并不困难, 具体可参考课后习题 2.11.

在使用分离变量法求解偏微分方程问题时, 我们可以利用上述施图姆–刘维尔系统的系列性质来简化分析过程. 以本节空间变量所满足的常微分方程问题(2.55)为例. 对比(2.73)式可以发现, (2.55)式中的方程 $X''+\lambda X=0$ 具有施图姆–刘维尔型方程的形式, 其中 $k=1>0$, $q=0$, $\rho=1>0$. 同时因为 $k(x)$ 在两个边界处均取值为 1, 故问题(2.55)的两个边界条件具有(2.75)式的形式. 因此我们可以利用施图姆–刘维尔系统的性质得到如下结论: 问题(2.55)的特征值存在; 特征函数彼此正交 (对比(2.66)式与(2.76)式); 初始条件可以由特征函数的级数展开形式表达 (对比(2.71)式与(2.78)式). 需要指出的是, 施图姆–刘维尔系统只保证其特征值与特征函数存在 (即性质 (1)), 其具体表达式仍需自己求得. 但当我们得到特征值与特征函数的表达式之后, 可以直接使用性质 (2) 和 (3) 的结论. 施图姆–刘维尔系统将是未来我们求解其他可分离变量偏微分方程问题的重要方法.

在 1.3 节中, 我们通过欧几里得空间中向量的正交性来类比介绍函数正交性的概念. 这里将继续通过与欧几里得空间的线性变换类比, 来进一步理解施图姆–刘维尔系统的性质. 首先, n 维欧几里得空间上的线性变化可以用一个 $n\times n$ 阶矩阵 $\boldsymbol{A}$ 来刻画. 任何一个 $n\times n$ 阶矩阵都对应一个特征值问题: $\boldsymbol{Au}=\lambda\boldsymbol{u}$. 当矩阵 $\boldsymbol{A}$ 为对称正定时, 其对应 n 个正特征值 $0<\lambda_1\leqslant\cdots\leqslant\lambda_n$. 这里可以用如下方式描述矩阵的对称性, 即若

$$(\boldsymbol{v},\boldsymbol{Au})=(\boldsymbol{Av},\boldsymbol{u}) \tag{2.79}$$

对于任意向量 $\boldsymbol{u}, \boldsymbol{v} \in \mathbb{R}^n$ 均成立, 则 $\boldsymbol{A}$ 一定是一个对称矩阵. 当 $\lambda = \lambda_k$ 时, 矩阵的特征值问题存在非平凡解 $\boldsymbol{v}^k$, 对应的是 $\boldsymbol{A}$ 的第 k 个特征向量. 对称正定矩阵的所有特征向量一定构成一组完备正交基, 即 n 维空间中的任意向量均可表示为上述特征向量的线性组合, 且若 $j \neq k$, 则有 $(\boldsymbol{v}^j, \boldsymbol{v}^k) = 0$.

我们可以将上述性质与施图姆–刘维尔型方程的性质进行类比. 首先, 函数之间的线性映射关系可用线性微分算子 $\mathcal{L}$ 来描述, 线性微分算子 $\mathcal{L}$ 将函数空间 $\mathcal{H}$ 中的一个函数线性变换为另一个函数. 例如我们可以定义如下线性微分算子:

$$\mathcal{L} = \frac{\mathrm{d}}{\mathrm{d}x}\left[k(x)\frac{\mathrm{d}}{\mathrm{d}x}\right] - q(x). \tag{2.80}$$

上述微分算子实质上对应着施图姆–刘维尔型微分方程(2.73)的前两项. 该算子也定义了一个特征值问题:

$$\mathcal{L}[y(x)] + \lambda\rho(x)y(x) = 0. \tag{2.81}$$

(2.81)式与(2.73)式等价.

可以验证, (2.80)式中给出的微分算子也具有类似对称矩阵的对称性, 即在忽略边界项影响的情况下, 可以验证该算子对于任意 $y(x), w(x) \in \mathcal{H}$, 恒成立

$$\int_a^b w(x)\mathcal{L}[y(x)]\,\mathrm{d}x = \int_a^b y(x)\mathcal{L}[w(x)]\,\mathrm{d}x.$$

这与(2.79)式基于向量内积定义矩阵对称性的思想可直接类比. 因此, (2.80)式所定义的算子也是 “对称” 的. 而线性微分算子 $\mathcal{L}$ 的正定性则可以通过 $k(x) > 0$ 来定义. 因此, 通过(2.80)式定义的线性微分算子 $\mathcal{L}$ 应该是 “对称正定的”. 类比于矩阵特征值问题, 一个对称正定的线性微分算子也应该对应一组非负特征值 λ_k, $k \in \mathbb{Z}^+$, 使得特征值问题(2.81)存在非平凡解 $y_k(x)$, 即特征函数. 这个结论实际上是施图姆–刘维尔系统的性质 (1). 同样地, 这些特征函数也应该像对称正定矩阵特征向量那样具有正交完备性, 对应了上述性质 (2) 和 (3). 这里略有不同的是, (2.76)式所诱导的正交性表达式里含有权函数 $\rho(x)$. 上述类比关系可参考表 2.3 中的总结.

表 2.3　对称矩阵与施图姆–刘维尔系统所诱导的线性微分算子之类比

	欧几里得空间 $\mathbb{R}^n$	函数空间 $\mathcal{H}$
元素	$\boldsymbol{u}, \boldsymbol{v} \in \mathbb{R}^n$	$y(x), w(x) \in \mathcal{H}$
线性映射/算子	n 阶矩阵 $\boldsymbol{A}$	线性微分算子 $\mathcal{L}$
算子对称性	$(\boldsymbol{v}, \boldsymbol{A}\boldsymbol{u}) = (\boldsymbol{A}\boldsymbol{v}, \boldsymbol{u})$	$\int_a^b w(x)\mathcal{L}[y(x)]\,\mathrm{d}x = \int_a^b y(x)\mathcal{L}[w(x)]\,\mathrm{d}x$
特征值问题	$\boldsymbol{A}\boldsymbol{v} = \lambda\boldsymbol{v}$	$\mathcal{L}[y(x)] + \lambda\rho(x)y(x) = 0$
特征向量/函数	正交、完备	正交、完备 (性质 (2),(3))

2.3.3 齐次化原理

我们已经讨论了问题(2.52), 即齐次控制方程配合非齐次初始条件定解问题的求解. 接下来我们进一步讨论控制方程为非齐次的情形.

考虑如下热传导方程初边值问题:

$$\begin{cases} u_t - a^2 u_{xx} = f, \quad (x,t) \in (0,l) \times \mathbb{R}^+; \\ u|_{t=0} = 0; \\ u|_{x=0} = 0, \quad \left(\dfrac{\partial u}{\partial x} + hu\right)\Big|_{x=l} = 0. \end{cases} \tag{2.82}$$

类似于 1.3 节的讨论, 我们也可以给出热传导方程初边值问题的齐次化原理.

齐次化原理 若函数 $W(x,t;\tau)$ 以 x 和 t 为空间与时间自变量, 以 τ 为参数, 且满足

$$\begin{cases} W_t - a^2 W_{xx} = 0, \quad x \in (0,l),\ t > \tau; \\ W|_{t=\tau} = f(x,\tau); \\ W|_{x=0} = 0, \quad \left(\dfrac{\partial W}{\partial x} + hW\right)\Big|_{x=l} = 0, \end{cases} \tag{2.83}$$

则

$$u(x,t) = \int_0^t W(x,t;\tau)\mathrm{d}\tau \tag{2.84}$$

为问题(2.82)的解. 该齐次化原理的验证留作课后习题 2.12.

2.4 热传导方程解的性质

本节将讨论热传导方程初边值问题解的性质, 包括解的唯一性、稳定性等, 所采用的工具是极值原理. 本节将把讨论重心放在空间一维初边值问题上, 但相关方法与结论可以推广至空间高维的情形.

2.4.1 极值原理

考虑有界闭区域内的热传导过程. 直观上讲, 若区域内无热源与汇, 则在整个热传导过程中最高温度只能发生于以下两种情形中: ① 初始时刻最高温的位置, 因为随着时间的推演, 该点会向其他位置输送热量而引起温度下降; ② 在边界处, 因为边界可能存在热源, 从而引起边界处温度升高或维持恒定. 该系统最低温度也只能发生于上述两种情形中. 这一现象在数学上对应的是热传导方程的极值原

理 (maximum principle). 需要指出的是, 极值原理的英文直译是最大值原理, 似乎不包含最小值的情形. 但从后续讨论可以发现, 热传导方程是齐次线性的, 因此 “最大值” 原理和 “极值” 原理可以自然等价.

极值原理　设 $u(x,t)$ 在如图 2.4 所示的时空矩形区域 $\Omega_T=\{\alpha\leqslant x\leqslant\beta, 0\leqslant t\leqslant T\}$ 内连续, 并且在其内部满足热传导方程

$$\frac{\partial u}{\partial t}-a^2\frac{\partial^2 u}{\partial x^2}=0. \tag{2.85}$$

我们引入记号 Γ_T 表示由 Ω_T 的两侧边 $(x=\alpha,\ x=\beta)$ 及底边 $(t=0)$ 组成的边界曲线, 则函数 $u(x,t)$ 在 Ω_T 内的极值等于其在初始状态或边界处的极值. 数学上可表达为

$$\max_{\Omega_T} u(x,t)=\max_{\Gamma_T} u(x,t),\quad \min_{\Omega_T} u(x,t)=\min_{\Gamma_T} u(x,t). \tag{2.86}$$

此处讨论证明极值原理的核心思想. 首先需要指出的是, 若将定理中的 $u(x,t)$ 换成 $v(x,t)=-u(x,t)$, 则函数 $v(x,t)$ 依旧满足极值原理的条件设定, 唯一的区别是 $v(x,t)$ 的最大值对应的是 $u(x,t)$ 的最小值. 因此, 若极值原理的极大值部分得证, 则最小值部分的结论可以借助上述转换自然得证. 故证明时我们只需要考虑最大值的情形.

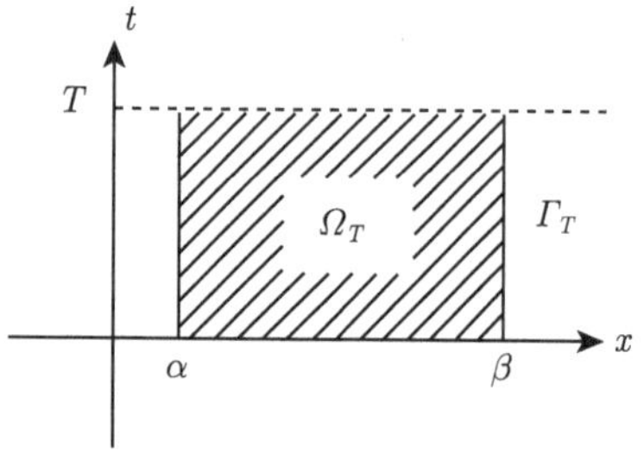

图 2.4　极值原理考虑的区域 Ω_T

若 $u(x,t)$ 在 $\Omega_T\backslash\Gamma_T$ 内的某点 (x^*,t^*) 取到局部极大值, 则一般需要满足

$$\left.\frac{\partial u}{\partial t}\right|_{(x^*,t^*)}\geqslant 0,\quad \left.\frac{\partial u}{\partial x}\right|_{(x^*,t^*)}=0,\quad \left.\frac{\partial^2 u}{\partial x^2}\right|_{(x^*,t^*)}<0. \tag{2.87}$$

特别地, (2.87)式中只有在 $t^*=T$ 时, 关于 t 的导数才能取到大于号. 另外, 上述条件是 u 在 (x^*,t^*) 处取到极大值的充分非必要条件. 实际上, 若 $u_{xx}|_{(x^*,t^*)}=0$, 则 u 依然可能在 (x^*,t^*) 处取到极大值. 但(2.87)式中的情形更为普遍.

(2.87)式表明, $(u_t-a^2u_{xx})|_{(x^*,t^*)}>0$, 这与热传导方程(2.85)产生矛盾. 极值原理就是通过反证法导出上述矛盾而证明的. 只是针对一般情形 (即也包含

$u_{xx}|_{(x^*,t^*)}$ 可能为 0 的情形), 需要构造更复杂的中间函数[①]. 其具体证明就不在此处叙述了.

最后需要指出的是, 若系统内存在热源, 则成立 $u_t - a^2u_{xx} = f$, $f \geqslant 0$. 从物理视角看, 系统的最低温度依然只能在 Γ_T 上取到, 即 (2.86)式中的极小值情况依然成立. 类似地, 若系统内部存在吸热装置, 即 $f \leqslant 0$, 则(2.86)式中的极大值情况依然成立.

2.4.2 热传导方程初边值问题解的唯一性

利用极值原理, 我们讨论热传导方程初边值问题(2.51)的解的唯一性. 首先讨论包含狄利克雷型边界条件的定解问题. 类似于波动方程的情形, 我们只需证明

$$\begin{cases} u_t - a^2u_{xx} = 0, & (x,t) \in (a,b) \times \mathbb{R}^+; \\ u|_{t=0} = 0; \\ u|_{x=a} = 0, \quad u|_{x=b} = 0 \end{cases} \tag{2.88}$$

只有唯一解: $u \equiv 0$.

证明 利用极值原理可知,

$$\max_{\Omega_T} u(x,t) = \max_{\Gamma_T} u(x,t) = 0.$$

而另一方面, $\min_{\Omega_T} u(x,t) = \min_{\Gamma_T} u(x,t) = 0$. 因此只能有 $u \equiv 0$, 从而唯一性得证. □

我们进一步讨论含第三类边界条件热传导问题的解的唯一性. 考虑如下问题:

$$\begin{cases} u_t - a^2u_{xx} = 0, & (x,t) \in (a,b) \times \mathbb{R}^+; \\ u|_{t=0} = 0; \\ u|_{x=a} = 0, \quad \left.\left(\dfrac{\partial u}{\partial x} + hu\right)\right|_{x=b} = 0, \quad h > 0. \end{cases} \tag{2.89}$$

证明 现证明问题(2.89)只有零解, 这里我们以极大值为例. 利用极值原理可知, $u(x,t)$ 的极大值只能在边界或初始条件处取到. 若该极大值在初始情形 $t=0$ 或左边界 $x=a$ 处取到, 则证毕. 若该极大值在右边界 $x=b$ 处取到, 且其值为正, 则必存在某时刻 $t=t^*$, 满足 $u|_{x=b,t=t^*} = m > 0$, 且 $u_x|_{x=b,t=t^*} \geqslant 0$. 将两式按照问题(2.89)中边界条件形式代入得到 $(u_x + hu)|_{x=b,t=t^*} > 0$, 与问题(2.89)中第三类边界条件相矛盾. □

---

① 详细证明可参考谷超豪等,《数学物理方程》(第三版. 北京: 高等教育出版社, 2012).

2.4.3 热传导方程初边值问题解的稳定性

接下来考虑热传导方程初边值问题解的稳定性, 即当问题的初边值条件出现小扰动时, 问题解的相应误差是否可控. 从数学的角度看, 我们考虑两个温度分布函数, 即 $u^1(x,t)$ 和 $u^2(x,t)$, 或者简写为 $u^{1,2}(x,t)$. 假设它们分别满足

$$\begin{cases} u_t^{1,2} - a^2 u_{xx}^{1,2} = 0, \quad (x,t) \in (a,b) \times \mathbb{R}^+; \\ u^{1,2}|_{t=0} = \phi^{1,2}; \\ u^{1,2}|_{x=a} = \mu_1^{1,2}(t), \quad u^{1,2}|_{x=b} = \mu_2^{1,2}(t). \end{cases} \tag{2.90}$$

这里, 可以将 $u^1(x,t)$ 看作给定初始与边界条件情形下的真实温度场分布. 然而, 在计算过程中, 测量的初边界条件的值 (ϕ^2, μ_1^2, μ_2^2) 往往与实际值有些许偏差, 即

$$\max\left\{\max_{a \leqslant x \leqslant b} |\phi^1 - \phi^2|, \max_{t>0} |\mu_1^1 - \mu_1^2|, \max_{t>0} |\mu_2^1 - \mu_2^2|\right\} < \epsilon, \tag{2.91}$$

其中, ϵ 为偏差的最大值.

一个很自然的问题是根据测量数据得到的温度分布 u^2 与理论值 u^1 有多大偏差, 这就对应了热传导方程初边值问题解的稳定性. 引入 $v = u^1 - u^2$, v 是问题

$$\begin{cases} v_t - a^2 v_{xx} = 0, \quad (x,t) \in (a,b) \times \mathbb{R}^+; \\ v|_{t=0} = \phi^1 - \phi^2; \\ v|_{x=a} = \mu_1^1(t) - \mu_1^2(t), \quad v|_{x=b} = \mu_2^1(t) - \mu_2^2(t). \end{cases} \tag{2.92}$$

的解.

由极值原理可知

$$\max_{\Omega_T} = |u^1 - u^2| = \max_{\Omega_T} |v(x,t)| = \max_{\Gamma_T} |v(x,t)| \leqslant \epsilon.$$

这就说明问题(2.90)解的差不会超过其初边值条件的最大误差.

课后习题

2.1 一均匀圆柱形细杆截面半径为 r, 假设它在同一截面上的温度是相同的, 杆的侧面和周围介质发生热交换, 从细杆流出的热量服从牛顿热传导定律:

$$\mathrm{d}Q = k_1(u - u_1)\mathrm{d}S\mathrm{d}t,$$

其中, u_1 为周围介质温度. 再假设杆的密度为 ρ,(质量) 比热为 c, 热传导系数为 k.

(a) 请推导温度 u 所满足的 (空间一维) 方程.

(b) 假设该细杆为一导线, 其电导率 (conductivity) 为 σ. 试证: 在强度为 I 的稳恒电流作用下该导线内温度分布满足 (空间一维) 方程

$$c\rho\frac{\partial u}{\partial t}=k\frac{\partial^2 u}{\partial x^2}-\frac{2k_1(u-u_1)}{r}+\frac{1}{\sigma}\cdot\left(\frac{I}{\pi r^2}\right)^2.$$

提示: 截面恒定导线的电阻 R 满足 $R=\frac{l}{\sigma A}$, 其中 l 为导线长度, A 为导线横截面积. 稳恒电流的热功率满足 $Q=I^2R$.

2.2 仿照 2.1节热传导方程的推导过程推导扩散过程所满足的偏微分方程(2.17).

2.3 对于非匀质且各向异性导热材料, 其热通量应满足

$$\boldsymbol{J}=-\boldsymbol{\Lambda}(x,y,z)\nabla u,$$

其中, $\boldsymbol{\Lambda}=(\Lambda_{ij})$, i, $j=1,2,3$ 是一个对称正定矩阵 (或称为二阶张量), 试给出在该导热介质内温度 u 所满足的偏微分方程.

2.4 若物体表面的热力学温度为 u, 则其单位时间内单位面积向外界辐射出去的热量, 根据斯特藩–玻尔兹曼 (Stefan-Bolzmann) 定律, 是与热力学温度的四次方成正比, 即

$$\mathrm{d}Q=\sigma u^4\mathrm{d}S\mathrm{d}t$$

若物体和周围介质之间只有热辐射这一方式进行热交换, 且假设物体环境的热力学温度可表达为 $f(x,y,z,t)$, 则写出物体表面所满足的边界条件.

2.5 类似 2.2节中的推导, 求解二维热传导方程的柯西问题:

$$\begin{cases}u_t-a^2(u_{xx}+u_{yy})=0, & (x,y;t)\in\mathbb{R}\times\mathbb{R}\times\mathbb{R}^+;\\ u\big|_{t=0}=\phi(x,y).\end{cases}$$

2.6 利用积分变换法求解弦振动方程柯西问题:

$$\begin{cases}u_{tt}-a^2u_{xx}=0, & (x,t)\in\mathbb{R}\times\mathbb{R}^+;\\ u\big|_{t=0}=\phi(x), \quad u_t\big|_{t=0}=\psi(x).\end{cases}$$

(a) 利用傅里叶变换将上述问题转化为常微分方程定解问题并求解.

(b) 查傅里叶逆变换表, 给出解的表达式并与达朗贝尔公式(1.25)对比.

2.7 利用分离变量法求解下列定解问题:

$$\begin{cases} u_t - a^2 u_{xx} = 0, \quad x \in (0, \pi),\ t > 0; \\ u|_{t=0} = \phi(x); \\ u|_{x=0} = u_x|_{x=\pi} = 0. \end{cases}$$

2.8 有限长均匀细杆四周与两端点处对外绝热, 若其每个横截面内的温度一致, 则其满足空间一维热传导方程初边值问题:

$$\begin{cases} u_t - a^2 u_{xx} = 0, \quad x \in (0, l),\ t > 0; \\ u|_{t=0} = \phi(x); \\ u_x|_{x=0} = u_x|_{x=l} = 0. \end{cases}$$

(a) 求解上述初边值问题温度.

(b) 计算时间 t 趋向于无穷时解的渐进 (asymptotic) 表达式, 即计算 $\lim\limits_{t\to\infty} u(x,t)$ 的值, 并尝试从物理的角度解释该极限值的意义.

2.9 求解下列非齐次热传导方程的初边值问题:

$$\begin{cases} u_t - a^2 u_{xx} = \mathrm{e}^{-t} x(l-x), \quad x \in (0, l),\ t > 0; \\ u|_{t=0} = 0; \\ u|_{x=0} = u|_{x=l} = 0. \end{cases}$$

2.10 使用分离变量法求解下述定解问题:

$$\begin{cases} u_t = a^2 u_{xx} - b^2 u, \quad x \in (0, l),\ t > 0; \\ u|_{t=0} = 0; \\ u|_{x=0} = 1, \quad (u_x + \sigma u)|_{x=l} = 0, \end{cases}$$

其中, a、b、σ 均为常数.

2.11 仿照(2.66)式的证明思路, 证明满足(2.74)式与(2.75)式边界条件的施图姆–刘维尔系统的特征函数是彼此正交的, 即(2.76)式成立.

2.12 验证 2.3节最后的齐次化原理, 即若 $W(x,t;\tau)$ 是问题(2.83)的解, 则(2.84)式所定义的 $u(x,t)$ 是问题(2.82)的解.

第 3 章 泊松方程

本章内容总结见图 3.1 知识地图.

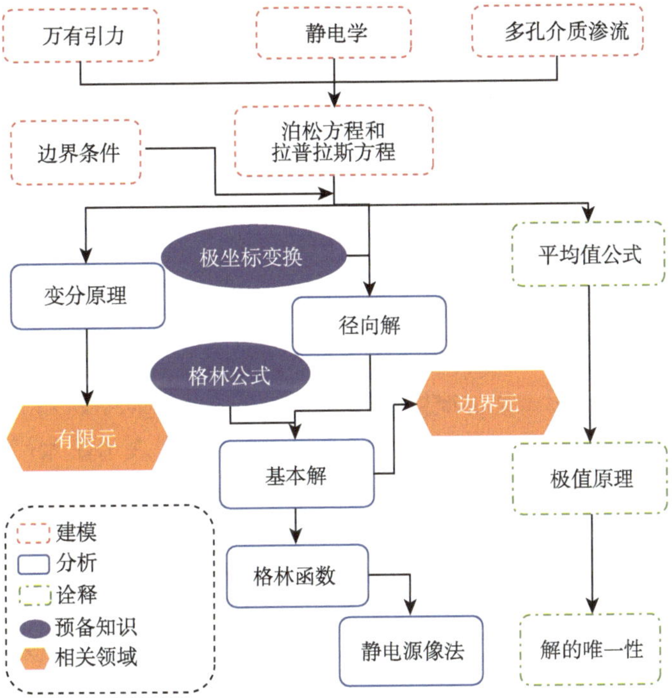

图 3.1 知识地图——泊松方程

3.1 泊松方程与调和方程

3.1.1 表达式

本章将考虑具有如下形式的方程:

$$\begin{aligned}&\text{二维}\quad \frac{\partial^2 u}{\partial x^2}+\frac{\partial^2 u}{\partial y^2}=f(x,y),\\&\text{三维}\quad \frac{\partial^2 u}{\partial x^2}+\frac{\partial^2 u}{\partial y^2}+\frac{\partial^2 u}{\partial z^2}=f(x,y,z),\end{aligned}\tag{3.1}$$

其中, u 是未知函数; f 为已知函数. 我们将具有上述形式的偏微分方程称为**泊松方程** (Poisson equation). 特别地, 若 $f=0$, 对应的偏微分方程称为**拉普拉斯方程** (Laplace equation) 或**调和方程** (harmonic equation).

为便于后续分析, 我们也可将(3.1)式中的方程统一表达为 $\Delta u=f$, 其中, Δ 称为**拉普拉斯算子** (Laplacian operator).

实际上, 引入算子符号会帮助我们简化后续的分析过程. 直观地讲, 算子可以看作是一种将函数映成函数的映射. 例如, 拉普拉斯算子将任意 (二阶可偏导) 函数映射成其关于各变量二阶偏导数之和. 此外, 我们在热传导方程推导过程中也曾引入**梯度算子** (gradient operator) ∇, 其将任意 (一阶可偏导) 的函数映射为一个向量值函数:

$$\nabla u=(u_x,u_y,u_z)^{\mathrm{T}},$$

这里, 上标 T 表示向量转置.

若将梯度算子也看作是一个向量, 则可借用向量内积运算符得到

$$\Delta u=\nabla\cdot(\nabla u)\triangleq\nabla^2 u.$$

以上拉普拉斯算子的各种表达方式在本章的推导过程中会广泛地用到, 需要熟练掌握. 关于微分算子更加严格的数学定义, 可参考泛函分析相关教材①.

为方便后续推导, 我们将使用黑体的英文小写字母表示在 $\mathbb{R}^2$ 或 $\mathbb{R}^3$ 上定义的向量, 对应的带下标的斜体英文字母表示该向量的分量. 例如, 我们将使用 $\boldsymbol{r}$ 来表示空间坐标, 用 $|\boldsymbol{r}|$ 表示该点到原点的距离. 对于二维问题, $\boldsymbol{r}=(r_1,r_2)^{\mathrm{T}}=(x,y)^{\mathrm{T}}$; 对于三维问题, $\boldsymbol{r}=(r_1,r_2,r_3)^{\mathrm{T}}=(x,y,z)^{\mathrm{T}}$. 故三维泊松方程也可以写成

$$\Delta u=\frac{\partial^2 u}{\partial r_1^2}+\frac{\partial^2 u}{\partial r_2^2}+\frac{\partial^2 u}{\partial r_3^2}=f(\boldsymbol{r}).$$

在此简单总结, 本章将考察

$$\text{泊松方程}:\ -\Delta u=f; \tag{3.2a}$$

$$\text{拉普拉斯/调和方程}:\ \Delta u=0. \tag{3.2b}$$

与(3.1)式中的泊松方程相比, (3.2a)式在拉普拉斯算子前添了一个负号, 这样操作的目的是与传统的表达方式统一.

3.1.2 物理背景

再来看泊松/拉普拉斯方程的物理背景.

① 例如, 张恭庆, 林源渠.《泛函分析讲义》, 北京: 北京大学出版社, 2001.

1. 波动/热传导方程的平衡状态

我们已知薄膜沿垂向方向小振动过程可用空间二维波动方程(1.79)来刻画. 若薄膜系统的垂向力达到平衡状态, 则垂向位移将不再随时间变化, 即 $u_{tt} = 0$. 于是(1.79)式退化为 $-a^2\Delta u = f$. 两边同时除以 a^2 就得到泊松方程 (3.2a). 换句话说, 泊松方程可用于描述薄膜在内外力平衡时的几何形貌.

类似地, 当热传导方程(2.7)中 $u_t = 0$ 时, 即介质内任意一点的温度不再随时间改变, 我们仍然可以得到(3.2a)式. 泊松方程也可以描述系统达到热平衡时的温度分布状态. 值得指出的是, 热平衡状态并不代表物体内部不再有热量流动, 系统达到的是一种动态平衡状态, 其必要条件是流入与流出系统的热量时刻保持相等.

上述两个例子也反映了泊松方程刻画物理过程的一些共性特征: **平衡态, 与时间变量无关**.

2. 万有引力

设三维空间中以 $\boldsymbol{r}^* = (x^*, y^*, z^*)$ 为坐标的某点 M^* 处有一质量为 m^* 的质点, 则其在空间中任意一点 M (其空间坐标为 $\boldsymbol{r}$) 处所产生的引力场 (gravitational field) 可表达为

$$g = -\frac{Gm^*(\boldsymbol{r} - \boldsymbol{r}^*)}{R^3}, \tag{3.3}$$

其中, G 是万有引力常数;

$$R = |\boldsymbol{r} - \boldsymbol{r}^*| = \sqrt{(x - x^*)^2 + (y - y^*)^2 + (z - z^*)^2} \tag{3.4}$$

表示 M 点与 M^* 点之间的空间距离.

若在 M 点处有一质量为 m 的质点, 则其受到来自 M^* 点处质点的引力 (gravitational force) 为

$$\boldsymbol{F} = mg. \tag{3.5}$$

若引入函数 $\phi(\boldsymbol{r}; \boldsymbol{r}^*)$ 满足

$$\phi(\boldsymbol{r}; \boldsymbol{r}^*) = -\frac{Gm^*}{|\boldsymbol{r} - \boldsymbol{r}^*|}. \tag{3.6}$$

则不难验证 (也可参考 3.3 节的讨论), 式(3.3)中的引力场 g 可以表达为 ϕ 函数关于空间坐标 $\boldsymbol{r}$ 的梯度, 即

$$g = -\nabla\phi. \tag{3.7}$$

这里, 称 $\phi(\boldsymbol{r}; \boldsymbol{r}^*)$ 为关于质点 M^* 的引力势函数 (potential function). 可以验证, (3.6)式所定义 (关于自变量 r 的) 引力势函数 ϕ 在远离 $\boldsymbol{r}^*$ 处满足三维调和方程.

验证过程比较直接, 此处就不作赘述. 需要指出的是, (3.6)式的空间自变量为 $\boldsymbol{r}$, 而 $\boldsymbol{r}^*$ 为参数. 故梯度算子计算的是未知函数 $\phi(\boldsymbol{r};\boldsymbol{r}^*)$ 关于自变量 $\boldsymbol{r}$ 的偏导数. 类似的表达方式在本章的讨论中将经常出现.

接下来考察在空间具有连续质量分布块体的引力势. 设某块体占据三维空间区域 Ω, 其上的密度分布表示为 $\rho(s)$, $s\in\Omega$. 由于万有引力场具有 (线性) 可叠加性, 引力势也具有可叠加性. 故该块体在 $\boldsymbol{r}$ 点处的引力势函数, 可以看作块体内各个质量微元引力势的叠加. 数学上可以用积分来表示

$$\phi(\boldsymbol{r})=-\iiint_\Omega\frac{\rho(\boldsymbol{s})\mathrm{d}\boldsymbol{s}}{|\boldsymbol{r}-\boldsymbol{s}|},\tag{3.8}$$

这里为方便起见, 设引力常数满足 $G=1$. 可以验证, $\phi(\boldsymbol{r})$ 在块体外, 即对于任意 $\boldsymbol{r}\in\mathbb{R}^3\backslash\Omega$, 满足调和方程.

实际上, 在块体内部 $\boldsymbol{r}\in\Omega$ 也可以定义引力势. 若直接采用 (3.8)式的定义, 则被积函数在 $\boldsymbol{s}=\boldsymbol{r}$ 附近没有定义. 从物理上讲, $\boldsymbol{r}$ 点处的质量微元在 $\boldsymbol{r}$ 点本身是不产生引力的. 故块体引力势函数在 $\boldsymbol{r}$ 处定义时应去掉其附近的小微元. 数学上, 我们通过引入极限的概念定义引力势函数:

$$\phi(\boldsymbol{r})=-\lim_{\epsilon\to0}\cdot\iiint_{\Omega\backslash\mathcal{O}_\epsilon(\boldsymbol{r})}\frac{\rho(\boldsymbol{s})\mathrm{d}\boldsymbol{s}}{|\boldsymbol{r}-\boldsymbol{s}|},\tag{3.9}$$

其中, $\mathcal{O}_\epsilon(\boldsymbol{r})$ 表示以 $\boldsymbol{r}$ 为原点、ϵ 为半径的小球. 因此, 块体在空间任意一点 $\boldsymbol{r}\in\mathbb{R}^3$ 处所产生的引力场均可以用 (3.9)式来表示. 在随后的学习过程中我们将验证, ϕ 在块体内部满足泊松方程; 在块体外部满足调和方程, 即

$$\Delta\phi=\begin{cases}4\pi\rho(\boldsymbol{r}), & \boldsymbol{r}\in\Omega;\\ 0, & \boldsymbol{r}\in\mathbb{R}^3\backslash\Omega.\end{cases}\tag{3.10}$$

3. 静电学

当系统中仅含有静电核时, 我们知道所有电荷所产生的电场强度 $\boldsymbol{E}$ 可以表达为静电势 u 的负梯度, 即

$$\boldsymbol{E}=-\nabla u.\tag{3.11}$$

高斯定理告诉我们, 对于任意封闭区域 Ω, 穿过其边界的电通量应该与区域内部的净电量成正比. 若系统的电荷分布密度为 $\rho(\boldsymbol{r})$, 则有

$$\iint_{\partial\Omega}\boldsymbol{E}\cdot\boldsymbol{n}\mathrm{d}S=\frac{1}{\epsilon_0}\iiint_\Omega\rho(\boldsymbol{r})\,\mathrm{d}\boldsymbol{r},\tag{3.12}$$

其中, $\boldsymbol{n}$ 为边界上单位外法向量; $\mathrm{d}S$ 表示边界面积微元; ϵ_0 表示介质的介电常数. 将 (3.11)式代入(3.12)式中, 并利用格林公式 (参考 1.4 节后的预备知识) 可以得到

$$\frac{1}{\epsilon_0}\iiint_{\Omega}\rho \mathrm{d}\boldsymbol{r}=-\iint_{\partial\Omega}\nabla u\cdot\boldsymbol{n}\mathrm{d}S=-\iiint_{\Omega}\Delta u\mathrm{d}\boldsymbol{r}.$$

根据区域 Ω 选取的任意性, 可知静电势 u 满足泊松方程:

$$-\Delta u=\frac{\rho}{\epsilon_0}. \tag{3.13}$$

实际上, 可以用类似于求解引力势的方法给出静电势 u 的表达式. 由库仑定律 (Coulomb's law), 处于原点处的单位电量正电荷在 $\boldsymbol{r}$ 处产生的静电场可表达为

$$\boldsymbol{E}=\frac{1}{4\pi\epsilon_0}\cdot\frac{\boldsymbol{r}}{|\boldsymbol{r}|^3}. \tag{3.14}$$

将(3.14)式代入(3.11)式, 得到单位点电荷对应的静电势满足 $u=\dfrac{1}{4\pi\epsilon_0|\boldsymbol{r}|}$. 而区域 Ω 内所有电荷 (分布为 ρ) 所产生的总电势可以由点电荷静电势叠加得到

$$u(\boldsymbol{r})=\lim_{\delta\to0}\frac{1}{4\pi\epsilon_0}\iiint_{\Omega\backslash O_\delta(\boldsymbol{r})}\frac{\rho(\boldsymbol{s})\mathrm{d}\boldsymbol{s}}{|\boldsymbol{r}-\boldsymbol{s}|}. \tag{3.15}$$

因此, 具有(3.15)式表达形式的函数 $u(\boldsymbol{r})$, 应该是泊松方程(3.13)的一个解. 这也与前面关于引力场的结论类似.

若 $\Omega=\mathbb{R}^3$, 则(3.15)式中的积分项具有卷积的特点. 具体说来, 若沿用(2.20)式定义卷积时所采用的符号, 则(3.15)式可以表达为

$$u=\frac{\rho}{4\pi\epsilon_0}*\frac{1}{|\boldsymbol{r}|}. \tag{3.16}$$

换句话说, 电荷分布所产生的静电势可以由单位电荷所产生的静电势与电荷密度分布 (除以一个常数) 再做卷积得到. 这并非偶然, 实际上 $1/(4\pi|\boldsymbol{r}|)$ 是三维泊松方程的一个基本解. 相关内容我们将在 3.4 节中更详尽地讨论.

4. 物理机制的共性

基于上述万有引力场以及静电学问题的推导过程, 我们可以总结出泊松方程所描述的物理现象具有两大特点. 第一, 某场向量 (例如电场强度 $\boldsymbol{E}$) 可以表达为某势函数 (例如静电势 u) 的梯度形式 (参考(3.11)式), 比例系数 (本例为介电常

数 ϵ_0) 完全由材料/介质的性质决定, 我们可将其称为广义的*本构关系* (constitutive relation). 第二, 该场向量沿任意封闭曲面的通量满足某种平衡关系 (例如穿过封闭曲面的电通量平衡, 即高斯定理), 我们可将其看作某种物理上的*守恒关系* (conservation relation). 则相应的势函数应满足泊松方程.

实际上, 自然界许多物理平衡态或稳态过程都可以基于上述机理使用泊松方程进行定量刻画. 例如, 地质结构中存在各种*多孔介质* (porous medium), 黏性液体在其中从高*静水压力* (hydrostatic pressure) 区向低压区缓慢渗流. 需要指出的是, 若对多孔介质内部的固体和流体所有细节全部进行刻画, 则所得到的流场会因为多孔微结构的存在而变得异常复杂, 同时也需要海量的储存空间和计算机算力来完成对多孔介质渗流行为的数值仿真分析. 因此, 人们倾向于引入一个在空间中光滑连续 (不因微结构存在而剧烈变化) 的*等效平均* (homogenised) 速度场 $\boldsymbol{v}(\boldsymbol{r})$, 以表示在 $\boldsymbol{r}$ 点附近所有复杂流体的平均速度. 而多孔介质微结构的信息则由一个 (可在空间中非均匀分布的) 材料参数 k 来等效. 该参数 k 称为多孔介质的*渗透率* (permeability), 由介质的微结构完全决定.

实验观测表明, 在不计重力的情形下, 多孔介质中流体局部平均速度场 $\boldsymbol{v}$ 与静水压力 p 的负梯度成正比, 即

$$\boldsymbol{v} = -\frac{k}{\mu}\nabla p, \tag{3.17}$$

其中, μ 是流体的*黏性* (viscosity) 系数. (3.17)式也称为*达西定律* (Darcy's law).

若流体为*不可压缩流体* (incompressible flow), 即其质量密度保持恒定, 则对于任意封闭区域 Ω, 其从边界处流入与流出的流体总量应时刻保持为零, 即

$$\iint_{\partial\Omega} \boldsymbol{v}\cdot\boldsymbol{n}\mathrm{d}S = 0. \tag{3.18}$$

类似于静电学的情形, 将(3.17)式代入(3.18)式并利用格林公式, 可以发现, 在渗透率为常数的情况下, 静水压力 p 满足调和方程.

3.1.3 泊松方程的定解条件

经过上述分析, 可以发现, 泊松方程通常用于刻画达到平衡状态的系统, 是与时间无关的. 故对于泊松方程, 一般只需提边界条件.

若泊松方程的定义域 Ω 为有界区域, 如图 3.2 所示的阴影区域, 则对应的定解条件提法称为一个偏微分方程*内问题* (interior boundary value problem).

与前两类方程的边界条件提法类似, 我们可以针对泊松方程内问题提三类边界条件.

$$\text{狄利克雷型边界条件}: u|_{\partial\Omega} = h(\boldsymbol{r}); \tag{3.19a}$$

$$诺伊曼型边界条件：\left.\frac{\partial u}{\partial n}\right|_{\partial\Omega} = h(\boldsymbol{r}); \tag{3.19b}$$

$$罗宾型边界条件：\left.\left(\frac{\partial u}{\partial n} + \sigma u\right)\right|_{\partial\Omega} = h(\boldsymbol{r}). \tag{3.19c}$$

之于静电学问题, 第一类边界条件表示在边界上静电势已知; 第二类边界条件表示在边界上电通量已知.

若控制方程所在的区域为无界区域, 如图 3.2 所示的非阴影区域, 则对应的问题称为一个偏微分方程外问题 (exterior boundary value problem). 此时, 除了要在 $\partial\Omega$ 上给出以上的某一类边界条件外, 还需要给出当 $\boldsymbol{r}$ 趋于无穷远时函数 u 的极限, 否则会造成解的不唯一.

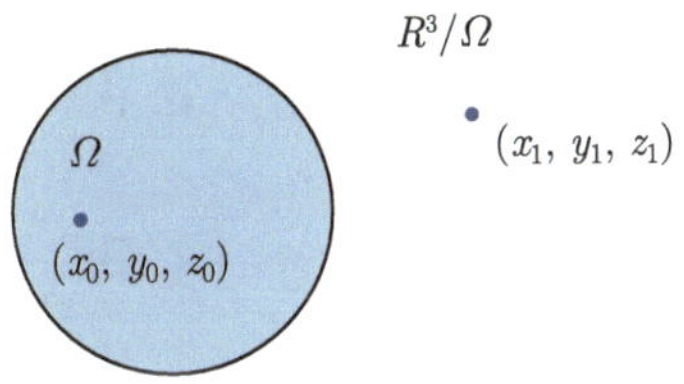

图 3.2　内外问题区域划分示意图

这里给出一个反例. 若 $u(\boldsymbol{r})$ 在全空间 $\mathbb{R}^3$ 去掉单位球 $\{\boldsymbol{r}||\boldsymbol{r}|<1\}$ 的区域内满足调和方程, 且在单位球面上满足 $u|_{|\boldsymbol{r}|=1}=1$. 容易验证, $u\triangleq 1$ 同时满足方程与边界条件. 同时根据静电学部分的分析, 可知 $u=1/|\boldsymbol{r}|$ 也同时满足方程与边界条件. 因此, 在考虑泊松方程外问题时, 我们需要给出未知函数在无穷远处的极限行为方能定解.

预 备 知 识

向量场基本运算

微分算子可以看作是对函数进行微分运算的映射. 除了本节所讨论的拉普拉斯算子 Δ, 我们还将介绍其他三种常用的微分算子.

对于空间中的标量值函数 $f(x,y,z)$, 其梯度 (gradient) 是一个向量值函数, 由

$$\mathbf{grad} f = \nabla f = \frac{\partial f}{\partial x}\boldsymbol{i} + \frac{\partial f}{\partial y}\boldsymbol{j} + \frac{\partial f}{\partial z}\boldsymbol{k}$$

给出, 其中, $\boldsymbol{i}$、$\boldsymbol{j}$、$\boldsymbol{k}$ 为三维空间坐标系的单位主方向.

向量值函数 $\boldsymbol{u}(x,y,z)$ 的散度 (divergence) 是一个标量值函数, 由

$$\operatorname{div}\boldsymbol{u}=\nabla\cdot\boldsymbol{u}=\frac{\partial u_1}{\partial x}+\frac{\partial u_2}{\partial y}+\frac{\partial u_3}{\partial z}$$

给出.

三维向量值函数 $\boldsymbol{u}$ 的旋度 (rotation) 仍是一个向量值函数, 由

$$\mathbf{rot}\,\boldsymbol{u}=\nabla\times\boldsymbol{u}=\left(\frac{\partial u_3}{\partial y}-\frac{\partial u_2}{\partial z}\right)\boldsymbol{i}+\left(\frac{\partial u_1}{\partial z}-\frac{\partial u_3}{\partial x}\right)\boldsymbol{j}+\left(\frac{\partial u_2}{\partial x}-\frac{\partial u_1}{\partial y}\right)\boldsymbol{k}$$

给出.

此外上述场变量运算的常用复合运算如下:

$$\nabla\cdot(\nabla\times\boldsymbol{u})=0,\quad \nabla\times(\nabla f)=\mathbf{0},\quad \nabla\times(\nabla\times\boldsymbol{u})=\nabla(\nabla\cdot\boldsymbol{u})-\Delta\boldsymbol{u},$$

其中, $\Delta\boldsymbol{u}$ 表示对 $\boldsymbol{u}$ 的每个分量作用拉普拉斯算子.

3.2 变分原理

从这一节开始, 我们将介绍两类求解泊松方程定解问题的常用方法: 变分法和格林函数法. 本节将介绍变分法. 为此考虑求解以下空间二维狄利克雷型边值问题:

$$\begin{cases}-\Delta u=f, & \boldsymbol{r}\in\Omega;\\ u|_{\partial\Omega}=0.\end{cases}\tag{3.20}$$

从物理的视角思考问题(3.20)解的特点. 根据 1.4 节的讨论可知, 问题(3.20)对应的是边界固定薄膜 ($a^2=1$) 达到力学平衡时的状态. 以能量的观点看, 此时系统的势能减去外力功应该达到局部最小值, 否则系统就会继续演化. 这一物理规律在数学上对应的就是变分原理 (variational principle).

根据 1.5 节的讨论, 薄膜的势能与外力功的差可表达为

$$\iint_\Omega\left[\frac{T}{2}\left(u_x^2+u_y^2\right)-Fu\right]\mathrm{d}x\mathrm{d}y,$$

其中, T 是薄膜内张力; F 是薄膜单位面积上的外力. 由于能量除以一个常数, 并不影响其取极值的位置, 故我们将上式除以薄膜内张力 T, 并引入 $f=\frac{F}{T}$, 最终给出了系统等效能量减去等效外力功的表达式为

$$\mathcal{J}[u]=\iint_\Omega\left[\frac{1}{2}\left(u_x^2+u_y^2\right)-fu\right]\mathrm{d}\boldsymbol{x}.\tag{3.21}$$

这里, $\mathcal{J}[u]$ 称为一个*泛函* (functional), 其输入量为一个函数, 而输出的是一个实数. 泛函 $\mathcal{J}[u]$ 表示的是给定位移场分布 u 所对应的系统势能与外力功之差 (除以薄膜内张力).

对应问题(3.20)的边界条件, 我们只需考虑边界固定的情形. 为此, 引入一个函数空间

$$V_0 = \{v(\boldsymbol{r}) \mid v|_{\partial\Omega} = 0\}. \tag{3.22}$$

空间 V_0 中包含了薄膜在边界固定情形下所有可能的位移状态.

由前面的讨论, 问题(3.20)的解 $u(x, y)$ 应该是在所有边界固定情形中令能量泛函 $\mathcal{J}$ 取最小值的那个位移状态. 数学上可表达为

$$\mathcal{J}[u] = \min_{v\in V_0} \mathcal{J}[v]. \tag{3.23}$$

下面介绍**变分原理**:

(a) 若(3.23)式中的极小值存在, 则使得(3.21)式中 $\mathcal{J}$ 取到极小值的位移状态 u 是问题(3.20)的解;

(b) 反之, 若 $u(x, y)$ 是问题(3.20)的解, 则(3.23)式一定成立, 即 u 一定使得(3.21)式中 $\mathcal{J}$ 在所有边界固定位移状态中取到极小值.

证明 首先考虑 (a) 部分的证明. 微积分知识告诉我们, 若要判断某连续可导函数取极值的位置, 可以使用函数偏导数为 0 作为一个判别准则. 然而极小值问题(3.23)的 “定义域” 是一个函数空间. 因此, 需要寻找一种方法, 将上述泛函极小值问题转化为函数求极值问题.

为此进行如下操作. 若在由(3.22)式定义的函数空间 V_0 中存在 u 而使得(3.23)式成立, 则对于任意 $v \in V_0$, 均可以找到一个实数 λ 和一个函数 $w \in V_0$, 使得 $v = u + \lambda w$. 将该关系式代入(3.21)式得

$$\begin{aligned}\mathcal{J}[v] &= \iint_\Omega \left\{\frac{1}{2}\left[(u_x + \lambda w_x)^2 + (u_y + \lambda w_y)^2\right] - f(u + \lambda w)\right\} \mathrm{d}x\mathrm{d}y \\ &= \iint_\Omega \left[\frac{1}{2}\left(u_x^2 + u_y^2\right) - fu\right] \mathrm{d}x\mathrm{d}y + \lambda \iint_\Omega (u_x w_x + u_y w_y - fw)\, \mathrm{d}x\mathrm{d}y \\ &\quad + \frac{\lambda^2}{2} \iint_\Omega \left(w_x^2 + w_y^2\right) \mathrm{d}x\mathrm{d}y.\end{aligned} \tag{3.24}$$

此时 $\mathcal{J}[v] = \mathcal{J}[u + \lambda w]$ 也可以看作是一个关于自变量 λ 的函数. 若(3.23)式成立, 即泛函 $\mathcal{J}[v]$ 在 $\lambda = 0$ 处应取到极小值, 则需满足

$$\left.\frac{\mathrm{d}\mathcal{J}[u + \lambda w]}{\mathrm{d}\lambda}\right|_{\lambda=0} = 0.$$

将上式代入(3.24)式有

$$\iint_{\Omega}\left[u_x w_x+u_y w_y-f w\right] \mathrm{d} x \mathrm{d} y=0. \tag{3.25}$$

(3.25)式对于任意 $w \in V_0$ 都成立.

根据格林公式 (也可参考 1.4 节预备知识的内容), 有

$$\iint_{\Omega}\left(u_x w_x+u_y w_y\right) \mathrm{d} x \mathrm{d} y=\int_{\partial \Omega} w \frac{\partial u}{\partial n} \mathrm{d} s-\iint_{\Omega} w\left(u_{x x}+u_{y y}\right) \mathrm{d} x \mathrm{d} y.$$

由于 w 在区域边界 $\partial\Omega$ 上恒取 0 值, 上式右端第一项为零. 于是有

$$\iint_{\Omega}\left(u_x w_x+u_y w_y\right) \mathrm{d} x \mathrm{d} y=-\iint_{\Omega} w\left(u_{x x}+u_{y y}\right) \mathrm{d} x \mathrm{d} y.$$

将上式与(3.25)式联立有

$$-\iint_{\Omega} w(\Delta u+f) \mathrm{d} x \mathrm{d} y=0. \tag{3.26}$$

若要保证(3.26)式对任意 w 都成立, 则应有 $-\Delta u=f$, 得证.

接下来证明变分原理的 (b) 部分. 其证明思路是从(3.26)式反推回(3.25)式. 若 u 是问题(3.20)的解, 则将其控制方程两端同乘以 w 并在 Ω 内积分可得(3.26)式. 利用 $w|_{\partial\Omega}=0$ 并对(3.26)式反向使用格林公式即得到: (3.25)式对于任意 $w \in V_0$ 均成立.

我们再考虑 (3.24)式中泛函 $\mathcal{J}[u+\lambda w]$ 的表达式. 注意到, 式(3.24)中 λ 的零次项就是 $\mathcal{J}[u]$. 而根据(3.25)式, (3.24)式中 λ 的一次项等于零. 于是有

$$\mathcal{J}[v]=\mathcal{J}[u+\lambda w]=\mathcal{J}[u]+\frac{\lambda^2}{2} \iint_{\Omega}\left(w_x^2+w_y^2\right) \mathrm{d} x \mathrm{d} y \geqslant \mathcal{J}[u] \tag{3.27}$$

对于任意 $v \in V_0$ 均成立, (3.23)式得证. □

在上面的证明中, 我们将变分问题转化成关于参数 λ 的求导问题. 这样看来, 变分执行的是对泛函关于其输入函数“求导”的操作. 这种将泛函“求导”转化为函数微分求导的思想对应的是*加托微分* (Gâteaux differential) 的概念. 变分法的物理意义是, 若一系统的平衡态可由一偏微分方程问题刻画 (本节以问题(3.20) 为例), 则该问题的解应该对应某种能量的最小值. 因此, 变分的思想在求解平衡态问题时有着广泛的应用. 例如, 线弹性静力学问题有限元数值求解, 其背后的理论基础正是变分原理.

基于变分原理, 我们将原二阶偏微分方程问题(3.20)转化为一个求泛函极值的问题. 该转换在数值求解计算中具有重要的意义. 这是因为, 若直接求解问题(3.20), 则其对应解的二阶偏导数必须存在. 相比之下, 若通过求解泛函极小值问题(3.23)式来求解, 则对 u 光滑性的要求“弱”了很多, 只需要一阶偏导数平方可积即可. 上述概念可以借助图 3.3 来理解. 若函数 u 是问题(3.20)的解, 则它应对应图 3.3 中那条光滑曲线. 与之形成对比的是图中虚线所示分段线性函数 u^{ϵ}, 它的二阶偏导数不存在, 但其一阶偏导数平方可积. 因此它无法满足问题(3.20), 但它可能成为泛函极小值问题(3.23)的一个可能的解. 从图 3.3 中还可以看到, 函数 u^{ϵ} 可以很好地逼近原偏微分方程定解问题的解 u. 这正是引入泛函极小值问题(3.23)的意义所在. 我们可以使用一个光滑性略差但相对简单的函数来逼近原偏微分方程定解问题的解. 这正是有限元方法的核心思想.

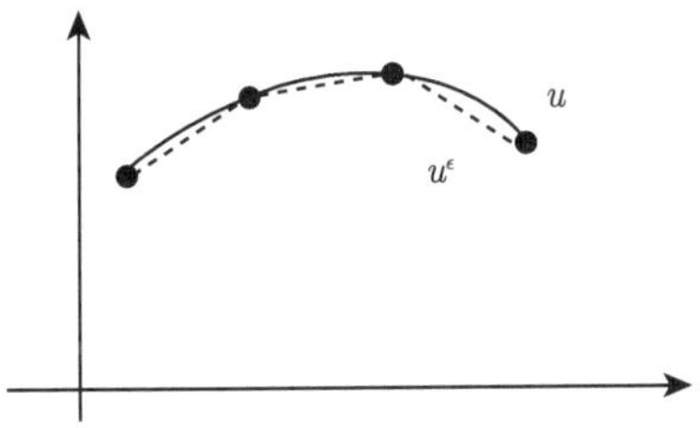

图 3.3 二阶可偏导函数与一阶偏导数平方可积函数对比示意图

综上所述, 泛函极小值问题(3.23)的解称为问题(3.20) 的*弱解* (weak solution). 而对于任意 $w \in V_0$ 均成立的(3.25)式也称为问题(3.20)的*弱形式* (weak form) 或*变分形式* (variational form). 这里的函数 w 称为*试验函数* (test function), 由试验函数组成的函数空间称为*试验函数空间* (test function space). 这里我们再次强调, 试验函数的任意性(3.25)是变分形式(3.26)与原问题(3.20)等价的前提条件.

经过上述讨论, 我们可对变分原理有进一步的认识. 一个 (不随时间演化的) 物理平衡状态 ((3.20)式) 一定对应着某能量在所有满足边界条件函数集合内定义的泛函极小问题 ((3.23)式). 在推导两问题等价关系的过程中, 一定又会导出原偏微分方程问题的弱形式 ((3.25)式). 因此, 一个针对物理平衡态建立的变分原理应该具有如图 3.4 所示的三重特征视角. 三个顶点 (泛函极小值问题, 与时间无关的偏微分方程问题和弱形式) 是从不同视角看待同一物理现象. 知道其中一个顶点处的信息, 一定可以导出其他两个顶点处的信息. 在上述三个视角间熟练切换, 可为深入了解偏微分方程模型, 特别是其有限元求解, 带来很大的帮助. 同时需要指出的是, 当所涉及的偏微分方程问题与时间相关时, 同样也存在类似的变分求解方法. 具体内容此处不做展开, 但其求解的核心理念与本书讨论的内容是一致的.

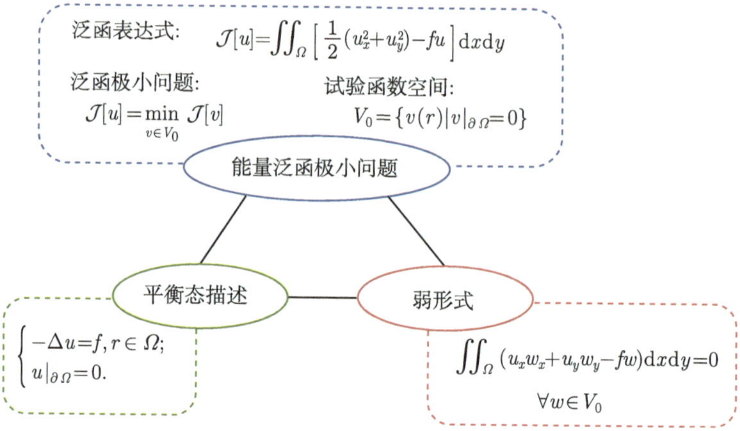

图 3.4 三重视角 (平衡状态所对应的偏微分方程定解问题, 变分原理, 弱形式) 看变分原理

3.3 调和方程极坐标系表达与径向解

本节将讨论拉普拉斯算子在极坐标系下的表达形式, 并以此引出调和方程的一个具有代表性的解——径向解. 本节的讨论也是 3.4 节内容的基础.

3.3.1 拉普拉斯算子极坐标系表达

首先考察调和方程

$$\Delta u = 0$$

在极坐标系下的表达形式. 关键是将笛卡儿坐标系下的拉普拉斯算子 Δ 转换为极坐标系下的表达式. 具体而言, 我们需要将调和方程表达成一个由未知量 u 及其关于极坐标偏导数定义的偏微分方程. 以二维情形为例, 我们使用 (x, y) 作为笛卡儿坐标系下的空间自变量, 即 $\Delta u = u_{xx} + u_{yy}$.

首先引入二维极坐标变换

$$\begin{cases} r = \sqrt{x^2+y^2}; \\ \theta = \arctan\dfrac{y}{x}. \end{cases} \tag{3.28}$$

则极坐标与笛卡儿坐标之间的转换矩阵可表达为

$$\begin{pmatrix} r_x & \theta_x \\ r_y & \theta_y \end{pmatrix} = \begin{pmatrix} \dfrac{x}{r} & -\dfrac{y}{r^2} \\ \dfrac{y}{r} & \dfrac{x}{r^2} \end{pmatrix}.$$

我们的目标是推导出未知函数 u 关于自变量 r 和 θ 偏导数的表达式. 根据链式求导法则并代入上式的坐标转换关系, 可得

$$\frac{\partial u}{\partial x} = \frac{\partial u}{\partial r}\cdot\frac{\partial r}{\partial x} + \frac{\partial u}{\partial \theta}\cdot\frac{\partial \theta}{\partial x} = \frac{\partial u}{\partial r}\cdot\frac{x}{r} - \frac{\partial u}{\partial \theta}\cdot\frac{y}{r^2}.$$

上式两边关于 x 求偏导, 再利用链式法则可得

$$\frac{\partial^2 u}{\partial x^2} = \frac{\partial^2 u}{\partial r^2}\cdot\frac{x^2}{r^2} - 2\frac{\partial^2 u}{\partial r\partial\theta}\cdot\frac{xy}{r^3} + \frac{\partial^2 u}{\partial \theta^2}\cdot\frac{y^2}{r^4} + \frac{\partial u}{\partial r}\cdot\left(\frac{1}{r} - \frac{x^2}{r^3}\right) + \frac{\partial u}{\partial \theta}\cdot\frac{2xy}{r^4}.$$

同理, 可以求得 u 关于 y 二阶偏导数的极坐标表达:

$$\frac{\partial^2 u}{\partial y^2} = \frac{\partial^2 u}{\partial r^2}\cdot\frac{y^2}{r^2} + 2\frac{\partial^2 u}{\partial r\partial\theta}\cdot\frac{xy}{r^3} + \frac{\partial^2 u}{\partial \theta^2}\cdot\frac{x^2}{r^4} + \frac{\partial u}{\partial r}\cdot\left(\frac{1}{r} - \frac{y^2}{r^3}\right) - \frac{\partial u}{\partial \theta}\cdot\frac{2xy}{r^4}.$$

将上述两式相加, 得到二维拉普拉斯算子对应的极坐标表达形式:

$$\Delta u = \frac{\partial^2 u}{\partial r^2} + \frac{1}{r}\frac{\partial u}{\partial r} + \frac{1}{r^2}\cdot\frac{\partial^2 u}{\partial \theta^2} = \frac{1}{r}\frac{\partial}{\partial r}\left(r\frac{\partial u}{\partial r}\right) + \frac{1}{r^2}\cdot\frac{\partial^2 u}{\partial \theta^2}. \tag{3.29}$$

同理, 对于三维笛卡儿坐标系 (x, y, z) 下的拉普拉斯算子, 可以引入对应的球坐标系 (r, θ, φ), 满足

$$\begin{cases} x = r\sin\theta\cos\varphi; \\ y = r\sin\theta\sin\varphi; \\ z = r\cos\theta, \end{cases} \tag{3.30}$$

其中, $r > 0$, $\theta \in [0, \pi)$, $\varphi \in [0, 2\pi)$. 上述球坐标自变量的几何意义可以参考图 3.5. 类似二维情形, 使用多元函数链式求导法则可得

$$\Delta u = \frac{1}{r^2}\frac{\partial}{\partial r}\left(r^2\frac{\partial u}{\partial r}\right) + \frac{1}{r^2\sin\theta}\frac{\partial}{\partial \theta}\left(\sin\theta\frac{\partial u}{\partial \theta}\right) + \frac{1}{r^2\sin^2\theta}\cdot\frac{\partial^2 u}{\partial \varphi^2}. \tag{3.31}$$

(3.31)式的推导作为本章课后习题 3.7.

3.3.2 调和方程的径向解

接下来我们考虑调和方程的一种具有特殊形式的解——径向解 (radial solution). 给定 $\mathbb{R}^n$ 空间中的某点 $\boldsymbol{r}^*$, 若函数 u 在空间中任意一点 $\boldsymbol{r}$ 对应的函数值只依赖于该点到 $\boldsymbol{r}^*$ 的距离, 则称此时的 u 是一个关于 $\boldsymbol{r}^*$ 的径向函数 (radial function), 即 $u = u(|\boldsymbol{r} - \boldsymbol{r}^*|)$.

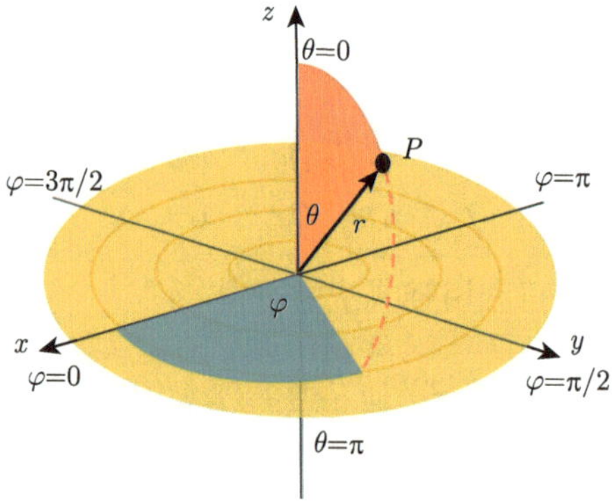

图 3.5　球坐标变换(3.30)的几何意义

在定义径向函数时, 我们除了需要给出空间自变量 $\boldsymbol{r}$, 还需要明确径向取值的参考点 $\boldsymbol{r}^*$. 在本书中, 我们统一用 $u(\boldsymbol{r};\boldsymbol{r}^*)$ 来表示这类以空间坐标为参数的函数. 此类表达式在求解调和方程定解问题时将扮演重要角色.

随后寻找 n 维调和方程的径向解. 首先我们假定 $\boldsymbol{r}^*$ 为坐标原点, 则 u 在极坐标系下只是径向 $r=\sqrt{\sum_{i=1}^n r_i^2}$ 的一元函数: $u=u(r)$. 由于空间可以是任意维度, 我们用 $r_i, i=1,\cdots,n$, 来表示自变量 $\boldsymbol{r}$ 的第 i 个分量. 可以利用多元函数链式求导法则, 将 u 关于 r_i 的偏导数转换为其关于 r 的导数表达式:

$$\frac{\partial u}{\partial r_i}=\frac{\mathrm{d}u}{\mathrm{d}r}\cdot\frac{\partial r}{\partial r_i}=\frac{\mathrm{d}u}{\mathrm{d}r}\cdot\frac{r_i}{r}.$$

注意到, 由于未知函数 u 只是径向 r 的函数. 因此, $\mathrm{d}u/\mathrm{d}r$ 采用全导数的表达形式. 但径向 r 仍为各空间自变量 r_i 的函数, 因此 $\partial r/\partial r_i$ 采用的是偏导数的表达形式.

对上式关于 r_i 再求一次偏导数有

$$\frac{\partial^2 u}{\partial r_i^2}=\frac{\mathrm{d}^2u}{\mathrm{d}r^2}\cdot\frac{r_i^2}{r^2}+\frac{\mathrm{d}u}{\mathrm{d}r}\cdot\left(\frac{1}{r}-\frac{r_i^2}{r^3}\right).$$

将此式关于 i 求和, 便得到 n 维调和方程径向解所满足的常微分方程:

$$\Delta u=\frac{\mathrm{d}^2u}{\mathrm{d}r^2}+\frac{n-1}{r}\cdot\frac{\mathrm{d}u}{\mathrm{d}r}=0.$$

将该常微分方程左边的两项合并可得

$$\frac{1}{r^{n-1}}\frac{\mathrm{d}}{\mathrm{d}r}\left(r^{n-1}\frac{\mathrm{d}u}{\mathrm{d}r}\right)=0. \tag{3.32}$$

当 $n=2$ 或 3 时, (3.32)式左端项恰好分别对应于(3.29)式或(3.31)式右端关于 r 的偏导数项.

求解常微分方程(3.32), 便可得到 n 维调和方程的通解表达式:

$$u=\begin{cases}A\ln r+B, & n=2;\\ \dfrac{A}{r^{n-2}}+B, & n\geqslant 3,\end{cases} \tag{3.33}$$

其中, A 和 B 均为待定常数.

若径向解的原点不取为坐标原点, 则可以类似地给出 n 维调和方程一般径向解的表达式:

$$u(\boldsymbol{r};\boldsymbol{r}^*)=\begin{cases}A\ln|\boldsymbol{r}-\boldsymbol{r}^*|+B, & n=2;\\ \dfrac{A}{|\boldsymbol{r}-\boldsymbol{r}^*|^{n-2}}+B, & n\geqslant 3.\end{cases} \tag{3.34}$$

特别地, 当 $n=3$, $A=1/(4\pi)$, $B=0$ 时, 可以给出调和函数的一个径向解:

$$u(\boldsymbol{r};\boldsymbol{r}^*)=\frac{1}{|\boldsymbol{r}-\boldsymbol{r}^*|}. \tag{3.35}$$

由 3.1 节讨论可知, (3.35)式正对应在 $\boldsymbol{r}^*$ 位置处的单位点电荷 (在介电常数 $\epsilon_0=1$ 情形下) 所产生的静电势.

3.4 格林函数法

泊松方程刻画的是一个系统达到平衡态时的情形. 当一个系统达到平衡状态时, 只有在边界条件发生改变时系统行为才会发生改变. 换句话说, 泊松方程定解问题的解与所施加的边界条件应该存在某种一一对应关系. 本节将考虑如何将泊松方程内问题的解完全由边界条件和方程右端的已知函数 f 来表达, 并进一步介绍求解线性偏微分方程定解问题的一种重要方法——格林函数法.

3.4.1 格林公式的应用

我们将以下述狄利克雷型边值内问题为例:

$$\begin{cases}\Delta u=0, & \boldsymbol{r}\in\Omega;\\ u|_{\partial\Omega}=h,\end{cases} \tag{3.36}$$

其中, Ω 是一个有界区域.

根据格林公式 (也可参考 1.4节的预备知识), 对于 $\mathbb{R}^n$ 空间上定义的函数 u 和 v, 均有

$$\int_{\Omega} u\Delta v \mathrm{d}\boldsymbol{r} = \int_{\partial\Omega} u\frac{\partial v}{\partial n}\mathrm{d}\Gamma - \int_{\Omega} \nabla u\cdot\nabla v \mathrm{d}\boldsymbol{r}. \tag{3.37}$$

式(3.37)也称为**格林第一公式** (first Green formula). 若将(3.37)式中的 u 与 v 互换, 可得

$$\int_{\Omega} v\Delta u \mathrm{d}\boldsymbol{r} = \int_{\partial\Omega} v\frac{\partial u}{\partial n}\mathrm{d}\Gamma - \int_{\Omega} \nabla u\cdot\nabla v \mathrm{d}\boldsymbol{r}.$$

将两式相减, 便得到**格林第二公式** (second Green formula):

$$\int_{\Omega} (u\Delta v - v\Delta u)\, \mathrm{d}\boldsymbol{r} = \int_{\partial\Omega} \left(u\frac{\partial v}{\partial n} - v\frac{\partial u}{\partial n}\right) \mathrm{d}\Gamma. \tag{3.38}$$

现在我们将寻找问题(3.36)在三维有界区域内部解的形式. 选取定义域内任意一点 $\boldsymbol{r}^* \in \Omega$, 我们将尝试给出未知函数 $u(\boldsymbol{r}^*)$ 的表达式. 求解思路是应用格林第二公式(3.38), 其中的函数 u 就选为问题(3.36)的解, 并选取

$$v = \frac{1}{|\boldsymbol{r}-\boldsymbol{r}^*|} \triangleq \frac{1}{r} \tag{3.39}$$

代入格林第二公式.

然而, v 作为三维调和方程的径向解, 其自变量在 $\boldsymbol{r} = \boldsymbol{r}^*$ 处没有定义. 为此, 考虑如图 3.6(a) 所示情形. 在定义域 Ω 内去掉一个以 $\boldsymbol{r}^*$ 为球心、δ 为半径的小球, 用 $\mathcal{O}_\delta(\boldsymbol{r}^*)$ 表示. 考虑在区域 $\Omega\backslash\mathcal{O}_\delta(\boldsymbol{r}^*)$ 内应用格林第二公式, 将(3.39)式代入(3.38)式, 有

$$\begin{aligned}
&\iiint_{\Omega\backslash\mathcal{O}_\delta(\boldsymbol{r}^*)} \left[u\Delta\left(\frac{1}{r}\right) - \frac{1}{r}\Delta u\right] \mathrm{d}\boldsymbol{r}\\
=&\iint_{\partial\Omega} \left[u\frac{\partial}{\partial n}\left(\frac{1}{r}\right) - \frac{1}{r}\frac{\partial u}{\partial n}\right] \mathrm{d}S_{\boldsymbol{r}} + \iint_{\partial\mathcal{O}_\delta(\boldsymbol{r}^*)} \left[u\frac{\partial}{\partial n}\left(\frac{1}{r}\right) - \frac{1}{r}\frac{\partial u}{\partial n}\right] \mathrm{d}S_{\boldsymbol{r}},
\end{aligned} \tag{3.40}$$

其中, 使用下标 $\boldsymbol{r}$ 来表示的 $\mathrm{d}S_{\boldsymbol{r}}$ 是以 $\boldsymbol{r}$ 为积分变量的面积微元. 此外, $\dfrac{\partial}{\partial n}$ 表示区域 $\Omega\backslash\mathcal{O}_\delta(\boldsymbol{r}^*)$ 的边界外法向导数. 区域 $\Omega\backslash\mathcal{O}_\delta(\boldsymbol{r}^*)$ 包含两部分边界: 区域的原边界 $\partial\Omega$, 以及因去掉小球而引入的球面边界 $\partial\mathcal{O}_\delta(\boldsymbol{r}^*)$. 它们正好对应着(3.40)式右端的两个积分项. 特别地, 如图 3.6(a) 所示, 对于 $\partial\mathcal{O}_\delta(\boldsymbol{r}^*)$ 边界, 其外法向沿小球径向指向球心 $\boldsymbol{r}^*$.

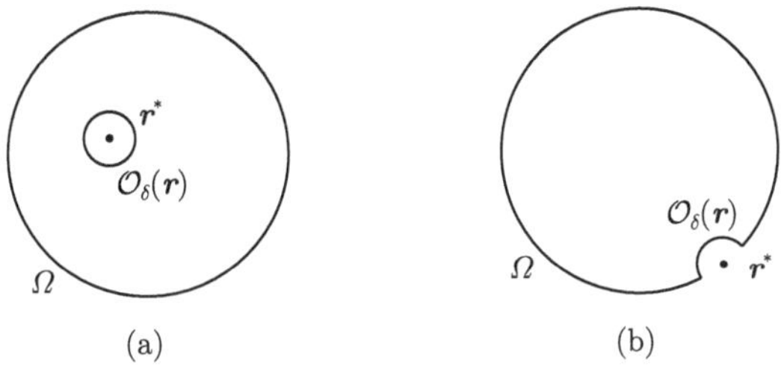

图 3.6 积分区域示意图

由于 u 是问题 (3.36)的解, 有 $\Delta u = 0$. 此外, 由 3.3 节的讨论可知, 由(3.39)所定义的函数 v 是调和方程的径向解, 故其在区域 $\Omega\backslash\mathcal{O}_\delta(\boldsymbol{r}^*)$ 内应满足拉普拉斯方程. 于是(3.40)式左端项为 0, 其可进一步化简为

$$\iint_{\partial\Omega}\left[u\frac{\partial}{\partial n}\left(\frac{1}{r}\right)-\frac{1}{r}\frac{\partial u}{\partial n}\right]\mathrm{d}S_{\boldsymbol{r}}=\iint_{\partial\mathcal{O}_\delta(\boldsymbol{r}^*)}\left[\frac{1}{r}\frac{\partial u}{\partial n}-u\frac{\partial}{\partial n}\left(\frac{1}{r}\right)\right]\mathrm{d}S_{\boldsymbol{r}}. \tag{3.41}$$

接下来逐项考虑(3.41)式右端项在 $\delta\to 0$ 时的极限表达式. 当积分区域是 $\partial\mathcal{O}_\delta(\boldsymbol{r}^*)$ 时, $r=|\boldsymbol{r}-\boldsymbol{r}^*|=\delta$. 于是有

$$\iint_{\partial\mathcal{O}_\delta(\boldsymbol{r}^*)}\frac{1}{r}\frac{\partial u}{\partial n}\mathrm{d}S_{\boldsymbol{r}}=\frac{1}{\delta}\iint_{\partial\mathcal{O}_\delta(\boldsymbol{r}^*)}\frac{\partial u}{\partial n}\mathrm{d}S_{\boldsymbol{r}}=\frac{1}{\delta}\left.\frac{\partial u}{\partial n}\right|_{\tilde{\boldsymbol{r}}\in\partial\mathcal{O}_\delta(\boldsymbol{r}^*)}4\pi\delta^2,$$

其中, 第二个等式利用了积分中值定理, 即有界区域上连续函数的积分可表达为函数在积分区域某点 $\tilde{\boldsymbol{r}}$ 的取值乘以区域的面积/体积. 令 $\delta\to 0$, 我们有

$$\iint_{\partial\mathcal{O}_\delta(\boldsymbol{r}^*)}\frac{1}{r}\frac{\partial u}{\partial n}\mathrm{d}S_{\boldsymbol{r}}=4\pi\delta\cdot\left.\frac{\partial u}{\partial n}\right|_{\tilde{\boldsymbol{r}}\in\partial\mathcal{O}_\delta(\boldsymbol{r}^*)}\to 0. \tag{3.42}$$

因此, (3.41)式积分中的第一项为 0.

再考虑(3.41)式右端第二项. 在 $\partial\mathcal{O}_\delta(\boldsymbol{r}^*)$ 上的点, 其外法向是指向球心 $\boldsymbol{r}^*$ 的, 即 (以 $\boldsymbol{r}^*$ 为球心) 径向 r 的反方向. 于是有

$$\iint_{\partial\mathcal{O}_\delta(\boldsymbol{r}^*)}u\frac{\partial}{\partial n}\left(\frac{1}{r}\right)\mathrm{d}S_{\boldsymbol{r}}=-\iint_{\partial\mathcal{O}_\delta(\boldsymbol{r}^*)}u\frac{\mathrm{d}}{\mathrm{d}r}\left(\frac{1}{r}\right)\mathrm{d}S_{\boldsymbol{r}}=\frac{1}{\delta^2}\cdot 4\pi\delta^2\cdot u|_{\tilde{\boldsymbol{r}}\in\partial\mathcal{O}_\delta(\boldsymbol{r}^*)}.$$

当 $\delta\to 0$ 时, 球面 $\partial\mathcal{O}_\delta(\boldsymbol{r}^*)$ 也无限逼近参考点 $\boldsymbol{r}^*$. 于是有 $\tilde{\boldsymbol{r}}\to\boldsymbol{r}^*$, 故

$$\iint_{\partial\mathcal{O}_\delta(\boldsymbol{r}^*)}u\frac{\partial}{\partial n}\left(\frac{1}{r}\right)\mathrm{d}S_{\boldsymbol{r}}\to 4\pi u(\boldsymbol{r}^*). \tag{3.43}$$

将(3.42)式与(3.43)式代入 (3.41)式, 并利用 $r = |\boldsymbol{r} - \boldsymbol{r}^*|$ 再整理后得到

$$u(\boldsymbol{r}^*) = \frac{1}{4\pi} \iint_{\partial\Omega} \left[\frac{1}{|\boldsymbol{r} - \boldsymbol{r}^*|} \cdot \frac{\partial u}{\partial n} - u \frac{\partial}{\partial n} \left(\frac{1}{|\boldsymbol{r} - \boldsymbol{r}^*|} \right) \right] \mathrm{d}S_{\boldsymbol{r}}. \tag{3.44}$$

在上述推导过程中, 我们发现径向函数 $\dfrac{1}{4\pi|\boldsymbol{r} - \boldsymbol{r}^*|}$ 扮演着十分重要的角色. 它不仅在 $\Omega \backslash \mathcal{O}_\delta(\boldsymbol{r}^*)$ 内满足调和方程, 更将球面 $\partial\mathcal{O}_\delta(\boldsymbol{r}^*)$ 上定义的积分在极限意义下与未知函数 u 在 $\boldsymbol{r}^*$ 处的值建立了直接的联系. 我们将同时扮演上述两角色的函数

$$v = \frac{1}{4\pi|\boldsymbol{r} - \boldsymbol{r}^*|} \tag{3.45}$$

称为三维泊松方程的一个 (以 $\boldsymbol{r}$ 为自变量, $\boldsymbol{r}^*$ 为参数的) *基本解* (fundamental solution).

若 $\boldsymbol{r}^*$ 落在区域的边界 $\partial\Omega$ 上, 依然可以利用上述方法给出 $u(\boldsymbol{r}^*)$ 的相应表达式. 唯一的不同点如图 3.6(b) 所示, 所考虑的积分区域是 Ω 去掉一个以 $\boldsymbol{r}^*$ 为球心、δ 为半径的半球. 此时再使用积分中值定理时, 相应积分区域的面积变为 $2\pi\delta^2$. 我们可以得到

$$u|_{\boldsymbol{r}^* \in \partial\Omega} = \frac{1}{2\pi} \iint_{\partial\Omega} \left[\frac{1}{|\boldsymbol{r} - \boldsymbol{r}^*|} \cdot \frac{\partial u}{\partial n} - u \frac{\partial}{\partial n} \left(\frac{1}{|\boldsymbol{r} - \boldsymbol{r}^*|} \right) \right] \mathrm{d}S_{\boldsymbol{r}}. \tag{3.46}$$

式(3.46)的推导可参考本章课后习题 3.10.

基于(3.44)式, 我们成功地将问题(3.36)的解用一个边界积分表达出来. 这也说明拉普拉斯方程定解问题确实可由边界上的信息完全决定. 然而, 对比(3.44)式可以发现, 若要得到 $u(\boldsymbol{r}^*)$ 的函数值, 我们需要同时知道 u 在边界上的函数值与外法向导数值. 这显然多于调和方程定解问题所能给出边界条件信息的数量. 例如, 对于问题(3.36), 我们只知道 u 在边界上的函数值, 但不知道其外法向导数值. 因此, (3.44)式仍无法直接用于求解问题(3.36).

解决该问题的一个方法是利用(3.46)式首先将边界信息的未知部分用数值的方法计算出来. 这是*边界元* (boundary element) 方法的基本思想, 需要借助计算机实现, 在此不做赘述.

解决上述问题的另一种方法是通过构造的方法将边界上的未知信息消去. 考虑另一个在定义域 Ω 内定义的函数 $g(\boldsymbol{r}; \boldsymbol{r}^*)$, 其关于 $\boldsymbol{r}$ 满足调和方程, 而 $\boldsymbol{r}^*$ 仍可以看作是参数. 利用格林第二公式(3.38), 令 $v = g$, 有

$$0 = \iiint_{\Omega} (u\Delta g - g\Delta u)\, \mathrm{d}\boldsymbol{r} = \iint_{\partial\Omega} \left(u\frac{\partial g}{\partial n} - g\frac{\partial u}{\partial n} \right) \mathrm{d}S_{\boldsymbol{r}}. \tag{3.47}$$

需要指出的是, 由于函数 g 在区域 Ω 内各点均有定义, 因此在对其使用格林第二公式时, 无须像(3.40)式的情形再去掉一个小球.

进一步令 g 在 $\partial\Omega$ 处与基本解 $\dfrac{1}{4\pi|\boldsymbol{r}-\boldsymbol{r}^*|}$ 在任意 $\boldsymbol{r}\in\partial\Omega$ 处的取值均相等, 即 $g(\boldsymbol{r};\boldsymbol{r}^*)$ 满足

$$\begin{cases}\Delta g(\boldsymbol{r};\boldsymbol{r}^*)=0, \quad \boldsymbol{r}\in\Omega;\\ g|_{\boldsymbol{r}\in\partial\Omega}=\left.\dfrac{1}{4\pi|\boldsymbol{r}-\boldsymbol{r}^*|}\right|_{\boldsymbol{r}\in\partial\Omega}.\end{cases} \tag{3.48}$$

此时将(3.44)式与(3.47)式相加, 便可将含未知函数 u 法向导数的边界积分项完全消去, 从而得到

$$u(\boldsymbol{r}^*)=-\iint_{\partial\Omega}u\cdot\frac{\partial}{\partial n}\left[\frac{1}{4\pi|\boldsymbol{r}-\boldsymbol{r}^*|}-g(\boldsymbol{r};\boldsymbol{r}^*)\right]\mathrm{d}S_{\boldsymbol{r}}. \tag{3.49}$$

为简单起见, 我们引入

$$G(\boldsymbol{r};\boldsymbol{r}^*)=\frac{1}{4\pi|\boldsymbol{r}-\boldsymbol{r}^*|}-g(\boldsymbol{r};\boldsymbol{r}^*), \tag{3.50}$$

将(3.50)式代入(3.49)式后可将问题(3.36) 的解最终表达为

$$u(\boldsymbol{r}^*)=-\iint_{\partial\Omega}h\cdot\frac{\partial G}{\partial n}\mathrm{d}S_{\boldsymbol{r}}, \tag{3.51}$$

其中我们也将问题(3.36)中的狄利克雷型边界条件 $u|_{\partial\Omega}=h$ 同时代入. 这里称(3.50)式所定义的函数 $G(\boldsymbol{r};\boldsymbol{r}^*)$ 为问题(3.36)所对应的**格林函数** (Green formula).

这里一个供思考的问题是, 若考虑的问题是调和方程的狄利克雷外问题, 即 Ω 为无界区域时, 则(3.44)式该如何表达? 此时调和函数 $g(\boldsymbol{r};\boldsymbol{r}^*)$ 所满足的方程(对比(3.48)式) 又该如何给出?

3.4.2 格林函数法求解泊松方程

若将问题(3.36)中的调和方程换成泊松方程, 即

$$\begin{cases}-\Delta u=f, \quad \boldsymbol{r}\in\Omega;\\ u|_{\partial\Omega}=h.\end{cases} \tag{3.52}$$

则依然可以仿照(3.44)式的推导过程给出:

$$u(\boldsymbol{r}^*)=\frac{1}{4\pi}\iint_{\partial\Omega}\left[\frac{1}{|\boldsymbol{r}-\boldsymbol{r}^*|}\cdot\frac{\partial u}{\partial n}-u\cdot\frac{\partial}{\partial n}\left(\frac{1}{|\boldsymbol{r}-\boldsymbol{r}^*|}\right)\right]\mathrm{d}S_{\boldsymbol{r}}-\frac{1}{4\pi}\iiint_{\Omega}\frac{f(\boldsymbol{r})\,\mathrm{d}\boldsymbol{r}}{|\boldsymbol{r}-\boldsymbol{r}^*|}. \tag{3.53}$$

对比(3.40)式, (3.53)式中多了一项由泊松方程非齐次右端项引入的三重积分.

特别地, 当考虑区域 $\Omega = \mathbb{R}^3$ 时, 且要求 u 及其一阶偏导数都在无穷远处趋向于零, 则(3.53)式可化为

$$u(\boldsymbol{r}^*) = -\frac{1}{4\pi}\iiint_{\mathbb{R}^3} \frac{f(\boldsymbol{r})\mathrm{d}\boldsymbol{r}}{|\boldsymbol{r}-\boldsymbol{r}^*|}. \tag{3.54}$$

这与静电学中得到的结论 (即(3.16)式) 一致.

基于(3.54)式的一个观察是, 泊松方程的解可以由控制方程右端项 $-f(\boldsymbol{r})$ 和对应齐次方程 (也就是调和方程) 的基本解做卷积得到. 实际上, 该结论适用于一般的线性偏微分方程. 这也从另一个角度说明, 基本解在求解线性微分方程的过程中具有重要的意义.

当我们需要在区域边界上施加边界条件时, (3.53)式中依然同时涉及了 u 在边界上的值和其法向偏导数值, 因此必须通过某些方法将含仍然未知的 u 的法向导数项消去.

由于问题(3.52)的边界条件只提供了未知函数 u 在边界处的函数值信息, 我们仍需类似于调和函数问题的情形, 寻找方法消去(3.53)式中含 u 法向导数的边界积分项. 为此, 仍需引入问题(3.48)定义的调和函数, 并将 g 和未知函数 u 代入格林第二公式(3.38), 得到

$$\iiint_{\Omega} f(r)g(\boldsymbol{r};\boldsymbol{r}^*)\,\mathrm{d}\boldsymbol{r} = \iiint_{\Omega}(u\Delta g - g\Delta u)\,\mathrm{d}\boldsymbol{r} = \iint_{\partial\Omega}\left(u\frac{\partial g}{\partial n} - g\frac{\partial u}{\partial n}\right)\mathrm{d}S_{\boldsymbol{r}}. \tag{3.55}$$

将(3.53)式与(3.55)式相减, 并再次引入(3.50)式定义的格林函数 $G(\boldsymbol{r};\boldsymbol{r}^*)$, 可将问题(3.52)的解表达出来:

$$u(\boldsymbol{r}^*) = -\iint_{\partial\Omega} h(\boldsymbol{r})\cdot\frac{\partial G}{\partial n}\,\mathrm{d}S_{\boldsymbol{r}} - \iiint_{\Omega} f(\boldsymbol{r})G(\boldsymbol{r};\boldsymbol{r}^*)\,\mathrm{d}\boldsymbol{r}. \tag{3.56}$$

这里看到, 当计算区域与边界条件类型相同时, 调和方程与泊松方程所对应的格林函数表达式完全一致. 这也表明, 线性偏微分方程的格林函数与其所对应的微分算子 (在这里是拉普拉斯算子) 有关, 而与控制方程是否齐次无关.

3.4.3　格林函数的性质与讨论

最后讨论(3.50)式所定义的格林函数 $G(\boldsymbol{r};\boldsymbol{r}^*)$ 的一些性质.

性质 1　当 $\boldsymbol{r}\to\boldsymbol{r}^*$ 时, G 趋向于无穷大的速度与 $1/(4\pi|\boldsymbol{r}-\boldsymbol{r}^*|)$ 一致, 即格林函数 G 与 $1/(4\pi|\boldsymbol{r}-\boldsymbol{r}^*|)$ 在 $\boldsymbol{r}\to\boldsymbol{r}^*$ 时为同阶无穷大量.

性质 2　根据问题(3.48)中的边界条件, 格林函数 $G(\boldsymbol{r};\boldsymbol{r}^*)$ 在 Ω 边界上恒等于 0.

性质 3 $G(\boldsymbol{r};\boldsymbol{r}^*)$ 的自变量 $\boldsymbol{r}$ 与参变量 $\boldsymbol{r}^*$ 之间具有对称性, 即对于 Ω 内任意两点 $\boldsymbol{r}$ 和 $\boldsymbol{s}$, 均成立

$$G(\boldsymbol{r};\boldsymbol{s})=G(\boldsymbol{s};\boldsymbol{r}).$$

性质 4 对于任意包含 $\boldsymbol{r}^*$ 的区域 Ω_0, 恒成立

$$\iint_{\partial\Omega_0}\frac{\partial G}{\partial n}\mathrm{d}S_{\boldsymbol{r}}=-1. \tag{3.57}$$

上述证明基本都比较直接.

特别地, (3.50)式所定义的格林函数 $G(\boldsymbol{r},\boldsymbol{r}^*)$ 在静电学中也有相应的物理意义. 我们已然知道, 在 $\boldsymbol{r}^*$ 点处的单位点电荷, 其在 $\boldsymbol{r}$ 点处产生的电势为 $1/(4\pi|\boldsymbol{r}-\boldsymbol{r}^*|)$, 而 $G(\boldsymbol{r},\boldsymbol{r}^*)$ 在 Ω 的边界上取 0 值, 表示 $\partial\Omega$ 其实是一个电势的*零等势面* (zero electric iso-potential surface). 现假设介质 $\partial\Omega$ 为一导体包壳, 若其与地相连, 则该导体表面就变成了零等势面. 这就是物理上的*静电屏蔽效应* (electrostatic screening effect).

基于此视角, 由问题(3.48)给定的 $-g(\boldsymbol{r},\boldsymbol{r}^*)$ 就表示针对 $\boldsymbol{r}^*$ 处单位点电荷该包壳内*感应电荷* (induced charge) 所产生的静电势. 直观上讲, 在 $\boldsymbol{r}$ 处感应电荷在 $\boldsymbol{s}$ 处所产生的电势应该等于在 $\boldsymbol{s}$ 处感应电荷在 $\boldsymbol{r}$ 处所产生的电势, 类似的原理在物理中称为*互易原理* (principle of reciprocity). 也就是说, $g(\boldsymbol{r};\boldsymbol{r}^*)$ 关于其自变量与参变量是对称的, 这也证明了上面的性质 3.

格林函数法是求解线性偏微分方程定解问题的重要方法. 结合本节讨论可知, 格林函数 $G(\boldsymbol{r};\boldsymbol{r}^*)$ 由三个因素共同决定: 第一是线性偏微分方程算子, 在本节对应的是拉普拉斯算子 Δ; 第二是问题的边界条件类型, 这里我们讨论了狄利克雷边值问题, 其他边值问题下的格林函数的推导可作为课后作业 (参考课后习题 3.9); 第三是区域 Ω 的几何形状, 换句话说, 即使前两个因素相同, 问题定义域的变化也会改变格林函数的表达式.

通过上面的分析, 可以进一步讨论格林函数在应用层面上的短板与长处. 先说短板, 若要给出格林函数 $G(\boldsymbol{r},\boldsymbol{r}^*)$ 的表达式, 则需要首先求解一个调和方程的狄利克雷问题(3.48)以获得 $g(\boldsymbol{r},\boldsymbol{r}^*)$ 的表达式. 在大部分情形下, 尤其是 Ω 的几何形状不规范时, 求解 $g(\boldsymbol{r},\boldsymbol{r}^*)$ 表达式往往比求解原问题(3.52) 的难度更大, 因为需要带参数 $\boldsymbol{r}^*$ 求解. 因此在实际求解过程中, 格林函数法一般只被应用在求解规则几何区域内定义的线性偏微分方程问题. 3.5 节将讨论如何求解两个规则区域, 即球域和半空间内的格林函数. 然而, 格林函数在某些应用场景下可以充分扬长避短. 例如, 考虑求解某种典型工况问题, 即线性微分算子和求解区域几何形貌具有典型性且保持不变. 此时只有工况的荷载, 即边界条件, 可能会根据需要而变化. 在这种情况下, 可预先花费一些代价将该典型工况格林函数 (通过数值计算的

方式) 在离线阶段获得. 在随后的在线阶段可直接 (反复) 调用 (已经存储好的) 数值格林函数计算不同外荷载作用时问题的解. 另外, 神经网络 (机器学习) 等新兴技术的发展, 也为高维空间 (需包含自变量空间与参数空间) 所定义格林函数之表达提供了极佳的分析工具, 相关内容可参考文献 (Huang et al., 2002; Lin et al., 2023), 从而极大地提升了格林函数在工程中的应用性.

3.5 静电源像法

3.4 节介绍了计算泊松方程狄利克雷型边值内问题格林函数的一般方法. 本节将讨论利用静电源像法针对特定区域 (三维半空间与球) 计算对应格林函数的表达式.

根据 3.4 节讨论, 格林函数具有如下的表达形式:

$$G(\boldsymbol{r};\boldsymbol{r}^*)=\frac{1}{4\pi|\boldsymbol{r}-\boldsymbol{r}^*|}-g(\boldsymbol{r};\boldsymbol{r}^*), \tag{3.58}$$

其中, g 是关于自变量 $\boldsymbol{r}$ 的调和函数, 是问题(3.48)的解. 3.4 节也讨论到, 空间三维泊松方程定解问题格林函数的物理意义是, 在 $\boldsymbol{r}^*$ 点处有一单位正电荷. 当发生静电屏蔽效应时, 其感应电荷所产生的静电势应等于 $-g(\boldsymbol{r};\boldsymbol{r}^*)$, 从而使得区域边界 $\partial\Omega$ 成为零等势面.

静电源像法 (the image method for electric potential, 或简称为 the image method) 的思路是, 在区域 Ω 以外放置若干电荷, 使它们恰好扮演感应电荷的角色, 即这些电荷可产生一个 $-g(\boldsymbol{r};\boldsymbol{r}^*)$ 的静电势, 进而使得系统总电势在 $\partial\Omega$ 上任何一点均恒等于零. 需要指出的是, 在 3.4 节中已经讨论了, 对于任意给定区域 Ω, 找到感应电荷分布的难度并不亚于求解原泊松方程问题. 然而对于某些形状规则的几何区域, 我们可以借助区域的对称性来解析确定感应电荷的位置和大小. 本节将讨论如何解析获得泊松方程在三维半空间或球域内对应的格林函数.

3.5.1 三维半空间问题静电源像法

首先利用静电源像法构造三维半空间内调和方程所对应的格林函数. 考虑如下定解问题:

$$\begin{cases}\Delta u=0, \quad (x,y,z)\in\mathbb{R}\times\mathbb{R}\times\mathbb{R}^+;\\ u|_{z=0}=h(x,y);\\ \lim\limits_{\sqrt{x^2+y^2+z^2}\to\infty}u(x,y,z)=0.\end{cases} \tag{3.59}$$

我们考虑的求解区域 Ω 为三维半空间 $\{(x,y,z)|z>0\}$. 此时 Ω 为无界区域, 故所对应的是调和方程狄利克雷型边值外问题. 故除了要在区域边界 $z=0$ 平面上提边界条件, 还需给出 u 在无穷远处的渐近值.

接下来推导问题(3.59)所对应的格林函数. 其求解思路是, 若在半空间定义域内给定一点 $\boldsymbol{r}^*$ 处放一个单位正电荷, 则需要寻找相应感应电荷分布, 使得 $z=0$ 平面成为零等势面. 根据静电学知识可知, 若在 $\boldsymbol{r}^*$ 关于 $z=0$ 平面镜像对称位置(图 3.7) 放一单位负电荷, 则 $z=0$ 平面可成为零等势面. 若以 $\tilde{\boldsymbol{r}}^*$ 来表示 $\boldsymbol{r}^*$ 点的镜像点, 则其坐标可表示为 $\tilde{\boldsymbol{r}}^*=(x^*,y^*,-z^*)$, 且感应电荷所产生的静电势满足

$$-g(\boldsymbol{r};\boldsymbol{r}^*)=-\frac{1}{4\pi\sqrt{(x-x^*)^2+(y-y^*)^2+(z+z^*)^2}}. \tag{3.60}$$

将(3.60)式代入(3.58)式有

$$G=\frac{1}{4\pi}\left(\frac{1}{\sqrt{(x-x^*)^2+(y-y^*)^2+(z-z^*)^2}}-\frac{1}{\sqrt{(x-x^*)^2+(y-y^*)^2+(z+z^*)^2}}\right). \tag{3.61}$$

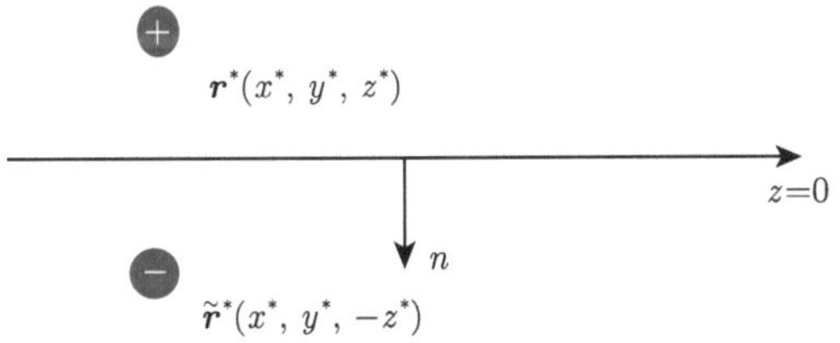

图 3.7 半空间内静电源像法示意图

式(3.61)是我们基于物理视角构造的. 我们还需从数学角度验证由(3.61)式所定义的 $G(\boldsymbol{r};\boldsymbol{r}^*)$ 确为问题(3.59)的格林函数, 或者等价地, 需要验证(3.60)式中的 g 函数满足如下条件: ① 它在定义域半空间内是关于 (x,y,z) 的调和函数; ② 其在边界 $z=0$ 上的函数值与单位点电荷电势 $1/(4\pi|\boldsymbol{r}-\boldsymbol{r}^*|)$ 在边界上的取值一致(对比问题(3.48)); ③ 在无穷远处趋向于 0.

对于条件①, 由于感应电荷放在区域 Ω 以外, 其产生的感应电势 $-g$ 自然满足调和方程; 对于条件②, 将 $z=0$ 代入(3.61)式可得

$$g|_{z=0}=\left.\frac{1}{4\pi\sqrt{(x-x^*)^2+(y-y^*)^2+(z-z^*)^2}}\right|_{z=0};$$

条件③可以直接验证得到. 故(3.61)式确实是三维半空间内调和方程狄利克雷型边值问题的格林函数.

随后类比 3.4 节的(3.51)式, 问题(3.59)的解可表达为

$$u(x^*,y^*,z^*) = -\iint_{z=0} h\frac{\partial G}{\partial n}\mathrm{d}S_{\boldsymbol{r}}. \tag{3.62}$$

注意到, (3.62)式的面积微元在本例中实际上是 $z=0$ 平面内的面积微元, 即 $\mathrm{d}S_{\boldsymbol{r}} = \mathrm{d}x\mathrm{d}y$; 而 Ω 在边界 $z=0$ 处的外法向实际上是 $-z$ 方向, 于是利用(3.61)式可得

$$\left.\frac{\partial G}{\partial n}\right|_{z=0} = -\left.\frac{\partial G}{\partial z}\right|_{z=0} = -\frac{z^*}{2\pi[(x-x^*)^2+(y-y^*)^2+(z^*)^2]^{\frac{3}{2}}}.$$

将上式代入(3.62)式即可导出问题(3.59)解的表达式:

$$u(x^*,y^*,z^*) = \frac{z^*}{2\pi}\int_{-\infty}^{+\infty}\int_{-\infty}^{+\infty}\frac{h(x,y)\mathrm{d}x\mathrm{d}y}{[(x-x^*)^2+(y-y^*)^2+(z^*)^2]^{\frac{3}{2}}}. \tag{3.63}$$

3.5.2 球域问题的静电源像法

接下来通过静电源像法构造球域内调和方程所对应的格林函数表达式. 若求解区域换作半径为 R 的球, 即 $\Omega = \{\boldsymbol{r}||\boldsymbol{r}|<R\}$, 则考虑如下定解问题:

$$\begin{cases} \Delta u = 0, \quad \boldsymbol{r}\in\Omega; \\ u|_{\partial\Omega} = h(\boldsymbol{r}). \end{cases} \tag{3.64}$$

如图 3.8 所示, 假设球域 Ω 的中心在坐标原点, 用字母 O 表示. 对于球内任意一点 A, 其坐标为 $\boldsymbol{r}^*$, 并在其上放置一单位正电荷. 考虑以 $\boldsymbol{r}^*$ 为参变量之格林函数的表达式. 为此, 将向量 $\overrightarrow{OA}$ 延长到球面外的 B 点, 坐标为 $\tilde{\boldsymbol{r}}^*$. 若满足

$$|\overrightarrow{OA}|\cdot|\overrightarrow{OB}| = R^2, \tag{3.65}$$

则称 B 点为 A 点关于球面 $\partial\mathcal{O}_R$ 的*反演点* (inversion point). 该反演点的坐标可表达为

$$\tilde{\boldsymbol{r}}^* = \frac{R^2}{|\boldsymbol{r}^*|^2}\boldsymbol{r}^*. \tag{3.66}$$

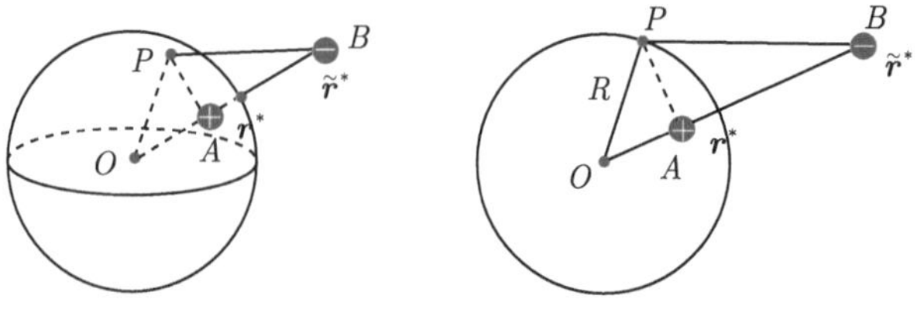

图 3.8 球形域内静电源像法示意图

假设问题(3.64)对应的格林函数具有如下形式:

$$G(\boldsymbol{r};\boldsymbol{r}^*)=\frac{1}{4\pi}\left(\frac{1}{|\boldsymbol{r}-\boldsymbol{r}^*|}-\frac{q}{|\boldsymbol{r}-\tilde{\boldsymbol{r}}^*|}\right), \tag{3.67}$$

即在 A 点的反演点 B 点处放一电量为 $-q$ 的感应电荷. 若式(3.67)为问题(3.64)所对应的格林函数, 则感应电荷产生的静电势

$$-g(\boldsymbol{r},\boldsymbol{r}^*)=-\frac{1}{4\pi}\cdot\frac{q}{|\boldsymbol{r}-\tilde{\boldsymbol{r}}^*|}.$$

①需在球域内满足调和方程; ②其使得 $G(\boldsymbol{r};\boldsymbol{r}^*)$ 在球面边界上的函数值恒等于零.

注意到, 这里的感应电荷是放在球域外部, 因此其在球域内部自动满足调和方程. 因此, 我们只需选取适当的感应电荷电量 q, 从而使得球面 $\partial\Omega$ 为零等势面. 为此考虑球面上任意一点 P, 设其坐标为 $\boldsymbol{r}_P$. 根据(3.65)式, $|\overrightarrow{OA}|\cdot|\overrightarrow{OB}|=|\overrightarrow{OP}|^2$. 且由于图 3.8 中的 $\angle POA=\angle BOP$, 可知三角形 POA 与三角形 BOP 相似. 于是得到

$$\frac{|\overrightarrow{PB}|}{|\overrightarrow{PA}|}=\frac{|\overrightarrow{OP}|}{|\overrightarrow{OA}|}.$$

注意到, $|\overrightarrow{OP}|=R$, $|\overrightarrow{OA}|=|\boldsymbol{r}^*|$, $|\overrightarrow{PA}|=|\boldsymbol{r}_P-\boldsymbol{r}^*|$, $|\overrightarrow{PB}|=|\boldsymbol{r}_P-\tilde{\boldsymbol{r}}^*|$. 于是上式可转化为

$$\frac{1}{|\boldsymbol{r}_P-\boldsymbol{r}^*|}-\frac{1}{|\boldsymbol{r}_P-\tilde{\boldsymbol{r}}^*|}\cdot\frac{R}{|\boldsymbol{r}^*|}=0.$$

对比该式与(3.67)式可以发现, 若令 $q=\dfrac{R}{|\boldsymbol{r}^*|}$, 则 $G|_{\boldsymbol{r}=\boldsymbol{r}_P}=0$, 即 $\partial\Omega$ 成为零等势面.

由此给出球域 Ω 内调和方程狄利克雷型边值问题所对应格林函数的表达式:

$$G(\boldsymbol{r};\boldsymbol{r}^*)=\frac{1}{4\pi}\left(\frac{1}{|\boldsymbol{r}-\boldsymbol{r}^*|}-\frac{R}{|\boldsymbol{r}^*|}\cdot\frac{1}{|\boldsymbol{r}-\tilde{\boldsymbol{r}}^*|}\right). \tag{3.68}$$

为进一步计算问题(3.64)解的表达式, 我们需要知道 G 在球面上外法向导数值. 注意到, 球面的外法线方向就是径向方向. 我们引入三维极坐标系 (ρ,θ,φ), 即

$$\begin{cases}x=\rho\sin\theta\cos\varphi;\\ y=\rho\sin\theta\sin\varphi;\\ z=\rho\cos\theta.\end{cases}$$

其中, $\rho \geqslant 0,\ \theta \in [0,\pi),\ \varphi \in [0,2\pi)$. 若令

$$\rho = |\boldsymbol{r}|, \quad \rho^* = |\overrightarrow{OA}| = |\boldsymbol{r}^*|, \quad \tilde{\rho}^* = |\overrightarrow{OB}| = |\tilde{\boldsymbol{r}}^*| = \frac{R^2}{\rho^*},$$

则(3.68)式在极坐标系下可以表示为

$$G = \frac{1}{4\pi}\left(\frac{1}{\sqrt{\rho^2 + (\rho^*)^2 - 2\rho^*\rho\cos\gamma}} - \frac{R}{\sqrt{(\rho\rho^*)^2 + 2R^2\rho\rho^*\cos\gamma + R^4}}\right), \quad (3.69)$$

其中, γ 是向量 $\boldsymbol{r}$ 与 $\boldsymbol{r}^*$ 的夹角①. 于是有

$$\left.\frac{\partial G}{\partial n}\right|_{\partial\Omega} = \left.\frac{\partial G}{\partial \rho}\right|_{\rho=R} = \frac{1}{4\pi R}\cdot\frac{R^2 - (\rho^*)^2}{(R^2 + (\rho^*)^2 - 2R\rho^*\cos\gamma)^{\frac{3}{2}}}.$$

将上式代入(3.56)式可得球域内调和方程狄利克雷问题解的表达式:

$$u(\boldsymbol{r}^*) = \frac{1}{4\pi R}\iint_{\partial\mathcal{O}_R}\frac{[R^2 - (\rho^*)^2]h(\boldsymbol{r})\mathrm{d}S_{\boldsymbol{r}}}{[R^2 + (\rho^*)^2 - 2R\rho^*\cos\gamma]^{\frac{3}{2}}}. \quad (3.70)$$

式(3.70)也称为泊松公式. 类似地, 我们可以思考二维圆域内狄利克雷问题对应的格林函数表达式, 此处也留作课后作业 (参考课后习题 3.12).

3.6 狄拉克函数与基本解

在 3.4 节中, 介绍了调和方程基本解的概念. 本节将从另一视角对基本解的概念展开讨论. 需要指出的是, 若要深入完备地了解本节所涉及的主题, 则需要介绍广义函数, 伴随算子等偏微分方程进阶知识. 故本节中的讨论将以介绍思想为主, 对所涉及的进阶知识尽可能简单直观地阐述, 其目的是探讨线性偏微分方程问题求解是否存在某些共性方法.

3.6.1 狄拉克函数

在 3.1节的讨论中可知, 当系统达到热平衡状态时, 其温度分布函数 $u(\boldsymbol{r})$ 满足泊松方程: $-\Delta u = f$, 其中 f 表示单位时间单位体积内热源向系统输入的热量. 现在考虑如何刻画单位 "点热源", 即该热源位于空间中的一点 (不妨设为坐标原

---

① 由于 $\boldsymbol{r} = \rho(\sin\theta\cos\varphi, \sin\theta\sin\varphi, \cos\theta)^{\mathrm{T}}$, $\boldsymbol{r}^* = \rho^*(\sin\theta^*\cos\varphi^*, \sin\theta^*\sin\varphi^*, \cos\theta^*)^{\mathrm{T}}$, 两向量夹角余弦值应满足

$$\cos\gamma = \cos\theta\cos\theta^* + \sin\theta\sin\theta^*\cos(\varphi - \varphi^*).$$

点), 且其在单位时间内向系统注入单位热量. 点热源是一个理想热源, 其在空间中不占有体积. 而现实中的热源都是有固定体积的. 但当热源的尺寸远小于计算区域尺寸时, 该热源可近似用点热源描述.

若用传统函数去刻画该单位点热源, 会出现困难. 这是因为 f 描述的是单位体积热源密度在空间中的分布, 但点热源并不占有空间体积. 从某种意义上讲, 在该点处的热源密度是无穷大, 在其他位置热源密度恒为零. 然而, 由于其单位时间内注入系统热量保持为定值, 该热源又是" 有限" 的.

因此, 我们必须以新的视角刻画这一物理概念. 一种方法是借助积分的途径来描述点热源. 若用 $\delta(\boldsymbol{r})$ 来表示单位点热源的空间分布"函数", 则根据其定义, $\delta(\boldsymbol{r})$ 应满足

$$\int_{\Omega} \delta(\boldsymbol{r}) \mathrm{d}\boldsymbol{r} = \begin{cases} 1, & \boldsymbol{r} \in \Omega; \\ 0, & \boldsymbol{r} \notin \Omega. \end{cases} \tag{3.71}$$

(3.71)式给出了理解单位点热源的另一种方式, 一个点热源在任意区域内其单位时间所产生的热量只有两种可能. 若该区域包含该点热源, 则区域内会有热量产生, 即点热源在单位时间内向系统输入单位热量; 若一个区域不包含该点热源, 则该区域在单位时间内无热量产生, 故其热源密度分布函数在该区域上的积分应为零.

我们称由(3.71)式所定义的"函数"为狄拉克函数 (Dirac function) 或 δ 函数. 需要指出的是, δ 函数并不是传统意义的函数, 而是一种广义函数 (generalised function). 因此(3.71)式中的" 积分" 也不是传统意义下的黎曼积分. 由于我们的目的是尽量用最短的篇幅将 δ 函数这一非常重要的物理概念直观地呈现给读者, 因此本节的讨论在数学上并不严格, 有兴趣了解 δ 函数严格定义的读者需要一定的泛函分析基础.

我们也可以从其他物理视角来理解 δ 函数. 例如可以将 $\delta(\boldsymbol{r})$ 看作是一个描述空间质量分布全部集中在原点的密度函数. 一个具体的例子是原子结构, 原子的所有质量几乎都集中在原子核处, 但原子核大小远小于原子半径. 故 (单位质量) 原子内的质量密度分布可以用 δ 函数近似刻画.

另外, 也可以通过函数序列极限来刻画 δ 函数. 为此, 构造一个以 h 为参数的一元函数序列:

$$\delta_h(x) = \begin{cases} \dfrac{1}{2h}, & |x| \leqslant h; \\ 0, & |x| > h. \end{cases} \tag{3.72}$$

若 $\delta_h(x)$ 描述的是一维空间的质量线密度分布, 则可以证明 $\displaystyle\int_{\mathbb{R}} \delta_h(x)\,\mathrm{d}x = 1$, 即对于任意 h, 系统总质量恒为 1. 然而, 当 $h \to 0$ 时, 系统的质量趋向于集中在原点

附近. 因此, 直观上讲, δ 函数可以看作函数序列 $\delta_h(x)$ 的极限.

基于上述观察, 还可以构造其他类型的函数序列:

$$\delta_h(x) = \frac{1}{\sqrt{2\pi h}} \mathrm{e}^{-\frac{x^2}{2h}}. \tag{3.73}$$

当 $h \to 0$ 时, $\delta_h(x) \rightharpoonup \delta(x)$. 这里使用 "$\rightharpoonup$" 来表示是因为其收敛的意义不同于经典收敛, 它表示的是一种*弱收敛* (weak convergence). 实际上, (3.73)式定义的 $\delta_h(x)$ 是以 0 为期望、h 为方差的正态分布密度函数. 当方差 h 趋向于 0 时, 对应随机变量 X 落在 0 附近小区间里的概率也越来越高. 极限情形时, X 落在任何包含原点的区间内概率为 100%. 换句话说, X 不再是一个随机变量, 而是对应于一个确定性事件 $X = 0$.

上述两个例子告诉我们, 虽然 δ 函数不是传统意义所定义的函数, 但它可以看作传统意义函数序列的极限. 而(3.73)式告诉我们, 该函数序列中的函数甚至是可无限次求导的. 借助常规函数序列极限为我们提供了另一种定义 δ 函数的视角. 然而, 由于 δ 函数本身并不是一个传统意义上的函数, 上述取极限过程不能直接进行, 而是需要通过与其他函数乘积后积分的方式完成. 具体而言, 若

$$\int_{\mathbb{R}} \delta(x) g(x)\,\mathrm{d}x \triangleq \lim_{h\to 0} \int_{\mathbb{R}} \delta_h(x) g(x)\,\mathrm{d}x$$

对于任意可积函数 $g(x)$ 均成立, 则函数序列 $\delta_h(x)$ 在 $h \to 0$ 时应 (在积分意义下) 趋向于 δ 函数.

若上式中的 $\delta_h(x)$ 采用(3.72)式所定义的形式并使用微分中值定理, 则有

$$\lim_{h\to 0} \int_{\mathbb{R}} \delta_h(x) g(x)\mathrm{d}x = \lim_{h\to 0} \frac{1}{2h} \int_{-h}^{h} g(x)\mathrm{d}x = \lim_{h\to 0} \frac{g(\epsilon h)}{2h} \cdot 2h = g(0),$$

其中 $0 < \epsilon < 1$. 因此, 对于任意连续函数 $g(x)$, 其与 δ 函数乘积后做广义 " 积分", 其结果均等于 $g(x)$ 在 $x = 0$ 处的取值. 这给出了 δ 函数的一个不太严格的定义, 若某 "函数"(实际上是一个泛函) 对于任意连续函数 $g(x)$ 均满足

$$\int_{\mathbb{R}} \delta(x) g(x)\,\mathrm{d}x = g(0), \tag{3.74}$$

则该 "函数"$\delta(x)$ 应为狄拉克函数.

类似地, 我们也可以定义高维空间下的 δ 函数, 且可以将其中心点平移到任何空间点 $\boldsymbol{r}^*$, 即若某 "函数"$\delta(\boldsymbol{r})$ 恒成立

$$\int_{\mathbb{R}^n} \delta(\boldsymbol{r} - \boldsymbol{r}^*) g(\boldsymbol{r})\,\mathrm{d}\boldsymbol{r} = g(\boldsymbol{r}^*), \tag{3.75}$$

其中, n 表示空间的维数, 则该函数为 n 维狄拉克函数.

同样地, 也可以通过积分极限的方式定义 δ 函数与任意函数的卷积:

$$\delta(\boldsymbol{r}) * g(\boldsymbol{r}) \triangleq \lim_{h\to 0}\int_{\mathbb{R}^n}\delta_h(\boldsymbol{s})g(\boldsymbol{r}-\boldsymbol{s})\,\mathrm{d}\boldsymbol{s} = g(\boldsymbol{r}). \tag{3.76}$$

(3.76)式表明, δ 函数与任意函数的卷积仍然等于该函数.

3.6.2　线性偏微分方程的基本解

随后我们从 δ 函数的视角来讨论调和方程的基本解. 考虑如下方程:

$$\Delta G(\boldsymbol{r},\boldsymbol{r}^*) = -\delta(\boldsymbol{r}-\boldsymbol{r}^*), \tag{3.77}$$

其中, $\boldsymbol{r}^*$ 为参数; $\boldsymbol{r}$ 为自变量; Δ 代表关于自变量 $\boldsymbol{r}$ 的拉普拉斯算子. 同样地, 若以传统函数的视角考虑(3.77)式, 其定义方式 (至少在 $\boldsymbol{r}=\boldsymbol{r}^*$ 处) 并不严格. 因此, 仍使用上述积分极限的思路来考虑问题(3.77)的 "解".

首先考虑在 $\boldsymbol{r}^*$ 点附近 $G(\boldsymbol{r};\boldsymbol{r}^*)$ 的表达式. 对(3.77)式两端关于任意包含 $\boldsymbol{r}^*$ 的区域 Ω 内积分, 并利用(3.71)式可得

$$-1 = -\int_{\Omega}\delta(\boldsymbol{r}-\boldsymbol{r}^*)\,\mathrm{d}\boldsymbol{r} = \int_{\Omega}\Delta G\,\mathrm{d}\boldsymbol{r} = \int_{\partial\Omega}\frac{\partial G}{\partial n}\,\mathrm{d}S_{\boldsymbol{r}}, \quad \boldsymbol{r}^*\in\Omega.$$

式中, 最后一个等号来自格林公式 (这里假设格林公式可以使用).

将 Ω 取为以 $\boldsymbol{r}^*$ 为球心、η 为半径的球, 即 $\Omega=\mathcal{O}_\eta(\boldsymbol{r}^*)$, 此时 $\partial\Omega$ 的外法向与球的径向 $r=|\boldsymbol{r}-\boldsymbol{r}^*|$ 一致, 上式可以转化为

$$-1 = \int_{\partial\mathcal{O}_\eta(\boldsymbol{r}^*)}\frac{\partial G}{\partial n}\,\mathrm{d}S_{\boldsymbol{r}} = 4\pi\eta^2\cdot\left.\frac{\partial G}{\partial r}\right|_{\tilde{\boldsymbol{r}}\in\partial\mathcal{O}_\eta(\boldsymbol{r}^*)}. \tag{3.78}$$

由此可知, 当 $\eta\to 0$ 时, $\left.\dfrac{\partial G}{\partial r}\right|_{\tilde{\boldsymbol{r}}\in\partial\mathcal{O}_\delta(\boldsymbol{r}^*)}$ 需要与 $\dfrac{1}{4\pi\eta^2}$ 为同阶无穷大, 方能保证等式(3.78)成立. 此时我们再进一步尝试 G 具有径向函数的表达形式, 即 $G(\boldsymbol{r};\boldsymbol{r}^*)=G(r)$. 将该径向函数形式代入(3.78)式可得

$$\frac{\mathrm{d}G}{\mathrm{d}r} = -\frac{1}{4\pi r^2}.$$

两边同时关于 r 积分可以得到, 当 $\boldsymbol{r}\to\boldsymbol{r}^*$ 时,

$$G \sim \frac{1}{4\pi|\boldsymbol{r}-\boldsymbol{r}^*|}. \tag{3.79}$$

另外, (3.77)式要求函数 G 在 $\boldsymbol{r}$ 远离 $\boldsymbol{r}^*$ 点时是调和函数. 由于 $\dfrac{1}{4\pi|\boldsymbol{r}-\boldsymbol{r}^*|}$ 恰好是调和方程的一个径向解. 这就说明

$$G(\boldsymbol{r};\boldsymbol{r}^*)=\frac{1}{4\pi|\boldsymbol{r}-\boldsymbol{r}^*|} \tag{3.80}$$

是 “方程”(3.77)的一个 “解”, 而(3.80)式定义的 G 正好是调和方程的基本解.

上述讨论表明, 当某函数经过负拉普拉斯算子作用后等于 δ 函数时, 那么这个函数就应该是拉普拉斯算子的基本解. 实际上, 通过求解右端项为 δ 函数的线性偏微分方程问题, 是发现线性偏微分方程定解问题基本解的一种重要思路, 该思想可以推广来求解任意线性偏微分方程的基本解. 但相关的推导需要引入伴随算子的概念, 关于求解任意线性微分算子基本解的相关拓展讨论可参考本章课后习题 3.14.

3.6.3 狄拉克函数与格林函数

最后, 我们讨论如何借助 δ 函数计算调和方程定解问题所对应的格林函数. 若 u 是调和方程狄利克雷内问题(3.36)的解, 则将 u 与 G 代入格林第二公式(3.38)中有

$$-\int_{\Omega}u(\boldsymbol{r})\delta(\boldsymbol{r}-\boldsymbol{r}^*)\mathrm{d}\boldsymbol{r}=\int_{\Omega}(u\Delta G-G\Delta u)\ \mathrm{d}\boldsymbol{r}=\int_{\partial\Omega}\left(u\frac{\partial G}{\partial n}-G\frac{\partial u}{\partial n}\right)\mathrm{d}\Gamma.$$

利用(3.75)式, 上式的左端可化为 $-u(\boldsymbol{r}^*)$, 对上式再进一步整理后得到

$$u(\boldsymbol{r}^*)=-\int_{\partial\Omega}\left(u\frac{\partial G}{\partial n}-G\frac{\partial u}{\partial n}\right)\mathrm{d}\Gamma. \tag{3.81}$$

若将(3.81)式中的 $G(\boldsymbol{r};\boldsymbol{r}^*)$ 换作 $1/(4\pi|\boldsymbol{r}-\boldsymbol{r}^*|)$, 则(3.81)式与 3.4节中的(3.44)式一致.

需要指出的是, 在(3.81)式的推导过程中并未使用到边界条件信息, 故其适用于调和方程和任意线性边界条件所组成的定解问题. 接下来我们根据所考虑定解问题边界条件的形式来决定 $G(\boldsymbol{r};\boldsymbol{r}^*)$ 函数应该满足的边界条件. 例如, 若定解问题使用的是狄利克雷型边界条件, 则需要求 $G|_{\partial\Omega}=0$ 的表达式从而将 $\partial u/\partial n$, 即 u 的边界法向导数信息从(3.81)式中消去. 这说明, 此时 G 函数除了满足方程, 还要同时满足齐次狄利克雷型边界条件, 即

$$\begin{cases}\Delta G(\boldsymbol{r},\boldsymbol{r}^*)=-\delta(\boldsymbol{r}-\boldsymbol{r}^*), & \boldsymbol{r}\in\Omega;\\ G|_{\partial\Omega}=0.\end{cases} \tag{3.82}$$

此时 G 的边界条件是齐次的, 且与所考虑定解问题的边界条件类型是一致的. 若所考虑的定解问题对应的是诺伊曼型边界条件, 就需要 $\partial G/\partial n|_{\partial\Omega} = 0$, 从而将(3.81)式边界积分中含有 u 函数值的项消去. 而罗宾型边界条件的处理方式也是类似的. 总结后可以发现, 对于任意一个在区域 Ω 内定义的泊松方程定解问题, 其格林函数可由 (广义) 偏微分方程问题

$$\begin{cases} \Delta G(\boldsymbol{r}, \boldsymbol{r}^*) = -\delta(\boldsymbol{r} - \boldsymbol{r}^*), \quad \boldsymbol{r} \in \Omega; \\ \text{原问题边界条件齐次化 (即右端项取为 0)} \end{cases} \tag{3.83}$$

来确定.

问题(3.82)给出了求解泊松方程定解问题所对应格林函数的通用方法. 实际上, 该思路可以推广用于求解一般线性偏微分方程问题的格林函数.

3.7 定解问题的唯一性

本节将讨论泊松方程定解问题的唯一性. 类似于波动方程与热传导方程的情形, 我们只需讨论 $\Delta u = 0$ 在相应齐次边界条件下是否仅有零解. 这里将讨论狄利克雷型边值问题与诺伊曼型边值问题解的唯一性.

3.7.1 平均值公式

引理 若函数 u 在区域 Ω 内调和, 且 u 在 Ω 及其边界 (也称为 Ω 的闭包) 保持连续, 则必然满足

$$\int_{\partial\Omega} \frac{\partial u}{\partial n}\,\mathrm{d}\Gamma = 0,$$

其中, $\mathrm{d}\Gamma$ 为相应的边界面/体微元.

证明 利用格林公式有

$$0 = \int_{\Omega} \Delta u \mathrm{d}\boldsymbol{r} = \int_{\partial\Omega} \frac{\partial u}{\partial n}\,\mathrm{d}\Gamma. \quad \square$$

上述引理可以看作是高斯定理的一个推广. 我们也可以从热传导的视角讨论上述引理. 若函数 u 表示区域 Ω 内的温度分布, 则 $\displaystyle\int_{\partial\Omega} \frac{\partial u}{\partial n}\,\mathrm{d}\Gamma$ 表示单位时间内从区域外净流入的热量. 由于调和方程对应的是系统达到热平衡时的状态, 故流入 Ω 的总热量应该为 0.

由此我们得到该引理的一个直接应用. 考虑(3.19b)式所给出的诺伊曼型边界条件: $\left.\dfrac{\partial u}{\partial n}\right|_{\partial\Omega} = h$. 由该引理可知, 调和方程诺伊曼型边值问题解存在的必要条件是 $\displaystyle\int_{\partial\Omega} h\,\mathrm{d}\Gamma = 0$.

随后基于上述引理我们给出下述平均值定理.

平均值定理 若函数 u 在三维区域 Ω 内调和, 且 u 在 Ω 及其边界 (也称为 Ω 的闭包) 保持连续, 则对于任意以 $\boldsymbol{r}^*$ 为球心、a 为半径的球 $\mathcal{O}_a(\boldsymbol{r}^*)$, 若该球落在 Ω 内部, 即 $\mathcal{O}_a(\boldsymbol{r}^*) \subset \Omega$, 则有如下平均值公式 (mean-value formula):

$$u(\boldsymbol{r}^*) = \frac{1}{4\pi a^2} \iint_{\partial\mathcal{O}_a(\boldsymbol{r}^*)} u(\boldsymbol{r})\mathrm{d}S_{\boldsymbol{r}}. \tag{3.84}$$

证明 若将(3.44)式中的区域 Ω 换成 $\mathcal{O}_a(\boldsymbol{r}^*)$, 则可得

$$u(\boldsymbol{r}^*) = \frac{1}{4\pi} \iint_{\partial\mathcal{O}_a(\boldsymbol{r}^*)} \left[\frac{1}{r}\frac{\partial u}{\partial n} - u\frac{\partial}{\partial n}\left(\frac{1}{r}\right)\right] \mathrm{d}S_{\boldsymbol{r}}, \tag{3.85}$$

其中, $r = |\boldsymbol{r} - \boldsymbol{r}^*|$. 由于 r 在 $\partial\mathcal{O}_a(\boldsymbol{r}^*)$ 上恒为 a, 再利用上述引理可得

$$\frac{1}{4\pi} \iint_{\partial\mathcal{O}_a(\boldsymbol{r}^*)} \frac{1}{r}\frac{\partial u}{\partial n}\mathrm{d}S_{\boldsymbol{r}} = \frac{1}{4\pi a} \iint_{\partial\mathcal{O}_a(\boldsymbol{r}^*)} \frac{\partial u}{\partial n}\mathrm{d}S = 0.$$

另一方面, 我们有

$$\frac{1}{4\pi} \int_{\partial\mathcal{O}_a(\boldsymbol{r}^*)} u\frac{\partial}{\partial n}\left(\frac{1}{r}\right) \mathrm{d}S_{\boldsymbol{r}} = \frac{1}{4\pi} \int_{\partial\mathcal{O}_a(\boldsymbol{r}^*)} u\frac{\mathrm{d}}{\mathrm{d}r}\left(\frac{1}{r}\right) \mathrm{d}S_{\boldsymbol{r}} = -\frac{1}{4\pi a^2} \int_{\partial\mathcal{O}_a(\boldsymbol{r}^*)} u\,\mathrm{d}S_{\boldsymbol{r}}.$$

将上面两个式子代入(3.85)式后即可证明(3.84) 式. □

这里的一个思考问题是, 对于二维调和函数, 其对应的平均值公式该如何表达与证明 (参考本章课后习题 3.15).

3.7.2 极值原理与泊松方程狄利克雷型边值问题解的唯一性

极值原理 若 u 是三维区域 Ω 内不恒等于常数的调和函数, 且 u 在 Ω 及其边界保持连续, 则 u 的极值不可能在 Ω 内部取到.

证明 我们采用反证法. 假设 u 可以在区域 Ω 内部的一点 $\boldsymbol{r}^*$ 处取到最大值 M, 则存在 $a > 0$, 使得 $\mathcal{O}_a(\boldsymbol{r}^*) \subset \Omega$. 根据平均值公式,

$$u(\boldsymbol{r}^*) = \frac{1}{4\pi a^2} \iint_{\partial\mathcal{O}_a(\boldsymbol{r}^*)} u(\boldsymbol{r})\mathrm{d}S_{\boldsymbol{r}} = M.$$

上式告诉我们, u 在球 $\mathcal{O}_a(\boldsymbol{r}^*)$ 边界上的平均值等于区域内的最大值. 这只有一种可能, 即函数 u 在球面边界上每一点的函数值都等于最大值 M, 即 $u|_{\partial\mathcal{O}_a(\boldsymbol{r}^*)} = M$. 若改变半径 a 的值, 可以证明, 存在一个以 $\boldsymbol{r}^*$ 为球心的球域 K_1, 使得 u 在 K_1 内恒取区域最大值 M.

接下来我们证明, 对于区域中任意一点 s, 均成立 $u(s) = M$. 若 s 落在 K_1 内, 则自然证明.

我们重点讨论 $\boldsymbol{s} \notin K_1$ 的情形. 如图 3.9 所示, 可以在 K_1 内找到更靠近 s 点的另一点 $\boldsymbol{r}^{**}$, 此时一定有 $u(\boldsymbol{r}^{**}) = M$. 此时再重复上面的操作, 可以找到一个以 $\boldsymbol{r}^{**}$ 为球心的球域 K_2, 满足 $u|_{K_2} = M$. 再重复此操作, 可以找到一系列球域 K_i, $i = 1, \cdots$, 满足 $u|_{K_i} = M$, 且球域逐渐靠近 s 点, 直到找到第 n 个球将 $\boldsymbol{s}$ 点包含其中.

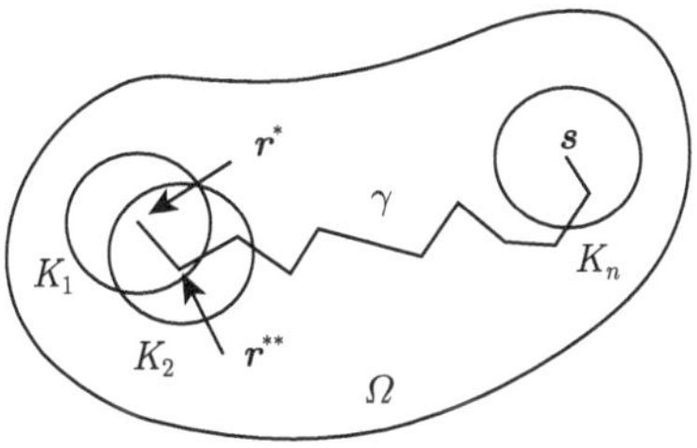

图 3.9 区域 Ω 内折线图

因此, 对于任意 $\boldsymbol{s} \in \Omega$, 调和函数 $u(\boldsymbol{s}) \equiv M$. 这与调和函数在区域内不能为常数的前提矛盾. 因此, 空间三维非常值调和函数在 Ω 内部无法取到极值, 极值原理得证. □

需要指出的是, 尽管上述极值原理是针对空间三维情形给出的, 但其结论可自然延伸到空间二维情形. 此时只需从二维平均值公式出发, 沿用三维问题的思路即可证明空间二维调和函数依然满足极值原理.

通过极值原理, 我们可以进一步了解调和函数的形貌特征. 例如, 非常值调和函数在区域内部也不应存在局部极值点. 若存在, 则在该极值点的邻域内不满足极值原理, 如图 3.10(a) 所示.

狄利克雷边值问题解的唯一性 泊松方程狄利克雷边值问题解若存在则必唯一, 或等价地, 若调和函数 u 在区域 Ω 的边界上恒等于零, 即 $u|_{\partial\Omega} = 0$, 则 u 在 Ω 内部也恒等于零.

根据极值原理, 若 u 在区域内不是常数, 则其最大最小值 (均为零) 都只能在边界取到. 由此, 我们证明, 泊松方程狄利克雷问题解若存在, 则一定是唯一的. 实际上, 我们还可以利用极值原理讨论调和方程解的稳定性. 思路与 2.4 节中稳定性的讨论类似, 在此就不多做讨论了.

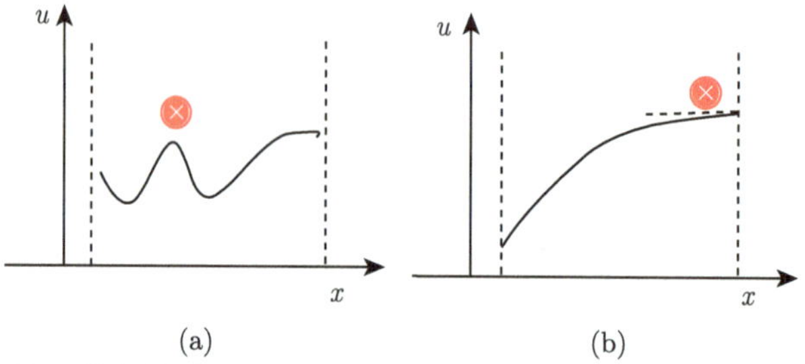

图 3.10 (a) 由调和函数极值原理排除的函数形貌, 非常值调和函数在区域内不能存在局部极值; (b) 由调和函数强机制原理排除的函数形貌, 非常值调和函数在区域边界处不可能"水平地"趋向边界上的极值点

3.7.3 强极值原理与泊松方程诺伊曼型边值问题解的唯一性

接下来考虑泊松方程诺伊曼型边值问题解的唯一性. 我们考虑如下问题:

$$\begin{cases} \Delta u = 0, \quad \boldsymbol{r} \in \Omega; \\ \left.\dfrac{\partial u}{\partial n}\right|_{\partial \Omega} = 0. \end{cases} \tag{3.86}$$

值得指出的是, 由于 u 等于任意常数均满足问题(3.86), 故其解并不唯一. 然而, 我们要证明的是, 问题(3.86)的解只能为常值函数. 也就是说, 泊松方程诺伊曼型边值问题在*差一个常数的前提下具有唯一性* (unique solution up to a constant). 此时, 由于我们并不知道函数 u 在边界处的值, 故 3.7.2 节讨论的极值原理此处并不适用. 我们需要首先引入*强极值原理* (strong maximum principle).

强极值原理 设区域 Ω 的边界具有足够的光滑性, 即对于 $\partial\Omega$ 上任意一点 $\boldsymbol{s}$, 都存在一个包含于 Ω 闭包之内的球, 使得该球与 $\partial\Omega$ 在 $\boldsymbol{s}$ 点处相切. 设 u 是一个非常值调和函数, 且其函数值可从区域 Ω 内部连续延伸到边界上. 若 u 在 $\boldsymbol{r}^*$ 上取到最小值, 则 $\left.\dfrac{\partial u}{\partial m}\right|_{\boldsymbol{r}^*} > 0$; 若 u 在 $\boldsymbol{r}^*$ 上取到最大值, 则 $\left.\dfrac{\partial u}{\partial m}\right|_{\boldsymbol{r}^*} < 0$, 其中 $\dfrac{\partial u}{\partial m}$ 表示 u 在 $\boldsymbol{r}^*$ 处关于 $\boldsymbol{m}$ 方向的偏导数, 而方向向量 $\boldsymbol{m}$ 与 $\partial\Omega$ 在 $\boldsymbol{r}^*$ 处的外法向夹锐角, 即 $\boldsymbol{m}\cdot\boldsymbol{n} > 0$.

对于一般连续函数, 若其在 $\partial\Omega$ 某点 $\boldsymbol{r}^*$ 上取到极大值, 应成立 $\left.\dfrac{\partial u}{\partial n}\right|_{\boldsymbol{r}^*} \leqslant 0$. 而强极值原理告诉我们, 对于调和函数来说, 在其边界极值点处外法向导数不可能为 0. 从函数图像上看, 调和函数不能从区域内部沿外法线方向"水平地"延伸到边界处的极大值点, 如图 3.10(b) 所示.

强极值原理又称霍普夫极值原理. 其证明大致分为两个步骤, 即首先证明强极值原理在球域内成立, 再推广至具有上述光滑性的一般区域 Ω. 其证明我们在此略去[①]. 利用强极值原理, 我们可以讨论泊松方程诺伊曼型边值问题的唯一性.

诺伊曼型边值问题解的唯一性定理 若区域 Ω 满足强极值原理所要求的光滑性, 则问题(3.86)在差一个常数的前提下只有唯一解, 或等价地, 问题(3.86)只有常数解.

证明 若函数 u 在区域 Ω 内不是常数, 则 u 在边界上极值点处的外法向导数不能等于零. 这与齐次诺伊曼型边界条件相矛盾. 故 u 在 Ω 内只能为常数. □

3.7.4 能量方法与泊松方程定解问题解的唯一性

最后, 我们讨论从系统能量的角度来证明上述两类定解问题解的唯一性定理, 此处以二维问题为例. 同样地, 这里我们只需证明调和方程对应齐次狄利克雷或诺伊曼型边值问题只能有零解或常数解. 我们依然以薄膜稳态作为物理背景分析二维调和方程 $u(x,y)$.

由 3.2 节的讨论可知, 薄膜系统的势能可等效表达为

$$\begin{aligned}\mathcal{E} &= \frac{a^2}{2}\iint_\Omega \left[\left(\frac{\partial u}{\partial x}\right)^2 + \left(\frac{\partial u}{\partial y}\right)^2\right] \mathrm{d}x\mathrm{d}y \\ &= \frac{a^2}{2}\iint_\Omega \left[\frac{\partial}{\partial x}\left(u\frac{\partial u}{\partial x}\right) + \frac{\partial}{\partial y}\left(u\frac{\partial u}{\partial y}\right) - u\Delta u\right] \mathrm{d}x\mathrm{d}y \\ &= \frac{a^2}{2}\int_{\partial\Omega} u\frac{\partial u}{\partial n}\,\mathrm{d}s - \frac{a^2}{2}\iint_\Omega u\Delta u\,\mathrm{d}x\mathrm{d}y,\end{aligned} \tag{3.87}$$

其中, $\mathrm{d}s$ 为边界弧长微元. 这里再次用到格林公式. 由于 u 为调和函数, (3.87)式右端二重积分取零值. 因此有

$$\mathcal{E} = \frac{a^2}{2}\int_{\partial\Omega} u\frac{\partial u}{\partial n}\,\mathrm{d}s. \tag{3.88}$$

无论是齐次狄利克雷型边值条件 $(u|_{\partial\Omega} = 0)$ 还是齐次诺伊曼型边值条件 $\left(\left.\frac{\partial u}{\partial n}\right|_{\partial\Omega} = 0\right)$, (3.88)式的右端项均为零. 因此 $\mathcal{E} = 0$. 由此可知 $u_x = u_y \equiv 0$ 在 Ω 内任意一点均成立. 故函数 u 在 Ω 内只能取常数. 这就直接证明了诺伊曼型边值问题解的唯一性. 对于狄利克雷型边值问题, 该常数可由边值条件确定, 即 $u \equiv 0$. 从而也证明了狄利克雷边值问题解的唯一性.

我们已经知道, 泊松方程可用于刻画波动方程的平衡态以及热传导方程的稳态. 因此, 这两类方程分析唯一性的思想方法 (波动方程基于能量的思想, 热传导方程基于极值原理的思想) 都可以用来分析调和方程解的性质.

① 有兴趣的读者可以参考谷超豪等, 《数学物理方法》(第三版. 北京: 高等教育出版社), 3.4 节.

课后习题

3.1 给出满足调和方程的二元三次多项式解的通解形式.

3.2 验证下列二元函数在 $\mathbb{R}^2$ 内为调和函数:

(a) $(x^2+y^2)^{\frac{n}{2}}\cos nx$.

(b) $(\mathrm{e}^{bx}+\mathrm{e}^{-bx})\sin by$, 其中 b 为常数.

3.3 验证下列二元函数在 $\mathbb{R}^2\backslash\{(0,0)\}$ 内满足调和方程:

(a) $\log(x^2+y^2)$.

(b) $\arctan\dfrac{y}{x}$.

3.4 使用分离变量法求解方形区域内调和方程狄利克雷型边值问题:

$$\begin{cases} u_{xx}+u_{yy}=0, \quad (x,y)\in[0,1]\times[0,1]; \\ u\big|_{x=0}=u\big|_{x=1}=0; \\ u\big|_{y=0}=\sin \pi x, \quad u\big|_{y=1}=0. \end{cases}$$

3.5 考虑薄膜振动之稳态定解问题:

$$\begin{cases} u_{xx}+u_{yy}=-f(x,y), \quad (x,y)\in\varOmega; \\ \dfrac{\partial u}{\partial n}\bigg|_{\partial\varOmega}=g(x,y), \end{cases}$$

其中, "$\dfrac{\partial}{\partial n}$" 表示关于区域边界 $\partial\varOmega$ 取外法向导数. 考虑其所对应的能量泛函:

$$\mathcal{J}[u]=\frac{1}{2}\iint_{\varOmega}\left[\left(\frac{\partial u}{\partial x}\right)^2+\left(\frac{\partial u}{\partial y}\right)^2\right]\mathrm{d}x\mathrm{d}y-\iint_{\varOmega}fu\,\mathrm{d}x\mathrm{d}y-\int_{\partial\varOmega}gu\,\mathrm{d}s.$$

(a) 将定解问题的边界条件代入, 讨论上述能量泛函, 并在薄膜振动背景下讨论其物理意义.

(b) 证明: 若 u 是所有满足定解边界条件函数中使上述能量泛函取极小的函数, 即

$$\mathcal{J}[u]=\min_{v\in V_g}\mathcal{J}[v],$$

其中, $V_g=\left\{v\big|\ \dfrac{\partial v}{\partial n}\bigg|_{\partial\varOmega}=g\right\}$, 则函数 u 为所给出定解问题的解. (提示: 令 $v=u+\lambda w$, 其中 $\dfrac{\partial w}{\partial n}\bigg|_{\partial\varOmega}=0$.)

3.6 考虑调和方程罗宾型边值问题:

$$\begin{cases} u_{xx}+u_{yy}+u_{zz}=0, \quad (x,y,z)\in\Omega; \\ \left.\left(\dfrac{\partial u}{\partial n}+\sigma u\right)\right|_{\partial\Omega}=g(x,y,z). \end{cases}$$

(a) 在控制方程两边乘以任意测试函数 w, 并关于区域 Ω 积分, 使用分部积分公式导出该定解问题所对应的类似于(3.25)式的弱形式 (此时可能有边界积分项).

(b) 试导出该定解问题所对应的能量泛函表达形式, 并给出其对应的变分问题描述.

3.7 证明: 在球坐标系 (r,θ,φ) 下 (参考(3.30)式), 拉普拉斯算子可写成(3.31)式的形式, 即

$$\Delta u=\frac{1}{r^2}\frac{\partial}{\partial r}\left(r^2\frac{\partial u}{\partial r}\right)+\frac{1}{r^2\sin\theta}\frac{\partial}{\partial\theta}\left(\sin\theta\frac{\partial u}{\partial\theta}\right)+\frac{1}{r^2\sin^2\theta}\frac{\partial^2 u}{\partial\varphi^2}.$$

3.8 证明: 在柱坐标 (r,θ,z) 下, 拉普拉斯算子可以写成

$$\Delta u=\frac{1}{r}\frac{\partial}{\partial r}\left(r\frac{\partial u}{\partial r}\right)+\frac{1}{r^2}\frac{\partial^2 u}{\partial\theta^2}+\frac{\partial^2 u}{\partial z^2}.$$

3.9 设 $u(x,y)$ 在二维区域 Ω 内为调和函数, 令 $v=\lg r^2=\lg((x-x^*)^2+(y-y^*)^2)$, 并将它们代入格林第二公式(3.38).

(a) 参照(3.44)式将 u 在其内部任意一点 $\boldsymbol{r}^*=(x^*,y^*)^{\mathrm{T}}$ 的函数值表达为其边界积分的形式.

(b) 若 u 在区域边界满足第三类边值条件, 即

$$\left.\left(\frac{\partial u}{\partial n}+\sigma u\right)\right|_{\partial\Omega}=g(x,y),$$

请给出计算该定解问题格林函数的方法.

3.10 对于三维区域 Ω 内的调和函数, 证明若 $\boldsymbol{r}^*\in\partial\Omega$, 则(3.46)式成立.

3.11 利用静电源像法求解半平面内调和方程诺伊曼型边值外问题:

$$\begin{cases} u_{xx}+u_{yy}=0, \quad y>0; \\ \left.\dfrac{\partial u}{\partial n}\right|_{y=0}=\phi(x); \\ \lim\limits_{x^2+y^2\to\infty}u(x,y)=0. \end{cases}$$

3.12　基于静电源像法构造二维圆域内调和方程狄利克雷型边值问题所对应的格林函数.

3.13　考虑半径为 R 的半球区域 $\Omega = \{(x,y,z)|x^2+y^2+z^2<R,\ z>0\}$, 基于静电源像法构造 Ω 内调和方程狄利克雷型边值问题的格林函数.

3.14　考虑一个二阶线性微分算子 $\mathcal{L}$. 设 V_0 是一个函数集合, 包含所有二阶可导且在给定区域 Ω 边界上取零值的函数, 即

$$V_0 = \left\{v|v \in C^2,\ v|_{\partial\Omega} = 0\right\}.$$

若存在一个微分算子 $\mathcal{L}^*$, 对于任意 $u, v \in V_0$ 成立

$$\int_\Omega v\mathcal{L}[u]\,\mathrm{d}\boldsymbol{r} = \int_\Omega u\mathcal{L}^*[v]\,\mathrm{d}\boldsymbol{r},$$

则称 $\mathcal{L}^*$ 是微分算子 $\mathcal{L}$ 的伴随微分算子 (adjoint differential operator). 特别地, 若 $\mathcal{L}^* = \mathcal{L}$, 则称 $\mathcal{L}$ 为一个自伴随微分算子 (self-adjoint differential operator).

(a) 若 $\mathcal{L} = \dfrac{\mathrm{d}^2}{\mathrm{d}x^2} + \dfrac{\mathrm{d}}{\mathrm{d}x}$, 其中 $x \in \Omega = (0,1)$, 则求微分算子 $\mathcal{L}$ 的伴随算子.

(b) 证明施图姆–刘维尔型方程 (参考 2.3.2节) 对应的微分算子(2.80), 即

$$\mathcal{L} = \frac{\mathrm{d}}{\mathrm{d}x}\left[k(x)\frac{\mathrm{d}}{\mathrm{d}x}\right] - q(x), \quad x \in \Omega = (a,b),$$

是一个自伴随微分算子.

(c) 证明拉普拉斯算子是一个自伴随微分算子.

(d) 试证明, 定解问题

$$\begin{cases} \mathcal{L}[u] = f(\boldsymbol{r}), & \boldsymbol{r} \in \Omega; \\ u|_{\partial\Omega} = 0 \end{cases}$$

的解可表达为

$$u(\boldsymbol{r}^*) = \int_\Omega G(\boldsymbol{r};\boldsymbol{r}^*)f(\boldsymbol{r})\,\mathrm{d}\boldsymbol{r},$$

其中, $G(\boldsymbol{r};\boldsymbol{r}^*)$ 是该定解问题对应的格林函数, 满足

$$\begin{cases} \mathcal{L}^*[G(\boldsymbol{r};\boldsymbol{r}^*)] = \delta(\boldsymbol{r}-\boldsymbol{r}^*), & \boldsymbol{r} \in \Omega; \\ G|_{\boldsymbol{r}\in\partial\Omega} = 0. \end{cases}$$

3.15　参考(3.84)式,

(a) 推导空间二维调和函数所满足的平均值公式;

(b) 如果调和函数 $u(x,y)$ 满足

$$u|_{x^2+y^2=1}=\frac{y^2}{x^2+y^2},$$

计算 $u(0,0)$ 的值.

3.16 若连续函数 u 在区域 Ω 内任意一点 $\boldsymbol{r}^*$ 均满足平均值公式, 即

$$u(\boldsymbol{r}^*)=\frac{1}{4\pi a^2}\iint_{\partial\mathcal{O}_a(\boldsymbol{r}^*)}u\mathrm{d}S,$$

对于任意 $\mathcal{O}_a(\boldsymbol{r}^*)\subset\Omega$ 均成立, 则 u 一定是 Ω 内的调和函数.

3.17 若连续函数 u 在区域 Ω 内满足

$$4u_{xx}+u_{yy}+u_{zz}=0,$$

则类比于(3.84)式给出函数 u 所满足的平均值公式, 并讨论其意义. (提示: 利用坐标变换使得 u 在新坐标系下满足调和方程.)

第 4 章　二阶线性偏微分方程分类与总结

在前三章里, 我们分别讨论了波动方程、热传导方程、泊松方程的物理背景、定解条件、求解方法以及解的相关性质. 上述方程实际上是最为典型的**二阶线性偏微分方程** (second-order linear partial differential equation). 本章我们将讨论二阶线性偏微分方程的分类. 我们将证明, 前三章所讨论的三个方程恰好各自对应一类典型的线性偏微分方程. 随后我们将讨论这三类二阶线性偏微分方程的共性与差异. 本章主要内容总结在知识地图图 4.1.

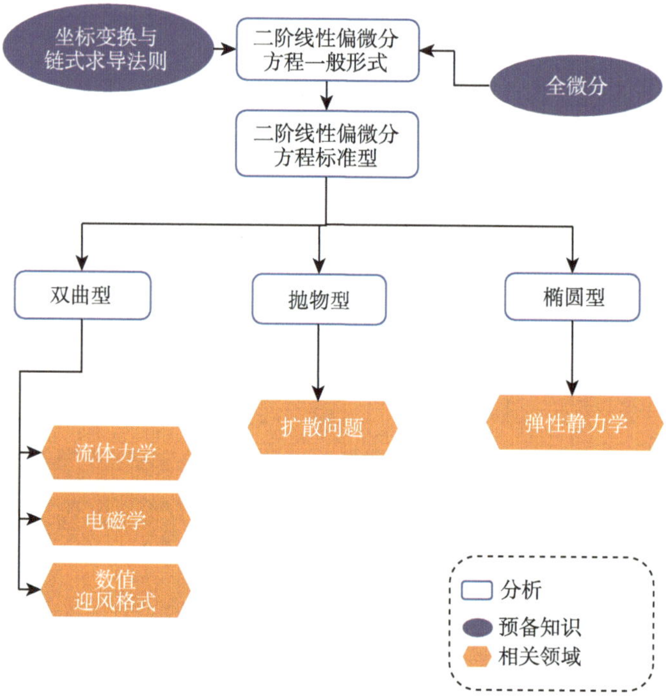

图 4.1　知识地图 ——二阶线性偏微分方程分类与总结

4.1　二阶线性偏微分方程的分类

4.1.1　二阶线性偏微分方程的标准型

回顾我们在 1.1.3 节关于偏微分方程分类的讨论, 前面我们接触到的波动方程、热传导方程以及泊松方程均为二阶线性偏微分方程. 这里“二阶”是指方程的最高阶偏导数为二阶, “线性”是指对应的偏微分算子关于其输入函数为线性的. 以二维问题为例, 二阶线性偏微分方程具有如下的一般形式:

$$a_{11}u_{xx}+2a_{12}u_{xy}+a_{22}u_{yy}+b_1u_x+b_2u_y+cu=f, \tag{4.1}$$

其中, a_{11}、a_{12}、a_{22}、b_1、b_2、c、f 均为自变量 x 和 y 的已知函数. (4.1) 式中关于 u 的最高阶偏导数项, 即

$$\mathcal{L}[u]=a_{11}u_{xx}+2a_{12}u_{xy}+a_{22}u_{yy}$$

称为偏微分方程(4.1)的**主部** (principal part).

我们的目标是通过如下自变量坐标变换:

$$\begin{cases}\xi=\xi(x,y);\\ \eta=\eta(x,y),\end{cases} \tag{4.2}$$

从而使得方程(4.1)在 ξ-η 坐标系下其表达式变得更简单. 需要指出的是, 上述坐标变换有意义的前提是其**雅可比行列式** (Jacobean determinant) 非零:

$$\xi_x\eta_y-\xi_y\eta_x\neq 0. \tag{4.3}$$

例如, 若取 $\xi(x,y)=\sqrt{x^2+y^2}$, $\eta(x,y)=\arctan\dfrac{y}{x}$, 则经(4.2)式坐标转换后可将直角坐标系化为二维极坐标系.

根据多元函数链式求导法则, 未知函数 u 关于 x 和 y 的偏导数可表达为其关于新自变量 ξ 与 η 的偏导数:

$$\begin{cases}u_x=u_\xi\xi_x+u_\eta\eta_x;\\ u_y=u_\xi\xi_y+u_\eta\eta_y,\end{cases} \tag{4.4}$$

进而有

$$\begin{cases}u_{xx}=u_{\xi\xi}\xi_x^2+2u_{\xi\eta}\xi_x\eta_x+u_{\eta\eta}\eta_x^2+u_\xi\xi_{xx}+u_\eta\eta_{xx};\\ u_{xy}=u_{\xi\xi}\xi_x\xi_y+u_{\xi\eta}(\xi_x\eta_y+\xi_y\eta_x)+u_{\eta\eta}\eta_x\eta_y+u_\xi\xi_{xy}+u_\eta\eta_{xy};\\ u_{yy}=u_{\xi\xi}\xi_y^2+2u_{\xi\eta}\xi_y\eta_y+u_{\eta\eta}\eta_y^2+u_\xi\xi_{yy}+u_\eta\eta_{yy}.\end{cases} \tag{4.5}$$

将(4.4)式和(4.5)式代入(4.1)式中可得

$$\tilde{a}_{11}u_{\xi\xi}+2\tilde{a}_{12}u_{\xi\eta}+\tilde{a}_{22}u_{\eta\eta}+\tilde{b}_1u_\xi+\tilde{b}_2u_\eta+\tilde{c}u=\tilde{f}, \tag{4.6}$$

其中, 我们尤其关注 u 关于 ξ 或 η 二阶偏导数的系数:

$$\begin{cases}\tilde{a}_{11} = a_{11}\xi_x^2 + 2a_{12}\xi_x\xi_y + a_{22}\xi_y^2; \\ \tilde{a}_{12} = a_{11}\xi_x\eta_x + a_{12}\xi_x\eta_y + a_{12}\xi_y\eta_x + a_{22}\xi_y\eta_y; \\ \tilde{a}_{22} = a_{11}\eta_x^2 + 2a_{12}\eta_x\eta_y + a_{22}\eta_y^2.\end{cases} \tag{4.7}$$

(4.6)式是二阶线性偏微分方程通式(4.1) 在 ξ-η 坐标系下的表达. 我们的目标是选取适当的坐标变换关系(4.2), 使得方程在新坐标系下其二阶偏导数的系数 $\tilde{a}_{11}$、$\tilde{a}_{12}$ 以及 $\tilde{a}_{22}$ 中的某些量可以化为零.

我们注意到, (4.7)式中 $\tilde{a}_{11}$、$\tilde{a}_{22}$ 在形式上是完全一样的, 只是将 ξ 换作 η. 因此, 对(4.6)式的一个自然的简化方式是令 $\tilde{a}_{11} = \tilde{a}_{22} = 0$. 换句话说, 我们可以求解关于二元函数 $\phi(x, y)$ 的一个偏微分方程:

$$a_{11}\phi_x^2 + 2a_{12}\phi_x\phi_y + a_{22}\phi_y^2 = 0. \tag{4.8}$$

若(4.8)式存在两个相互无关的解 $\phi = \phi_1(x, y)$, $\phi = \phi_2(x, y)$, 则将(4.2)式的坐标变换确定为

$$\begin{cases}\xi = \phi_1(x, y); \\ \eta = \phi_2(x, y).\end{cases} \tag{4.9}$$

即可将(4.6)式简化. 这里所说的 "相互无关" 是指(4.9)式对应的变换需满足(4.3)式的要求, 即

$$\phi_{1x}\phi_{2y} - \phi_{1y}\phi_{2x} \neq 0, \tag{4.10}$$

其中, ϕ_{1x} 表示 ϕ_1 关于自变量 x 的偏导数, 以此类推.

若对(4.8)式两边同时除以 ϕ_y^2, 便可以得到一个以 $\dfrac{\phi_x}{\phi_y}$ 为未知量的代数方程:

$$a_{11}\left(\frac{\phi_x}{\phi_y}\right)^2 + 2a_{12}\left(\frac{\phi_x}{\phi_y}\right) + a_{22} = 0. \tag{4.11}$$

不失一般性, 可以假设 $\phi_y \neq 0$. 因为若 $\phi_y = 0$, 则必有 $\phi_x \neq 0$, 否则 (4.10)式不满足. 此时我们可以在(4.8)式两边同除以 ϕ_x, 就可以得到一个关于 $\dfrac{\phi_y}{\phi_x}$ 的代数方程.

对于定义域中的任何一点, (4.11)式可看作是以 $\dfrac{\phi_x}{\phi_y}$ 为未知变元的一元二次代数方程. 其根与系数关系可以分三种情况讨论.

情况 1　$\Delta = a_{12}^2 - a_{11}a_{22} > 0$.

此时, 一元二次方程(4.11)有两个实根. 不妨令

$$\frac{\phi_{1x}}{\phi_{1y}} = \frac{-a_{12} + \sqrt{a_{12}^2 - a_{11}a_{22}}}{a_{11}}; \tag{4.12a}$$

$$\frac{\phi_{2x}}{\phi_{2y}} = \frac{-a_{12} - \sqrt{a_{12}^2 - a_{11}a_{22}}}{a_{11}}. \tag{4.12b}$$

(4.12a) 式和 (4.12b) 式可分别看作是关于 ϕ_1 和 ϕ_2 的两个一阶偏微分方程. 这里以(4.12a)式 ϕ_1 所满足的偏微分方程为例, 粗略讨论一下 ϕ_1 表达式的求解方法.

第一种方法是借助全微分 (total differential) 的思想. 全微分的具体讨论可参考本节后的预备知识部分. 由(4.12a)式可知,

$$\phi_{1x} = \mu(x,y) \cdot \frac{-a_{12} + \sqrt{a_{12}^2 - a_{11}a_{22}}}{a_{11}}, \quad \phi_{1y} = \mu(x,y).$$

此时必须选取适当的 $\mu(x,y)$ 从而得到如下关于 ϕ_1 的全微分形式:

$$\mathrm{d}\phi_1 = \mu(x,y) \cdot \left(\frac{-a_{12} + \sqrt{a_{12}^2 - a_{11}a_{22}}}{a_{11}} \cdot \mathrm{d}x + \mathrm{d}y \right),$$

其中, $\mu(x,y)$ 称为一个积分因子 (integrating factor). 则原问题可转化成求解 $\mu(x,y)$ 的另一个偏微分方程. 再基于全微分所对应积分与路径无关的特点, 最终求得 $\phi_1(x,y)$ 的表达式.

第二种求解(4.12a)式的思路是借助积分曲线 (integral curve) 的思想, 将 (4.12a) 式转化为一个以 x 为自变量、y 为因变量的常微分方程:

$$-\frac{\phi_x}{\phi_y} = \frac{\mathrm{d}y}{\mathrm{d}x} = \frac{a_{12} - \sqrt{a_{12}^2 - a_{11}a_{22}}}{a_{11}}. \tag{4.13}$$

由此可以找到一簇以 C_1 为参数的参数曲线 $\phi_1(x,y) = C_1$. 关于积分曲线更详细的讨论可参考本节预备知识部分.

假设我们可以借助上述方法求解(4.12a)式与(4.12b)式, 则可通过 $\xi = \phi_1(x,y)$, $\eta = \phi_2(x,y)$ 建立起 x-y 坐标系到 ξ-η 坐标系的转换关系.

值得注意的是, 还需要验证 ϕ_1 与 ϕ_2 满足条件(4.10). 此时只需将(4.12a)式与(4.12b)式直接代入(4.10)式, 可得

$$\phi_{1x}\phi_{2y} - \phi_{1y}\phi_{2x} = \frac{2\sqrt{a_{12}^2 - a_{11}a_{22}}}{a_{11}}\phi_{1y}\phi_{2y}.$$

由于在该情况下, 已经要求 $\phi_{1y}\phi_{2y} \neq 0$, $a_{11} \neq 0$, $a_{12}^2 - a_{11}a_{22} > 0$, 故(4.10)式自动满足.

因此, 可以引入 ξ-η 坐标系: $\xi = \phi_1(x, y)$, $\eta = \phi_2(x, y)$, 使得(4.6) 式中 $\tilde{a}_{11} = \tilde{a}_{22} = 0$. 再将(4.12a)式与(4.12b)式代入(4.7)式中 $\tilde{a}_{12}$ 的表达式有

$$\tilde{a}_{12} = \frac{2(a_{11}a_{22} - a_{12}^2)}{a_{11}} \cdot \phi_{1y}\phi_{2y}.$$

容易证明上式中的 $\tilde{a}_{12} \neq 0$, 故可在(4.6)式两边除以 $\tilde{a}_{12}$, 并利用 $\tilde{a}_{11} = \tilde{a}_{22} = 0$, 得到在 ξ-η 坐标系下二阶线性偏微分方程的最终表达式:

$$u_{\xi\eta} = Au_\xi + Bu_\eta + Cu + D, \tag{4.14}$$

其中, A、B、C、D 均为 ξ 和 η 的函数.

若进一步引入

$$t = \xi + \eta, \quad s = \xi - \eta,$$

则在 s-t 坐标系下的二阶偏微分方程可表达为

$$u_{tt} - u_{ss} = A_1u_t + B_1u_s + C_1u + D_1, \tag{4.15}$$

其中, A_1、B_1、C_1 和 D_1 均为 t 和 s 的函数. 若将 (4.15) 式中的偏导数换成对应阶次自变量的幂函数, 例如将 u_{tt} 换作 t^2, u_s 换作 s, u 换作零次项等, 以及把 A_1 等系数看作常数并忽略非齐次项 D_1, 则可以将(4.15)对应于一个基于二次多项式的代数方程:

$$t^2 - s^2 = A_1t + B_1s + C_1.$$

上述方程在 s-t 坐标系下对应于一条**双曲线** (hyperbola). 类似地, 我们将可以通过坐标变换转化成具有(4.14)式或(4.15)式形式的二阶线性偏微分方程称为**双曲型** (hyperbolic) 方程. 这里(4.14)式称为二阶线性双曲型方程的**标准型** (canonical form).

这里我们采用类比多项式定义二次曲线的思路来为可化为标准型(4.14)的二阶线性偏微分方程命名. 实际上, 线性偏微分算子与多元多项式在运算操作方面还有诸多可类比之处. 例如, 弦振动方程所对应的偏微分算子也有类似于平方差公式的“因式分解”形式:

$$\frac{\partial^2}{\partial t^2} - \frac{\partial^2}{\partial x^2} = \left(\frac{\partial}{\partial t} + \frac{\partial}{\partial x}\right)\left(\frac{\partial}{\partial t} - \frac{\partial}{\partial x}\right).$$

借用两者的相似性, 对求解分析偏微分方程问题是很有帮助的.

特别地, 若(4.15)式中 $A_1 = B_1 = C_1 = 0$, $s = x$, $D_1 = f$, 则(4.15)式就化为弦振动方程. 实际上, 弦振动方程是二阶线性双曲型偏微分方程的一个典型代表.

情况 2 $\Delta = a_{12}^2 - a_{11}a_{22} = 0$.

注意到, 此时 a_{11} 与 a_{22} 不能异号. 为简单起见, 不妨设 a_{11}、a_{12}、a_{22} 均非负. 令 $a_{12} = \sqrt{a_{11}a_{22}}$, 并代入(4.8)式有

$$(\sqrt{a_{11}}\phi_x + \sqrt{a_{22}}\phi_y)^2 = 0. \tag{4.16}$$

此时只能找到一簇积分曲线 $\phi = \phi_1(x,y) = C$(C 为常数) 满足(4.16)式. 不妨令 $\xi = \phi_1(x,y)$, 则(4.6)式中 $\tilde{a}_{11} = 0$. 同时任意选取与 $\phi_1(x,y)$ 无关的二元函数 $\phi_2(x,y)$, 使得 $\eta = \phi_2(x,y)$. 可以验证, 在 ξ-η 坐标系下, 由(4.7)式给出的 $\tilde{a}_{12}$ 满足

$$\tilde{a}_{12} = (\sqrt{a_{11}}\phi_{1x} + \sqrt{a_{22}}\phi_{1y})(\sqrt{a_{11}}\phi_{2x} + \sqrt{a_{22}}\phi_{2y}) = 0,$$

其中, 后一个等式是根据(4.16)式得到的.

因此, 在 ξ-η 坐标系下, (4.6)式可最终简化为

$$\tilde{a}_{22}u_{\eta\eta} = A_1u_\xi + B_1u_\eta + C_1u + D_1$$

的形式. 由于 $\tilde{a}_{22} \neq 0$, 可以在上式两端同除以 $\tilde{a}_{22}$ 得到

$$u_{\eta\eta} = Au_\xi + Bu_\eta + Cu + D. \tag{4.17}$$

利用情况 1 中偏微分算子与多项式的类比, (4.17)式对应于由

$$\eta^2 = A\xi + B\eta + C$$

所定义的一条抛物线 (parabola). 故可将通过坐标变换转化为(4.17)式形式的二阶线性偏微分方程称为抛物型 (parabolic) 方程.

特别地, 当上式中 $A = 1$, $B = C = 0$ 并将 ξ 看作时间变量, η 看作空间变量, 我们就得到空间一维的热传导方程. 可见热传导方程是二阶线性抛物型方程的一个典型代表.

情况 3 $\Delta = a_{12}^2 - a_{11}a_{22} < 0$.

此时关于 $\dfrac{\phi_x}{\phi_y}$ 的代数方程不存在实根, 而是有一对共轭的复根. 我们假设复函数

$$\phi(x,y) = \phi_1(x,y) + \mathrm{i}\phi_2(x,y) \tag{4.18}$$

逐点满足代数方程(4.8)式, 其中 ϕ_1 与 ϕ_2 均为实函数. 将(4.18)式代入(4.8)式, 并将实部与虚部分开可得

$$\begin{cases} a_{11}\phi_{1x}^2+2a_{12}\phi_{1x}\phi_{1y}+a_{22}\phi_{1y}^2=a_{11}\phi_{2x}^2+2a_{12}\phi_{2x}\phi_{2y}+a_{22}\phi_{2y}^2; \\ a_{11}\phi_{1x}\phi_{2x}+a_{12}(\phi_{1x}\phi_{2y}+\phi_{1y}\phi_{2x})+a_{22}\phi_{1y}\phi_{2y}=0. \end{cases} \tag{4.19}$$

(4.19) 式是关于 $\phi_1(x,y)$ 和 $\phi_2(x,y)$ 的一对一阶偏微分方程. 假设其解存在, 则可以引入坐标变换 $\xi=\phi_1(x,y)$, $\eta=\phi_2(x,y)$.

这里需要验证上述坐标变换对应的雅可比行列式不为零. 由于 $\phi=\xi+\mathrm{i}\eta$ 满足(4.8)式, 应该有

$$\frac{\phi_x}{\phi_y}=\frac{\xi_x+\mathrm{i}\eta_x}{\xi_y+\mathrm{i}\eta_y}=-\frac{a_{12}+\mathrm{i}\sqrt{a_{11}a_{22}-a_{12}^2}}{a_{11}}.$$

将上式实部与虚部分开, 即可将 ξ_x 和 η_x 用 ξ_y 和 η_y 的函数表达, 再代入(4.3)式可得

$$\begin{vmatrix} \xi_x & \xi_y \\ \eta_x & \eta_y \end{vmatrix}=\frac{\sqrt{a_{11}a_{22}-a_{12}^2}}{a_{11}}\cdot(\xi_y^2+\eta_y^2).$$

由于 ξ 与 η 均是与 x 和 y 有关的函数, 上述行列式非零. 因此基于(4.19)式选取的 ξ 与 η 是彼此无关的.

基于上述坐标变换, (4.19)式可进一步表达为

$$a_{11}\xi_x^2+2a_{12}\xi_x\xi_y+a_{22}\xi_y^2=a_{11}\eta_x^2+2a_{12}\eta_x\eta_y+a_{22}\eta_y^2; \tag{4.20a}$$

$$a_{11}\xi_x\eta_x+a_{12}(\xi_x\eta_y+\xi_y\eta_x)+a_{22}\xi_y\eta_y=0. \tag{4.20b}$$

对比(4.7)式可以发现, (4.20a)式等价于 $\tilde{a}_{11}=\tilde{a}_{22}\neq 0$; (4.20b)式等价于 $\tilde{a}_{12}=0$. 将这些结果代入(4.6)式可得

$$u_{\xi\xi}+u_{\eta\eta}=Au_\xi+Bu_\eta+Cu+D. \tag{4.21}$$

同样地, (4.21) 式可类比于一条由

$$\xi^2+\eta^2=A\xi+B\eta+C$$

定义的椭圆曲线 (elliptic curve). 故我们将通过坐标变换转化为(4.21)式形式的二阶线性偏微分方程, 称为二阶线性椭圆型 (elliptic) 方程.

特别地, 若 $A=B=C=0$, $D=f$, 就得到泊松方程. 因此, 泊松方程是二阶椭圆型方程的一个典型代表.

4.1.2 二阶线性偏微分方程的分类总结

因此, 对于任意含双自变量的二阶线性偏微分方程:

$$a_{11}u_{xx} + 2a_{12}u_{xy} + a_{22}u_{yy} + b_1u_x + b_2u_y + cu = f.$$

可以按以下方式进行分类:

- 若在某点 (x_0, y_0) 处的系数满足

$$a_{12}^2 - a_{11}a_{22} > 0,$$

则称方程在 (x_0, y_0) 处是**双曲型**的. 通过坐标转换可将上述二阶线性偏微分方程在该点处转化为类似于(4.14)式的标准型.

- 若在某点 (x_0, y_0) 处的系数满足

$$a_{12}^2 - a_{11}a_{22} = 0,$$

则称方程在 (x_0, y_0) 处是**抛物型**的. 通过坐标转换可将上述二阶线性偏微分方程在该点处转化为类似于(4.17)式的标准型.

- 若在某点 (x_0, y_0) 处的系数满足

$$a_{12}^2 - a_{11}a_{22} < 0,$$

则称方程在 (x_0, y_0) 处是**椭圆型**的. 通过坐标转换可将上述二阶线性偏微分方程在该点处转化为类似于(4.21)式的标准型.

接下来我们考察几个二阶线性偏微分方程分类的例子.

例 4.1 欧拉–特里科米方程 (Euler-Tricomi equation) 在近声速飞行器的研究中具有重要的应用价值, 其表达形式如下:

$$u_{xx} + xu_{yy} = 0. \tag{4.22}$$

考虑该方程的分类.

解 对比(4.1)式的表达式有 $a_{11} = 1$, $a_{12} = 0$, $a_{22} = x$. 于是 $a_{12}^2 - a_{11}a_{22} = -x$. 因此欧拉–特里科米方程在 $x > 0$ 区域内为椭圆型的; 在 $x < 0$ 区域内为双曲型的. □

这个例子也告诉我们, 二阶线性偏微分方程的分类原则是逐点应用的. 因此同一个方程可能在不同区域内属于不同类型. 当一个方程在区域 Ω 内任意一点均为双曲型, 则称该方程在 Ω 内为双曲型. 类似地也可以定义区域 Ω 内的抛物型或椭圆型方程.

例 4.2 将弦振动方程 $u_{tt} - a^2u_{xx} = 0$ 转化为标准形式.

解 若将(4.1)式中的自变量 y 用弦振动方程中的时间自变量 t 代替, 则由(4.1)式发现 $a_{11}=-a^2$, $a_{12}=0$, $a_{22}=1$, 从而得到 $a_{12}^2-a_{11}a_{22}=a^2>0$. 因此, 弦振动方程在其定义域内均为双曲型方程.

这里进一步考虑将弦振动方程化为如(4.14)式表达的双曲型方程标准形式. 代入(4.12a)式以及(4.12b)式, 可以给出坐标变换函数 $\phi_{1,2}(x,y)$ 满足的方程:

$$\frac{\phi_{1x}}{\phi_{1t}}=\frac{1}{a},\quad \frac{\phi_{2x}}{\phi_{2t}}=-\frac{1}{a}. \tag{4.23}$$

可以验证

$$\begin{cases}\xi=\phi_1(x,t)=x+at;\\ \eta=\phi_2(x,t)=x-at,\end{cases} \tag{4.24}$$

自动满足(4.23)式中关于 ϕ_1 和 ϕ_2 的方程. 代入(4.7)式有 $\tilde{a}_{11}=\tilde{a}_{22}=0$, $\tilde{a}_{12}=-2a^2$, 因此相关标准型可转化为 $u_{\xi\eta}=0$. 上述过程与 1.2 节达朗贝尔公式的推导过程是完全一致的.

此外, (4.24)式中的坐标变换也对应于 (x,y) 平面内的一簇参数曲线 $\phi_1(x,y)=x+at=C_1$, $\phi_2(x,y)=x-at=C_2$, 其中 C_1 与 C_2 为参数. 实际上, 该簇特征曲线就是 1.2 节所讨论的弦振动方程特征线. □

以上算例告诉我们, 当二阶线性偏微分方程为双曲型时, 将其转化为标准型的过程中需要求解(4.12a)式和(4.12b)式. 在求解过程中会引入两簇参数曲线, 它们正是该双曲型方程所对应的特征线簇. 我们知道, 特征线簇是分析波动方程信息以有限速度传播的过程的重要工具. 这一方法也可推广用于分析更一般的二阶线性双曲型方程.

4.1.3 多自变量二阶线性偏微分方程的分类

对于 n 维情形, 二阶线性偏微分方程可统一表达为

$$\sum_{i,j}^{n} a_{ij}\frac{\partial^2 u}{\partial r_i\partial r_j}+\sum_{i}^{n} b_i\frac{\partial u}{\partial r_i}+cu=f, \tag{4.25}$$

其中, a_{ij}、b_i、c 以及 f 均为 $\boldsymbol{r}=(r_1,r_2,\cdots,r_n)^{\mathrm{T}}$ 的函数. 根据 u 混合偏导数可交换求偏导顺序的特点, 不妨令 $a_{ij}=a_{ji}$. 实际上, 若 $a_{ij}\neq a_{ji}$, 则只要令 $(a_{ij}+a_{ji})/2$ 作为新的 a_{ij} 即可.

如此, 我们可将系数 a_{ij} 用一个 $n\times n$ 的对称矩阵

$$
\boldsymbol{A}(\boldsymbol{r}) = \begin{pmatrix} a_{11}(\boldsymbol{r}) & a_{12}(\boldsymbol{r}) & \cdots & a_{1n}(\boldsymbol{r}) \\ a_{21}(\boldsymbol{r}) & a_{22}(\boldsymbol{r}) & \cdots & a_{2n}(\boldsymbol{r}) \\ \vdots & \vdots & & \vdots \\ a_{n1}(\boldsymbol{r}) & a_{n2}(\boldsymbol{r}) & \cdots & a_{nn}(\boldsymbol{r}) \end{pmatrix} \tag{4.26}
$$

来表示.

对称矩阵 $\boldsymbol{A}$ 在 n 维空间任意一点 $\boldsymbol{r}$ 处均有 n 个实特征值, 不妨记作 $\lambda_1(\boldsymbol{r}), \cdots, \lambda_n(\boldsymbol{r})$. 我们可以根据特征值的符号来划分多元二阶线性偏微分方程的类别. 具体如下所述.

- 若矩阵 $\boldsymbol{A}$ 在 $\boldsymbol{r}$ 点处的 n 个特征值均不为零, 且同为正或同为负, 则称(4.25)式在 $\boldsymbol{r}$ 点处是**椭圆型**的.
- 若矩阵 $\boldsymbol{A}$ 在 $\boldsymbol{r}$ 点处有 $n-1$ 个特征值不为零, 且这 $n-1$ 个特征值符号相同, 则称(4.25)式在 $\boldsymbol{r}$ 点处是**抛物型**的.
- 若矩阵 $\boldsymbol{A}$ 在 $\boldsymbol{r}$ 点处的 n 个特征值均不为零, 且其中 $n-1$ 个特征值彼此同号, 与另一个特征值异号, 则称(4.25)式在 $\boldsymbol{r}$ 点处是**双曲型**的.

上述的分类方法同样适用于二维情形.

考虑几个简单的例子. 三维泊松方程 $u_{xx}+u_{yy}+u_{zz}=f$ 所对应的矩阵 $\boldsymbol{A}$ 为 3×3 的单位矩阵. 由于单位矩阵的特征值均为 1, 故在定义域内为椭圆型方程. 而空间三维热传导方程 $u_t - a^2(u_{xx}+u_{yy}+u_{zz}) = f$ 所对应的矩阵 $\boldsymbol{A}$ 是一个 4×4 的对角阵, 其中三个特征值为 $-a^2$, 另一个为 0. 因此空间三维热传导方程是一个二阶线性抛物型方程.

例 4.3 考虑方程

$$
u_{xx}+u_{yy}+u_{xz}+u_{zz}=0
$$

的分类.

解 对比(4.25)式, 可知上述方程对应的矩阵 $\boldsymbol{A}$ 可表达为

$$
\boldsymbol{A} = \begin{pmatrix} 1 & 0 & 1/2 \\ 0 & 1 & 0 \\ 1/2 & 0 & 1 \end{pmatrix}
$$

不难计算其三个特征值为 1/2, 1, 3/2. 由于三个特征值同号, 可以判断该方程为椭圆型的. □

例 4.4 麦克斯韦 (Maxwell) 方程组

$$
\nabla \cdot \boldsymbol{E} = \frac{\rho}{\epsilon_0}; \tag{4.27a}
$$

$$\nabla \cdot \boldsymbol{B} = 0; \tag{4.27b}$$

$$\nabla \times \boldsymbol{E} = -\frac{\partial \boldsymbol{B}}{\partial t}; \tag{4.27c}$$

$$\nabla \times \boldsymbol{B} = \mu_0 \left(\boldsymbol{J} + \epsilon_0 \frac{\partial \boldsymbol{E}}{\partial t} \right). \tag{4.27d}$$

是电磁学的基本偏微分方程组, 其中出现物理量的定义可参考表 4.1. 在麦克斯韦方程组(4.27)的表述中, “$\nabla\cdot$” 表示对向量场求散度; “$\nabla\times$” 表示对向量场求旋度. 具体表达式可参考 3.1 节后的预备知识部分.

表 4.1 麦克斯韦方程组相关物理量

符号	变量特点	物理意义	单位
$\boldsymbol{E}$	向量场	电场强度	N/C
$\boldsymbol{B}$	向量场	磁场强度	T
$\boldsymbol{J}$	向量场	电流密度	$\mathrm{A/m^2}$
ρ	标量分布	电荷密度	$\mathrm{C/m^3}$
ϵ_0	材料常数	介电常数	$\mathrm{C^2/(m^2{\cdot}N)}$
μ_0	材料常数	磁导率	$\mathrm{N/A^2}$

麦克斯韦方程组是对经典电磁学实验观测的系统总结: (4.27a)式来自*高斯定律* (Gauss's law); (4.27b)式来自*磁场高斯定律* (Gauss's law for magnetic field); (4.27c)式来自*法拉第磁感应定律* (Faraday's law of electromagnetic induction); (4.27d)式来自*安培环路定理* (Ampère's circuital theorem).

若空间介质均匀, 则麦克斯韦方程组的所有方程均为一阶常系数线性向量值偏微分方程. 由于(4.27c)式与(4.27d)式均含有电场强度 $\boldsymbol{E}$ 和磁场强度 $\boldsymbol{B}$, 可以通过代入消元法消去一个变量. 具体说来, 若对(4.27c)式两边求旋度, 则有

$$\nabla \times (\nabla \times \boldsymbol{E}) = \nabla(\nabla \cdot \boldsymbol{E}) - \Delta \boldsymbol{E} = -\frac{\partial}{\partial t}(\nabla \times \boldsymbol{B}), \tag{4.28}$$

这里, $\Delta \boldsymbol{E}$ 表示对 $\boldsymbol{E}$ 的每个分量作用拉普拉斯算子. 另一方面, 对(4.27d) 式两边同时关于 t 求偏导可得

$$\frac{\partial}{\partial t}(\nabla \times \boldsymbol{B}) = \mu_0 \left(\frac{\partial \boldsymbol{J}}{\partial t} + \epsilon_0 \frac{\partial^2 \boldsymbol{E}}{\partial t^2} \right).$$

将上式与(4.27a)式以及(4.28)式联立可得

$$\mu_0 \epsilon_0 \frac{\partial^2 \boldsymbol{E}}{\partial t^2} - \Delta \boldsymbol{E} = -\mu_0 \frac{\partial \boldsymbol{J}}{\partial t} - \frac{1}{\epsilon_0} \nabla \rho.$$

同理, 我们可以给出磁场强度 $\boldsymbol{B}$ 满足的二阶偏微分方程:

$$\mu_0\epsilon_0\frac{\partial^2\boldsymbol{B}}{\partial t^2}-\Delta\boldsymbol{B}=-\mu_0(\nabla\times\boldsymbol{J}).$$

特别地, 考虑真空中无电流与电荷情形 ($\boldsymbol{J}=\boldsymbol{0}$, $\rho=0$). 此时以上两式可化为

$$\frac{\partial^2\boldsymbol{E}}{\partial t^2}-\frac{1}{\mu_0\epsilon_0}\Delta\boldsymbol{E}=\boldsymbol{0}; \tag{4.29}$$

$$\frac{\partial^2\boldsymbol{B}}{\partial t^2}-\frac{1}{\mu_0\epsilon_0}\Delta\boldsymbol{B}=\boldsymbol{0}. \tag{4.30}$$

这说明磁场强度与电场强度的各个分量均满足波动方程. 此外, 根据 1.4.3 节中的结论, 上述波动方程组的波速, 也就是真空中电磁波的波速, 可由 $1/\sqrt{\mu_0\epsilon_0}$ 来给出. 将真空中介电常数和磁导率值代入, 可以算出电磁波在真空中的传播速度恰好等于光速. □

预 备 知 识

全微分

考虑二维空间一质点在外力场 $\boldsymbol{f}=(f_1,f_2)^{\mathrm{T}}$ 作用下, 从 (x_0,y_0) 点移动到 (x_1,y_1), 则该外力场做功可通过

$$\int_C f_1(x,y)\mathrm{d}x+f_2(x,y)\mathrm{d}y$$

来计算, 其中 C 表示刻画质点运动轨迹的曲线. 通常情况下, 该积分值不仅与起点与终点有关, 也与 C 路径的选取有关.

但存在一种情况, 若可找到一个二元可偏导函数 $\phi=\phi(x,y)$, 使得 $f_1=\phi_x$, $f_2=\phi_y$, 则上述积分与路径选取无关, 并成立以下全微分形式:

$$\mathrm{d}\phi=f_1\mathrm{d}x+f_2\mathrm{d}y=\boldsymbol{f}\cdot\mathrm{d}\boldsymbol{r}. \tag{4.31}$$

此时 ϕ 可以看作系统的一个势能函数, 而外力场 $\boldsymbol{f}$ 称为***保守力场*** (conservative force field).

若要确保(4.31)式的全微分形式, 则需要如下全微分条件成立:

$$\frac{\partial f_1}{\partial y}=\frac{\partial f_2}{\partial x}. \tag{4.32}$$

全微分的讨论也可自然推广至 n 维空间的情形. 对于 n 维空间中的一个向量场 $\boldsymbol{f}$, 若存在一个 n 元函数 $\phi(\boldsymbol{r})$, 满足 $\boldsymbol{f}=\nabla\phi$, 则

$$\mathrm{d}\phi=\boldsymbol{f}\cdot\mathrm{d}\boldsymbol{r}$$

定义了 n 维空间内的一个全微分. 对于三维情形, 向量场 $\boldsymbol{f}$ 所对应的偏微分成为一个全微分的条件是 $\mathbf{curl}\,\boldsymbol{f}=\mathbf{0}$, 其中 $\mathbf{curl}$ 是旋度算子, 其具体表达式在 3.1 节的预备知识中给出.

参数曲线

我们考虑二元函数 $\phi(x,y)$. 对于任意常数 C, $\phi(x,y)=C$ 可看作 $\mathbb{R}^2$ 空间内某曲线对应的隐函数 (implicit function) 表达式. 当参数 C 变化时, $\phi(x,y)=C$ 对应于空间中的一簇参数曲线.

参数曲线可用于确定不同坐标系之间的转换关系. 例如, 图 4.2 分别给出了

$$\phi_1(x,y)=\sqrt{x^2+y^2}=C_1,\quad \phi_2(x,y)=\arctan\frac{y}{x}=C_2$$

的两簇参数曲线. 第一簇曲线由以原点为圆心的系列同心圆组成; 第二簇曲线则由从原点发出的系列射线组成. 若以参数 C_1 和 C_2 作为新的空间自变量, 则这两组参数曲线实际上对应了二维直角坐标系与极坐标系之间的变换关系.

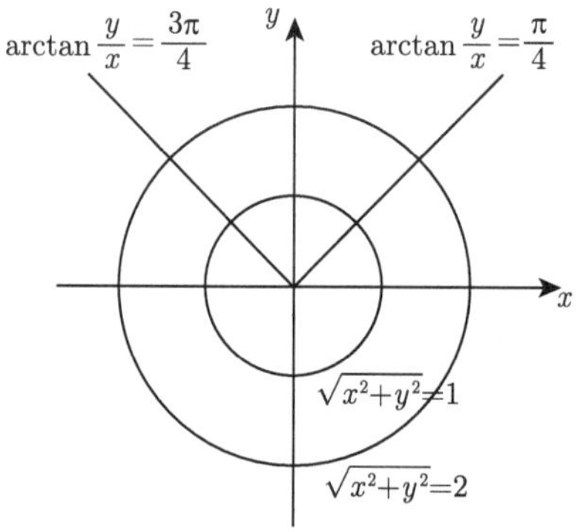

图 4.2　参数曲线示例

对于任意一条参数曲线 $\phi(x,y)=C$, 由隐函数求导法则可知, 该曲线上任意一点的斜率满足

$$\frac{\mathrm{d}y}{\mathrm{d}x}=-\frac{\phi_x}{\phi_y}. \tag{4.33}$$

若我们知道 ϕ_x/ϕ_y 的表达式, 则可以得到一个以 x 为自变量、y 为因变量的一阶常微分方程. 这正是(4.13)式所对应的情形.

特别地, 若 $y = f(x)$ 为上述常微分方程的一个解, 则 $y = f(x) + C$ 也是该常微分方程的解, 其中 C 为常数. 此时, 相应的参数曲线可表达为 $\phi = y - f(x) = C$, 而求解常微分方程时所引入的常数 C 恰好是所对应参数曲线的参数. 此时也称 $\phi(x, y) = C$ 为上述常微分方程所对应的一簇**积分曲线** (integral curve).

积分曲线在物理学研究中有一些应用. 例如, 在流体流动过程中, 其中各物质点在空间中的运动轨迹可组成一簇关于流体运动控制方程的积分曲线, 我们称之为**流线** (streamline).

4.2 二阶线性偏微分方程的相关讨论

在前三章里我们分别讨论了波动方程、热传导方程和泊松方程的建模、求解以及相关性质. 经过 4.1 节讨论我们知道, 这三个偏微分方程分别是二阶线性双曲、抛物以及椭圆型方程的典型代表. 在这一节中, 我们将总结对比以上述三个二阶线性微分方程为代表的三类偏微分方程, 比较它们所刻画的物理机制、求解方法以及相关性质. 本节以专题的形式讨论波动、热传导和泊松方程的各种特点, 并尝试将某些特点的讨论推广到一般双曲、抛物和椭圆方程的情形. 目的是可以举一反三, 帮助读者在未来遇到需要求解线性偏微分方程时选择适合的分析方法.

1. **物理现象**

波动方程主要用于刻画系统的振动过程, 其建模机理是动量守恒定律. 系统中任意一部分会因偏离平衡位置而产生内力, 其大小与位移的空间偏导数成正比. 而局部的内力差又正比于位移关于时间的二阶偏导数, 即加速度. 波动方程对应的物理现象具有信息/物质**传输**的特点, 即时空中某点附近的信息或物质以有限速度, 沿特定 (特征线) 方向传输. 由于一般二阶线性双曲型方程均可以通过坐标变换而转化成具有波动方程形式的标准型, 故二阶线性双曲型方程所对应的物理过程往往也具有信息/物质传输的特点. 由 4.1节的讨论可知, 双自变量二阶双曲型方程在通过坐标变换而化归标准型的过程中, 会引入两簇积分曲线, 对应的正是二阶双曲型方程的两簇特征线. 实际上, 一阶偏微分方程也可能是双曲型的, 其刻画的物理过程也具有信息/物质传输的特点. 一阶双曲型方程在流体力学建模中有广泛的应用.

热传导方程主要用于刻画系统内温度的演化, 其建模机理是傅里叶热传导定律. 热量总是从高温区向低温区扩散, 且扩散速率与温度的负梯度成正比. 换句话说, 热传导方程所描述的物理现象, 其演化原因是物理量在空间中的非均匀分布. 类似的特点也可以推广到一般的抛物型方程, 其背后的核心机制是梯度诱导的**扩散**过程. 因此二阶线性抛物型方程常用来描述化学物质弥散、细胞内营养物质扩散等物理过程. 此外, 抛物型方程也在随机过程、期权定价 (可参考布莱克–斯科尔斯 (Black-Scholes) 模型) 等问题中有广泛的应用.

泊松方程主要用于刻画静电/引力场的空间分布, 其建模机理源于两个核心机制: 一个是基于实验观测获得的本构关系, 另一个是基于物理定律得到的平衡关系. 这一特征也可以由 3.1.2 节中针对多孔介质渗流问题的建模反映出来. 其中的本构关系是基于实验观测的达西定律, 即流体局部平均速度场正比于静水压力场的负梯度, 比例系数由多孔介质几何微结构以及流体黏性这类本征性质决定; 平衡关系是指在任何区域内不可压流体的质量是守恒的. 由此我们还可以看出, 之所以热传导稳态过程也可以由泊松方程描述, 是因为其本构关系来自 (由实验观测总结而得的) 傅里叶热传导定律, 即刻画热量流动的 "场变量" 与温度的空间负梯度成正比; 而在热平衡状态下, 任何封闭区域沿边界流出的热量应与内部的源或汇所产生的热量相等. 因此, 泊松方程所刻画物理过程的核心关键词是梯度诱导的**平衡**状态. 这一特点也可以推广至一般的二阶线性椭圆型方程. 例如, 线弹性静力学的控制方程可以看作是以位移向量为未知量的二阶线性椭圆型向量值方程. 其中的本构关系由胡克 (Hooke) 定律来描述, 即应力 (场) 是位移空间偏导数的线性函数, 比例系数称为弹性常数 (elastic constant); 而弹性体局部静力平衡关系给出了一个守恒关系. 故求解泊松方程定解问题的系列方法, 如变分法等, 均可以用于求解弹性静力学问题.

2. 定解条件

我们已接触到的定解条件可分初始条件和边界条件两类. 由于波动方程与热传导方程描述的是与时间相关的演化过程, 因此需要提相应的初始条件. 但泊松方程描述的是与时间无关的平衡状态, 因此无须提初始条件. 对于波动方程, 我们不仅需要知道系统初始时刻的位移状态, 还需要知道相应的初速度分布. 因此需要提两个初始条件. 而对于热传导方程, 只需要知道系统初始时刻的温度分布, 故只需要一个初始条件.

对于二阶线性偏微分方程, 一般有三种边界条件的提法: 第一类 (狄利克雷型) 边界条件——边界上函数值已知; 第二类 (诺伊曼型) 边界条件——边界上函数的法向导数值已知; 第三类 (罗宾型) 边界条件——边界上函数值与法向导数的某线性组合值已知. 之前的分析告诉我们, 对于二阶偏微分方程, 当所考虑区域有界时, 在区域边界任何一点上只需要提上述三类边界条件的一种, 即可确保相应问题具有唯一解. 特别地, 对于有界区域的泊松方程定解问题, 我们称之为内问题.

当所考虑的为无界区域时, 相应的泊松方程定解问题称为外问题. 此时除了在区域的边界处提上述三类边界条件之一以外, 还需要给出未知函数在无穷远处解的极限状态. 而之于无界区域内的波动方程或热传导方程, 我们只讨论了区域为全空间或半空间的情形, 即柯西问题. 此时未知函数初始时刻在无穷远处的极限值自然蕴含在初始条件中, 且无须给出无穷远处各时刻的"边界条件". 故波动/热传导方程的柯西问题不含有边界条件.

最后讨论二阶线性偏微分方程边界条件的提法. 在图 4.3 中, 我们对比地概括了三类典型的二元二阶线性偏微分方程在区域 $(x,y)\in[0,1]\times[0,1]$ 内定解条件的提法. 在三种情况下, 自变量 $x\in[0,1]$ 均可看作空间自变量. 对于弦振动方程和热传导方程, 自变量 y 对应的是时间自变量; 对于泊松方程, 自变量 y 依然是空间自变量. 与我们前述讨论一致, 三类方程均需要在空间自变量的边界 ($x=0$ 和 $x=1$ 处) 提一个边界条件. 对于弦振动/热传导方程, 我们分别需要在 $y=0$ 处分别给出 2 个或 1 个初始条件, 在时间自变量的另一端 $y=1$ 处无须再提边界条件. 而对于泊松方程, 我们同时需要在空间变量 y 的两端 ($y=0$ 和 $y=1$ 处) 各提一个边界条件. 这在物理上是很好理解的. 对于与时间相关的演化过程, 我们需要知道系统的初始状态, 系统的最终状态 (对应于 $y=1$ 时) 是方程演化的自然结果. 而根据 4.1 节讨论我们还知道, 二阶线性双曲型方程有两簇特征线, 系统的信息是沿着特征线以有限速度从"上游"传播到"下游". 对于二阶线性抛物型方程, 我们可以看作有一条特征线, 因此依然有"上下游"的概念. 因此针对双曲或抛物型方程提定解条件的一个原则是在"上游"提足够的条件, 而无须在"下游"提定解条件. 而二阶线性椭圆型方程是不存在特征线的. 此时区域边界的信息是通过平衡关系"瞬时"传播到内部. 因此针对椭圆型方程提定解条件的一个原则是要在边界的每一点都提供 (一条) 信息. 上述原则也可定性地推广到多未知量的二阶线性双曲、抛物和椭圆型方程的情形.

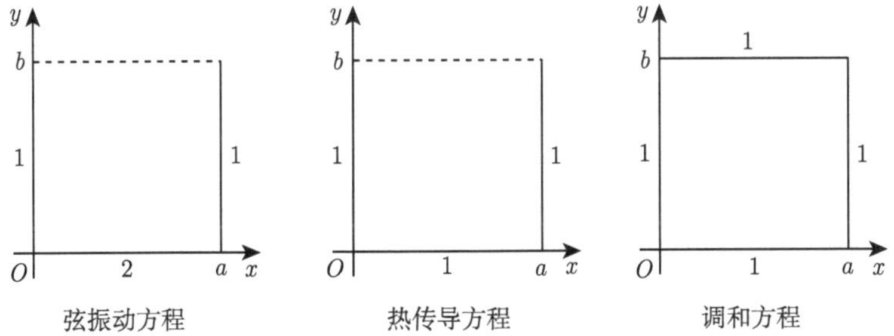

图 4.3　三类二元二阶线性偏微分方程定解条件示例

3. 柯西问题的求解

在 1.2 节中, 我们讨论了如何利用坐标变换的方法求解弦振动方程柯西问题. 这一方法在 4.1节求双曲型方程标准型(4.14)时得到进一步推广. 同时我们也了解到, 推导二元双曲型方程标准型时所引入的坐标变换, 其所对应的两簇积分曲线实际上刻画了双曲型方程的两簇特征线. 因此, 当空间区域为整个欧几里得空间 $\mathbb{R}^n$ 时, 特征线 (及其在高维情形下的推广) 方法是分析求解二阶线性双曲型方程的有效手段. 当空间区域不是整个欧几里得空间时, 边界的影响, 包括波的反射与吸收等, 会限制特征线法的应用. 但我们依然可以对一些在特殊空间区域 (如半空间) 内定义的双曲型偏微分方程问题, 利用特征线法求解, 具体例子可参考 1.2 节的讨论.

在 2.2 节中, 我们讨论了如何利用傅里叶变换与卷积求解 (空间 1~3 维) 热传导方程柯西问题. 其核心思想是对偏微分方程关于空间变量做傅里叶变换, 从而将原偏微分方程转化为常微分方程. 这类求解方法也称为积分变换法. 因为积分运算关于其被积函数是线性的, 积分变换法实际上适用于求解一般线性偏微分方程的柯西问题. 例如, 我们还可以利用积分变换法导出达朗贝尔公式 (1.25)[①]. 需要指出的是, 使用傅里叶变换的前提是所对应的空间区域必须是整个欧氏空间. 当空间区域为半空间时, 我们需要另外引入所谓的*拉普拉斯变换* (Laplacian transform), 本书中就不做详细讨论了.

4. *分离变量法*

在 1.3 节和 2.3 节中, 我们分别讨论了弦振动方程与空间一维热传导方程不同边值类型问题的分离变量法求解. 分离变量法的核心思想是将问题的解表达为

$$u(x;t) \sim \sum_{n\in\mathbb{Z}^+} A_n X_n(x) T_n(t)$$

的形式, 其中级数的每一项均可以写成变量分离的形式且同时满足控制方程与齐次边界条件. 在深入分析上述级数的数学结构后我们发现, $X_n(x)$ 实际上对应某施图姆–刘维尔型系统的一组特征函数. 上式中的 A_n 可以基于该特征函数系的正交性与完备性得到 (见 2.3 节). 这也是分离变量法的关键理论基础. 分离变量法也可以被用来求解泊松方程, 在本书第 3 章课后习题 3.4 中有所讨论.

分离变量法的局限性在于求解的时空几何区域一般是矩形 (或长方体) 区域, 这是因为需要保证边界条件的提法同样具有可分离变量的特征. 值得指出的是, 某些在笛卡儿坐标系下不是矩形的区域, 可能在其他坐标系下成为矩形区域. 例如, 圆域在 ρ-θ 二维极坐标下可以看作矩形区域, 但其上分离变量法的求解需要引入特殊函数 (参考第 5 章的内容). 此外, 用分离变量法处理高维问题时其计算相对较复杂. 尽管如此, 分离变量法仍是求解线性齐次偏微分方程定解问题的重要工具, 具体例子可在振动分析、量子力学等应用领域看到.

① 具体推导过程可参考王元明,《数学物理方程与特殊函数》(第四版. 北京: 高等教育出版社), 3.4 节例 4.

5. 变分原理

在 3.2 节中, 我们介绍了变分原理. 针对稳态问题, 变分原理的物理意义比较直观, 即系统的稳态一定与系统 (在满足边界条件的前提下的) 某种能量取极小状态相对应. 变分法的一大特点是寻找偏微分方程的 “弱解”. 具体做法是将微分方程乘以一个测试函数后两边积分. 一般情况下, 我们会通过格林公式导出该偏微分方程的 “弱形式”. 此时若能找到某函数对于任一测试函数均满足该弱形式, 则该函数就是原问题的 “弱” 解. 之所以称之为弱解, 原因是其在光滑性的要求上要弱一些. 例如, 泊松方程的经典解需要逐点可二阶偏导, 而满足其弱形式 (3.25) 的解只要求一阶偏导数可积.

尽管变分法并不能帮助我们给出泊松方程解的解析表达式, 但它为数值求解偏微分方程开辟了全新的思路. 变分法是有限元方法的理论基础, 其优势在于所对应的数值格式也适用于处理复杂几何区域上的偏微分方程问题. 实际上, 变分的思路不仅适用于求解椭圆型方程, 也可以推广到求解线性双曲和抛物型方程, 甚至可以用来分析一些非线性问题. 变分法更严格的数学理论基础可以在泛函分析中了解与学习.

6. 格林函数法

在 3.4~3.6 节中, 我们以三维泊松方程狄利克雷型边值问题为例介绍了格林函数法. 该方法的基本思想是引入狄拉克 δ 函数作为泊松方程的右端项, 求解对应的齐次狄利克雷边值问题后即可得到相应的格林函数. 其他泊松方程定解问题的解, 则可通过格林函数与原方程右端项 f 做卷积外加一个由格林函数诱导的边界积分得到. 然而, 求解格林函数的具体表达形式在许多情况下与求解原问题有至少相同的难度. 但是对于特定区域, 例如半空间、球域, 我们可以利用静电源像法给出格林函数的表达式. 此外, 格林函数法也是边界元方法的理论基础.

还需指出的是, 格林函数这一相对经典的线性偏微分方程求解思想, 在现今人工智能迅速发展的时代可能迸发出新的创新动力. 这是因为, 格林函数的构造本质上是 “问题无关” 的, 即对于给定结构 (定义域)、机理 (控制方程) 以及加载形式 (边界条件类型), 所对应偏微分方程定解问题的格林函数独立于实际的加载工况 (边界条件的具体内容). 因此, 可以在前期线下阶段花一点时间 “训练” 神经网络等代理模型来 “记下” 典型结构与工况类型所对应的格林函数形式. 当需要分析某给定工况时, 我们只需在在线阶段计算格林函数与 (具体工况所对应的) 右端项函数的卷积, 即可得到系统对该工况的实际响应. 因此, 格林函数的思想值得读者仔细揣摩, 并结合当代技术加以应用.

实际上, 格林函数法不仅可以用在泊松方程等二阶线性椭圆问题当中, 也可以用于求解其他类型的二阶偏微分方程 [1,10], 在本书暂不讨论.

7. 极值原理

在 2.4 节中, 我们首先讨论了热传导方程的极值原理. 它告诉我们, 在内部无热源/汇的情形下, 热传导过程的温度极值一定等于在初始时刻或边界处的极值. 极值原理的物理意义非常直观. 根据傅里叶热传导定律, 热量是沿着温度的负梯度方向传输的. 在无热源的情形下, 系统最高温度点不会有净热量流入, 因此温度只能下降或保持不变. 这一特征也被热传导过程的稳态描述, 也就是调和方程所继承 (参考 3.7 节). 从某种意义上讲, 调和函数极值原理的结论更强. 根据 3.7 节的强极值原理, 调和函数在边界处取到极值的同时, 其外法向导数不能为零. 极值原理主要用于判断热传导方程/泊松方程解的唯一性与稳定性.

值得指出的是, 双曲型方程一般没有极值原理的提法. 例如, 波动方程描述的是波沿特征线 (无损耗) 的传播过程. 根据波的叠加原理, 两个高振幅的波很可能在内部叠加形成一个更高的波峰. 一般地讲, 具有极值原理特点的物理过程, 其演化速度是正比于未知物理量梯度的.

8. 能量估计

波动方程的唯一性证明是借助其能量表达式 (1.97) 完成的. 实际上, 能量方法是分析双曲型方程解性质的重要方法之一. 而波动过程稳态情形可由调和方程描述, 故也可以利用能量估计的方法证明调和方程解的唯一性 (详见 3.7 节的讨论).

9. 总结

在表 4.2 中我们对三大类线性偏微分方程的物理背景、求解方法以及性质分析工具进行总结, 并在相应的概念后标明其对应本书出处的章节.

表 4.2　二阶双曲、抛物与椭圆型偏微分方程的物理背景、求解方法与性质分析工具总结

类型	双曲 (4.1节)	抛物 (4.1节)	椭圆 (4.1节)
物理特征	信息/物质传输	梯度扩散传热	平衡, 时间无关
代表方程	$u_{tt}-a^2\Delta u=f$ 波动 (1.1 节, 1.4 节)	$u_t-a^2\Delta u=f$ 热传导 (2.1 节)	$-\Delta u=f$ 静电场 (3.1 节)
定解条件	2 初值,2 边值 (1.1 节)	1 初值,2 边值 (2.1 节)	内外问题 (3.1 节)
柯西问题	特征线法 (1.2 节) 积分变换法适用	积分变换法 (2.2 节)	
分离变量法	施图姆–刘维尔型系统 (1.3 节, 2.3 节)		适用
变分法	适用	适用	能量极小 (3.2 节)
格林函数法	适用	适用	静电源像法 (3.5 节)
唯一性证明	能量不等式 (1.5 节)	极值原理 (2.4 节)	能量和强极值原理 (3.7 节)
重要工具	微元法 (1.1 节) 齐次化原理 (1.2 节)	傅里叶变换 卷积 (2.2 节)	径向解 (3.3 节) δ 函数 (3.6 节)

课 后 习 题

4.1 判别下列偏微分方程的类型:

(a) $y^2u_{xx} - x^2u_{yy} = 0$;

(b) $\sin^2 xu_{xx} + u_{yy} = 0$;

(c) $xyu_{xx} + u_{yy} = 0$;

(d) $u_{xx} + u_{yy} + 4u_{zz} + 2u_{xy} - 4u_{xz} = 0$.

4.2 将下列方程化为标准形式 ((4.14)式, (4.17) 式或(4.21)式):

(a) $5u_{xx} + 4u_{xy} + u_{yy} + 2u_x + 3u_y = 0$;

(b) $y^2u_{xx} + 2xyu_{xy} + x^2u_{yy} = 0$;

(c) $xu_{xx} + u_{yy} = 0$;

(d) $(3 + \sin^2 y)u_{xx} + 2\cos yu_{xy} - u_{yy} = 0$.

第二部分

特 殊 函 数

第 5 章　贝塞尔函数

从本章起, 我们将介绍*特殊函数* (special function) 的性质与应用. 特殊函数是指在数学物理或其他数学学科分支中具有重要应用价值的函数. 特殊函数在概念上与*初等函数* (elementary function) 形成对比. 初等函数, 包括三角函数等, 更多源于算术、几何等人类直觉. 而特殊函数则更多源于求解微分方程或其他需要. 用比喻讲, 初等函数就像自然数, 而特殊函数就像圆周率 π. 尽管圆周率并不是一个让人可以自然想到的数, 但其具有重要的意义. 因此人们将它从众多无理数中明确出来, 并用一个专门符号来表达. 类似地, 特殊函数也因其在数学物理或其他研究中的重要价值, 被从众多函数中明确出来, 并给予专门的符号表达. 正因为特殊函数的定义源自其应用价值, 特殊函数并没有统一的数学表达模式. 例如, 我们在微积分课程中曾经接触过的*伽马函数* (gamma function) 就是一类典型的特殊函数. 本章将围绕一类特殊函数——*贝塞尔函数* (Bessel function) 展开讨论. 本章内容总结在知识地图图 5.1 中.

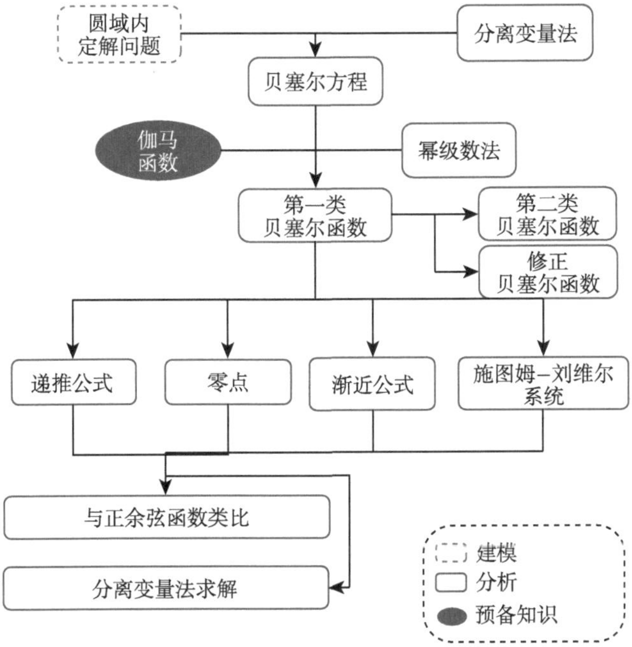

图 5.1　知识地图——贝塞尔函数

5.1　贝塞尔方程与贝塞尔函数

5.1.1　贝塞尔方程的导出

给定半径为 R 的圆域 $\mathcal{O}_R = \{(x,y)|x^2+y^2 \leqslant R^2\}$, 考虑其上满足齐次边界条件的齐次热传导方程问题, 即

$$\begin{cases} u_t - a^2(u_{xx}+u_{yy}) = 0, \quad (x,y)\in\mathcal{O}_R,\, t>0; \\ u|_{t=0} = \phi(x,y); \\ u|_{\partial\mathcal{O}_R} = 0. \end{cases} \tag{5.1}$$

考虑使用分离变量法对问题(5.1)进行求解. 首先假设未知函数 u 具有时空变量分离的形式:

$$u(x,y;t) = T(t)V(x,y).$$

这里与 2.3 节不同的是, 关于空间变量的函数不是一元函数了. 将上式代入问题(5.1)的控制方程中得到

$$\frac{T'}{a^2T} = \frac{1}{V}\cdot(V_{xx}+V_{yy}) = -\lambda,$$

其中, λ 是在时空变量分离过程中引入的常数 (其详细推导可参考 2.3 节). 这样我们可以将原问题中的热传导方程解耦为一个时间变量所满足的常微分方程:

$$T' + a^2\lambda T = 0$$

和一个空间变量所满足的 (椭圆型) 偏微分方程:

$$\begin{cases} \Delta V + \lambda V = 0; \\ V|_{r=R} = 0, \end{cases} \tag{5.2}$$

其中, $\Delta V = V_{xx}+V_{yy}$. (5.2) 式中 V 所满足的偏微分方程称为*亥姆霍兹方程* (Helmholtz equation).

若继续使用分离变量法对亥姆霍兹方程所定义的偏微分方程问题(5.2) 进行求解, 我们发现, 由于此时考虑的是圆域, 在直角坐标系下问题(5.2) 的边界条件关于 x 和 y 是无法解耦的. 为此我们引入极坐标变换:

$$\begin{cases} r = \sqrt{x^2+y^2}; \\ \theta = \tan^{-1}\left(\dfrac{y}{x}\right). \end{cases}$$

再利用 (3.29) 式中拉普拉斯算子的二维极坐标表达, 可将问题(5.2)转化为在二维极坐标下定义的一个定解问题:

$$\begin{cases} V_{rr}+\dfrac{1}{r}V_r+\dfrac{1}{r^2}V_{\theta\theta}+\lambda V=0; \\ V|_{r=R}=0. \end{cases} \tag{5.3}$$

在 r-θ 坐标系中, 原问题的边界条件只发生在 $r=R$ 处, 与 θ 的取值无关, 即原问题的边界条件在空间二维极坐标系中可以解耦. 因此可继续利用分离变量法求解问题(5.3). 假设 V 具有如下变量分离的形式:

$$V(r,\theta)=\mathcal{P}(r)\Theta(\theta).$$

于是(5.3)式中的亥姆霍兹方程可改写为

$$\Theta\left(\mathcal{P}''+\frac{1}{r}\mathcal{P}'\right)+\frac{1}{r^2}\mathcal{P}\Theta''+\lambda\mathcal{P}\Theta=0.$$

类似之前分离变量法的操作, 将上式两端同除以 $\mathcal{P}\Theta/r^2$ 并将关于 r 和 θ 的函数分列在等式两边, 得到

$$-\frac{r^2\mathcal{P}''+rP'}{\mathcal{P}}-\lambda r^2=\frac{\Theta''}{\Theta}=-\nu,$$

其中, ν 是在变量分离过程中引入的另一个常数. 值得指出的是, 因为我们使用了两次分离变量, 在推导过程中会引入两个 (特征值) 常数 λ 和 ν, 在后续计算中要注意区分.

由此可以得到一个关于 $\Theta(\theta)$ 的常微分方程定解问题:

$$\begin{cases} \Theta''+\nu\Theta=0, \quad \theta\in[0,2\pi]; \\ \Theta(0)=\Theta(2\pi), \quad \Theta'(0)=\Theta'(2\pi) \end{cases} \tag{5.4}$$

和一个关于 $\mathcal{P}(r)$ 的常微分方程定解问题:

$$\begin{cases} r^2\mathcal{P}''+r\mathcal{P}'+(\lambda r^2-\nu)\mathcal{P}=0, \quad r\in(0,R); \\ \mathcal{P}|_{r=R}=0. \end{cases} \tag{5.5}$$

需要指出的是, 问题(5.4)的边界条件源于 $\Theta(\theta)$ 必须是以 2π 为周期的函数. 为确保 $\Theta(\theta)$ 的周期性, 可以验证, 特征值 $\nu\geqslant 0$. 故问题(5.4)中常微分方程的通解可表达为

$$\Theta(\theta)=A\cos\sqrt{\nu}\theta+B\sin\sqrt{\nu}\theta.$$

此时只有在 $\nu = \nu_n = n^2$, $n \in \mathbb{Z}$ 时, $\Theta(\theta)$ 才能是以 2π 为周期的函数, 即问题(5.4)存在非平凡解. 实际上, $\nu_n = n^2$ 是问题(5.4)所对应的第 n 个特征值, 其所对应的特殊函数为

$$\Theta_n(\theta) = A_n \cos n\theta + B_n \sin n\theta.$$

至此我们完成了对第一组特征值问题(5.4)的求解.

随后将所得到的第一组特征值 $\nu = \nu_n = n^2$ 代入第二组关于 λ 的特征值问题(5.5)中, 可得

$$\begin{cases} r^2\mathcal{P}'' + r\mathcal{P}' + (\lambda r^2 - n^2)\mathcal{P} = 0, \quad r \in (0, R); \\ \mathcal{P}|_{r=R} = 0. \end{cases} \tag{5.6}$$

(5.6) 式中 $\mathcal{P}(r)$ 的控制方程是一个二阶线性常微分方程. 若能够找到关于该方程的两个相互独立的通解, 我们就可以进一步代入边界条件求解第二个特征值问题(5.6).

为此, 可以考虑如下以 x 为自变量、y 为因变量的另一个二阶线性常微分方程:

$$x^2\frac{\mathrm{d}^2y}{\mathrm{d}x^2} + x\frac{\mathrm{d}y}{\mathrm{d}x} + (x^2 - n^2)y = 0. \tag{5.7}$$

可以验证, 若 $y = F(x)$ 为(5.7)式的一个解, 则 $\mathcal{P}(r) = F(\sqrt{\lambda}r)$ 就满足问题(5.6)中的控制方程. 相比于问题(5.6)中的控制方程, (5.7)式中只含有一个参数 n, 更加便于分析. 我们将具有(5.7)式形式的二阶线性常微分方程称为 n 阶贝塞尔微分方程, 或简称为*贝塞尔方程* (Bessel equation).

5.1.2 第一类贝塞尔函数

我们考虑贝塞尔方程更一般化的情形, 即其阶数可以不限于取整数的情形. 为区别起见, 将(5.7)式中的 n 换作 (任意复数)α, 则 α 阶贝塞尔方程可表达为如下形式:

$$x^2\frac{\mathrm{d}^2y}{\mathrm{d}x^2} + x\frac{\mathrm{d}y}{\mathrm{d}x} + (x^2 - \alpha^2)y = 0. \tag{5.8}$$

我们的目标是找到满足贝塞尔方程(5.8)的两个线性无关的解.

这里的思路是寻找满足贝塞尔方程的级数解. 由于(5.8)式中未知量的系数均为关于自变量 x 的多项式, 因此可以考虑寻找满足贝塞尔方程的幂级数表达形式. 实际上, 对于一个不可解析求解且系数为自变量多项式的线性常微分方程, 寻找其幂级数表达式是一种重要的求解手段.

假设贝塞尔方程(5.8)的解在 $x=0$ 附近有如下类似幂级数展开的形式:

$$y=\left(a_0+a_1x+a_2x^2+\cdots\right)x^c=\left(\sum_{m=0}^{\infty}a_mx^m\right)x^c. \tag{5.9}$$

关于(5.9)式中所假定的级数形式, 有以下几点讨论. 第一, 若所关注的解在 $x=0$ 处取零值时, 我们是无法预判其在 $x=0$ 附近为几阶小量的, 这就造成了级数起始项的不确定性. 为消除该不确定性, 在级数展开式中引入了因子 x^c. 此时可要求 $a_0\neq 0$, 幂指数 c 就决定了该级数在 $x=0$ 附近的量阶, 而计算幂指数 c 的值也是级数求解的一部分. 第二, 这里只考虑所有令(5.9)式中级数一致收敛的情形. 注意到(5.9)式中级数与传统幂级数表达只差一个因子 x^c, 可以类似地引入收敛半径的概念, 即存在一个收敛半径 R, 当 $|x|<R$ 时, 上述级数一致收敛.

此时, 我们需要利用贝塞尔方程确定(5.9)式的系数 a_m 与幂指数 c 的值. 在(5.8)式中出现了 y 关于 x 的导数项. 因此, 可对(5.9) 式两边关于 x 求导并利用一致收敛级数求和与求导可交换的性质, 从而有

$$\frac{\mathrm{d}y}{\mathrm{d}x}=\frac{\mathrm{d}}{\mathrm{d}x}\left(a_m\sum_{m=0}^{\infty}x^{m+c}\right)=\sum_{m=0}^{\infty}a_m(m+c)x^{m+c-1}.$$

再关于 x 求导有

$$\frac{\mathrm{d}^2y}{\mathrm{d}x^2}=\sum_{m=0}^{\infty}a_m(m+c)(m+c-1)x^{m+c-2}.$$

由此可以验证:

$$\begin{aligned}&x^2\frac{\mathrm{d}^2y}{\mathrm{d}x^2}+x\frac{\mathrm{d}y}{\mathrm{d}x}-\alpha^2y\\=&\sum_{m=0}^{\infty}\left[a_m(m+c)(m+c-1)+a_m(m+c)-a_m\alpha^2\right]x^{m+c}\\=&\sum_{m=0}^{\infty}a_m\left[(m+c)^2-\alpha^2\right]x^{m+c}.\end{aligned} \tag{5.10}$$

此外,

$$x^2y=\sum_{m=0}^{\infty}a_mx^{m+c+2}=\sum_{m=2}^{\infty}a_{m-2}x^{m+c}. \tag{5.11}$$

这里为保证 (5.11) 式与(5.10)式中的级数的幂次对应, 使用了级数下标变换技术, 即先将 (5.11) 式中间级数的下标 m 由 $k=m+2$ 代替. 再根据级数下标字母选取的任意性, 用 m 将下标 k 换回就得到了 (5.11) 式右端项.

注意到, (5.10)式与(5.11)式左端项求和恰好对应于贝塞尔方程(5.8)的左端项, 由此便得到贝塞尔方程(5.8)所对应的幂级数表达形式:

$$a_0(c^2-\alpha^2)x^c+a_1\left[(c+1)^2-\alpha^2\right]x^{c+1}+\sum_{m=2}^{\infty}\left\{a_m\left[(m+c)^2-\alpha^2\right]+a_{m-2}\right\}x^{m+c}=0. \tag{5.12}$$

注意到, (5.12) 式的求和是从 $m=2$ 开始的. 这是因为(5.11)式的求和是从 $m=2$ 起始的, 故(5.10)式中的零阶项与一阶项需要单独列出.

若要保证由级数所定义的(5.12)式成立, 则对于任意 m, x^{m+c} 的系数均应为 0. 之于最低阶项 x^c 的系数, 需满足

$$a_0(c^2-\alpha^2)=0. \tag{5.13}$$

由于我们已经要求 $a_0\neq 0$, 故 $c=\pm\alpha$.

我们首先考虑 $c=\alpha\geqslant 0$ 的情形, 代入(5.12)式有

$$a_1\left[(\alpha+1)^2-\alpha^2\right]x^{\alpha+1}+\sum_{m=2}^{\infty}\left\{a_m\left[(m+\alpha)^2-\alpha^2\right]+a_{m-2}\right\}x^{\alpha+m}=0. \tag{5.14}$$

令 $x^{\alpha+1}$ 的系数为 0, 于是有 $a_1(2\alpha+1)=0$. 由于 $\alpha\geqslant 0$, 可得 $2\alpha+1>0$, 于是有

$$a_1=0.$$

再令(5.14)式中 $x^{\alpha+m}$ 的系数为零得到

$$a_m\left[(m+\alpha)^2-\alpha^2\right]+a_{m-2}=0$$

对于任意 $m\geqslant 2$ 的整数均成立. 由此可得到递推公式:

$$a_m=-\frac{a_{m-2}}{m(2\alpha+m)}. \tag{5.15}$$

因为 $a_1=0$, 由该递推公式可得 $a_3=a_5=\cdots=0$, 即当 m 为正奇数时, $a_m=0$.

当 m 为偶数的情形, 不妨令 $m=2k$, $k=0,1,\cdots$. 递推公式(5.15)可改写为

$$a_{2k}=-\frac{a_{2k-2}}{2^2(\alpha+k)k}. \tag{5.16}$$

递推求解得

$$a_2 = -\frac{a_0}{2^2(\alpha+1)1}, \quad a_4 = \frac{a_0}{2^{2\cdot 2}(\alpha+1)(\alpha+2)1\cdot 2}, \quad \cdots.$$

我们进一步给出 a_{2k} 的通项公式:

$$a_{2k} = \frac{(-1)^k a_0}{2^{2k}(\alpha+1)(\alpha+2)\cdots(\alpha+k)k!}. \tag{5.17}$$

由于 a_0 是非零的任意常数, 可以选取适当 a_0 的值以简化(5.17)式. 这里取

$$a_0 = \frac{1}{2^\alpha \Gamma(\alpha+1)},$$

其中, $\Gamma(\cdot)$ 为伽马函数, 其相关性质可参考本节后的预备知识部分. 利用伽马函数的递推关系 $z\Gamma(z) = \Gamma(z+1)$(可参考(5.25)式), 我们发现, 若将上式中的 a_0 代入(5.17)式, 则 $\Gamma(\alpha+1)$ 与分母中的 $(\alpha+1)$ 因子相乘变成 $\Gamma(\alpha+2)$. 再与分母中的 $(\alpha+2)$ 因子相乘, 变成 $\Gamma(\alpha+3)$. 重复此过程, 有

$$\Gamma(\alpha+1)\cdot[(\alpha+1)(\alpha+2)\cdots(\alpha+k)] = \Gamma(\alpha+k+1).$$

因此, (5.17)式中的系数 a_{2k} 可以进一步表达为

$$a_{2k} = \frac{(-1)^k}{2^{\alpha+2k}\Gamma(\alpha+k+1)k!}. \tag{5.18}$$

将 $c=\alpha$, $a_{2k+1}=0$ 以及(5.18)式代入(5.9)式, 可以得到满足贝塞尔方程(5.8)的一个级数解:

$$y = \sum_{k=0}^{\infty} \frac{(-1)^k x^{\alpha+2k}}{2^{\alpha+2k}k!\Gamma(\alpha+k+1)} = \sum_{k=0}^{\infty} \frac{(-1)^k}{k!\Gamma(\alpha+k+1)} \cdot \left(\frac{x}{2}\right)^{\alpha+2k}.$$

不难验证, 上述级数在 $x\in\mathbb{R}$ 内一致收敛. 实际上, 上式中的级数定义了一组以 α 为参数、定义域为整个实数域的函数. 我们用符号 $\mathrm{J}_\alpha(x)$ 来表达这个由级数定义的函数:

$$\mathrm{J}_\alpha(x) = \sum_{k=0}^{\infty} \frac{(-1)^k}{k!\Gamma(\alpha+k+1)} \cdot \left(\frac{x}{2}\right)^{\alpha+2k}. \tag{5.19}$$

$\mathrm{J}_\alpha(x)$ 称为 α 阶**第一类贝塞尔函数** (Bessel function of the first kind). 第一类贝塞尔函数是贝塞尔方程(5.19)的一个解. 特别地, 当 α 取整数 n 时, 对应的 $\mathrm{J}_n(x)$ 称

为整数阶贝塞尔函数 (Bessel function of integer order); 当 α 为半整数 $n+\dfrac{1}{2}$ 时, 对应的 $\mathrm{J}_{n+\frac{1}{2}}(x)$ 称为半整数阶贝塞尔函数 (Bessel function of half-integer order).

值得指出的是, 第一类贝塞尔函数是通过其级数展开(5.19)式引入的. 这与定义初等函数的逻辑恰好相反. 对于初等函数, 通常是首先给出其函数具体形式, 随后计算得到其泰勒级数表达式. 但对于许多特殊函数, 通过级数表达式来给出其自变量–因变量映射关系是一种常见的手段. 这就好比圆周率 π 是一个重要的无理数, 其严格的数值描述可通过无限不循环小数 $\pi = 3.1415926\cdots$ 来给出. 同样道理, 在数学物理中的一系列重要特殊函数, 如此处的贝塞尔函数, 都是通过级数无限项求和的方式来定义的.

5.1.3 第二类贝塞尔函数

我们已经找到贝塞尔方程(5.8)的一组通解 $\mathrm{J}_\alpha(x)$. 接下来寻找贝塞尔方程另一组与 $\mathrm{J}_\alpha(x)$ 线性无关的通解. 很自然地, 我们想到在求解(5.14)时, 还可以选择令 $c=-\alpha$. 重复上述过程, 可得参数为负数的第一类贝塞尔函数的级数表达式:

$$\mathrm{J}_{-\alpha}(x)=\sum_{k=0}^{\infty}\frac{(-1)^k}{k!\Gamma(-\alpha+k+1)}\cdot\left(\frac{x}{2}\right)^{-\alpha+2k}. \tag{5.20}$$

若 $\mathrm{J}_{-\alpha}(x)$ 与 $\mathrm{J}_\alpha(x)$ 线性无关, 就可选用 $\mathrm{J}_{-\alpha}(x)$ 作为贝塞尔方程(5.8)的另一个通解. 然而, 这个结论并不完全成立. 例如, 当 $\alpha=0$ 时, $\mathrm{J}_{-\alpha}(x)=\mathrm{J}_\alpha(x)=\mathrm{J}_0(x)$. 实际上, 我们有如下引理.

引理 整数阶第一类贝塞尔函数 $\mathrm{J}_n(x)$ 与 $\mathrm{J}_{-n}(x)$ 是线性相关的, 满足

$$\mathrm{J}_{-n}(x)=(-1)^n\mathrm{J}_n(x). \tag{5.21}$$

证明 将(5.20)式中的 $-\alpha$ 换作负整数 $-n$ 可得

$$\mathrm{J}_{-n}(x)=\sum_{k=0}^{\infty}\frac{(-1)^k}{k!\Gamma(-n+k+1)}\cdot\left(\frac{x}{2}\right)^{-n+2k}.$$

根据本节后对伽马函数的讨论可知, 对于任意非正整数 m, $1/\Gamma(m)=0$. 因此上述级数前 n 项 (从 $k=0$ 到 $k=n-1$) 的系数为零. 因此上述级数可以等价地写成

$$\mathrm{J}_{-n}(x)=\sum_{k=n}^{\infty}\frac{(-1)^k}{k!\Gamma(-n+k+1)}\cdot\left(\frac{x}{2}\right)^{-n+2k}=\sum_{m=0}^{\infty}\frac{(-1)^{m+n}}{(m+n)!\Gamma(m+1)}\cdot\left(\frac{x}{2}\right)^{n+2m},$$

这里再次更换级数下标令 $m = k - n$. 注意到 $(m+n)! = m! \cdot (m+1) \cdots (m+n)$, 而

$$(m+1)(m+2)\cdots(m+n)\Gamma(m+1) = \Gamma(n+m+1),$$

最终 $\mathrm{J}_{-n}(x)$ 可表达为

$$\mathrm{J}_{-n}(x) = (-1)^n \sum_{m=0}^{\infty} \frac{(-1)^m}{m!\Gamma(n+m+1)} \cdot \left(\frac{x}{2}\right)^{n+2m}.$$

对比(5.19)式发现上式的级数就等于 $\mathrm{J}_n(x)$, 因此引理得证. □

故我们仍需寻找贝塞尔方程(5.8)与 $\mathrm{J}_\alpha(x)$ 线性无关的通解. 为此定义

$$\mathrm{N}_\alpha(x) = \lim_{\nu \to \alpha} \frac{\mathrm{J}_\nu(x)\cos\nu\pi - \mathrm{J}_{-\nu}(x)}{\sin\nu\pi}. \tag{5.22}$$

当 α 不为整数时, 直接将 (5.22) 式中的 ν 换成 α 即是 N_α 的表达式. 由于 $\mathrm{J}_\alpha(x)$ 与 $\mathrm{J}_{-\alpha}(x)$ 均为 α 阶贝塞尔方程的解, 其线性组合 N_α 自然也是(5.8)式的解.

当 α 为整数 n 时, 根据前面的引理, (5.22)式中的极限为 “0/0” 型. 可以利用*洛必达法则* (L'Hospital rule) 来进一步给出 N_n 的表达式. 由于其推导过程比较冗长, 在此就不展开讨论. 但同样可以证明, $\mathrm{N}_n(x)$ 是 n 阶贝塞尔方程的一个解, 且与 $\mathrm{J}_n(x)$ 线性无关.

我们将由(5.22)式所定义的 $\mathrm{N}_\alpha(x)$ 称为 α 阶*第二类贝塞尔函数* (Bessel function of the second kind), 也称为*诺伊曼函数* (Neumann function). 这样 α 阶贝塞尔方程(5.8)的通解就可以由两类贝塞尔函数 $\mathrm{J}_\alpha(x)$ 与 $\mathrm{N}_\alpha(x)$ 的线性组合表达. 图 5.2 给出了两类贝塞尔函数在 $\alpha = 0, 1, 2, 3$ 时的图像. 通过观察可以发现, 当 x 趋于 0 时, 第二类贝塞尔函数是趋于负无穷的:

$$\lim_{x \to 0^+} \frac{1}{\mathrm{N}_\alpha(x)} = 0. \tag{5.23}$$

至此我们给出了两类贝塞尔函数的定义. 需要指出的是, 贝塞尔函数是通过一个线性常微分方程 (即贝塞尔方程) 诱导定义的, 且我们对其的第一印象是通过其级数表达式建立的. 这似乎与我们以往学习初等函数的方式不同. 实际上, 贝塞尔函数与初等函数, 特别是正余弦三角函数有着极多的相似之处. 例如, 正余弦函数也可以通过线性常微分方程 $\Theta''(x) + \alpha^2\Theta(x) = 0$ 诱导定义. 在 5.2 节中, 我们将讨论贝塞尔函数的性质, 更进一步揭示贝塞尔函数与初等函数的类比关系.

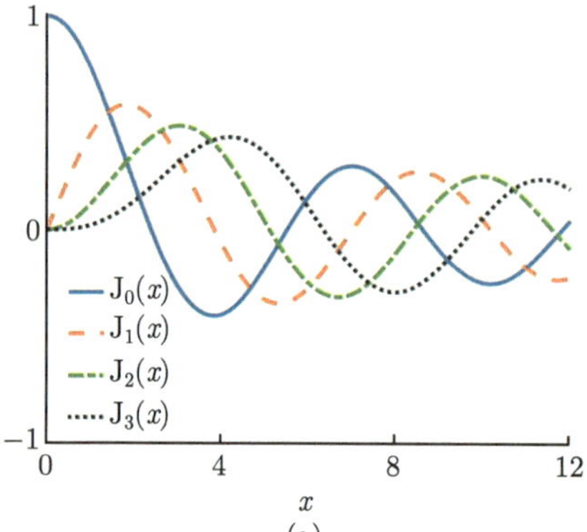

(a)

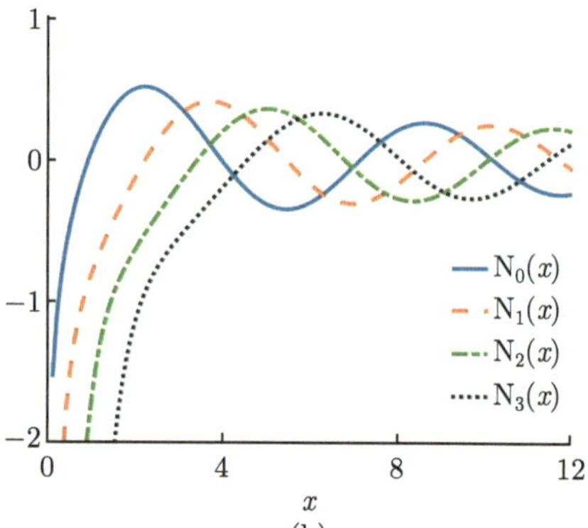

(b)

图 5.2 两类贝塞尔函数 (a) $\mathrm{J}_\alpha(x)$ 与 (b) $\mathrm{N}_\alpha(x)$ 的图像

预 备 知 识

伽马函数

我们在微积分的课程里已经接触过伽马函数这类特殊函数, 其定义如下:

$$\Gamma(z)=\int_0^{\infty}\mathrm{e}^{-x}x^{z-1}\mathrm{d}x. \tag{5.24}$$

伽马函数有如下性质.

- *递推公式* (recurrence formula):

$$\Gamma(z+1)=z\Gamma(z). \tag{5.25}$$

- *反射公式* (reflection formula):

$$\Gamma(z)\Gamma(1-z)=-z\Gamma(z)\Gamma(-z)=\frac{\pi}{\sin\pi z}. \tag{5.26}$$

伽马函数的递推公式可以直接通过定义验证. 值得指出的是, 上述性质对于 z 为复数的情形也同样成立.

利用上述性质, 可以导出伽马函数在某些特定点的值. 首先根据定义直接可知 $\Gamma(1)=1$. 再运用递推公式(5.25)可得 $\Gamma(2)=1\cdot\Gamma(1)=1$. 实际上, 递推公式(5.25)可以写成更一般的形式:

$$\Gamma(z+n)=(z+n-1)\cdots(z+1)\Gamma(z+1), \tag{5.27}$$

其中, n 为正整数. 若令 (5.27) 式中的 $z=1$, 就有

$$\Gamma(n+1)=n!.$$

再利用上式以及反射公式(5.26)可得

$$\frac{1}{\Gamma(-n)}=-\frac{n\Gamma(n)\sin\pi n}{\pi}=0.$$

同样也可验证: $1/\Gamma(0)=0$. 也就是说, $\Gamma(z)$ 在 z 趋向于 0 或任意负整数时, 其值趋向于无穷大.

此外, 若令(5.26)式中 $z=1/2$, 则可知

$$\Gamma\left(\frac{1}{2}\right)=\sqrt{\pi}.$$

若(5.27)式中 $z=1/2$ 则有

$$\Gamma\left(n+\frac{1}{2}\right)=\left(n-\frac{1}{2}\right)\cdots\frac{1}{2}\cdot\Gamma\left(\frac{1}{2}\right)=\frac{1\cdot3\cdot5\cdots(2n-1)\sqrt{\pi}}{2^n}=\frac{(2n)!\sqrt{\pi}}{2^{2n}n!}. \tag{5.28}$$

再利用反射公式有

$$\Gamma\left(-n+\frac{1}{2}\right)=\frac{\pi}{\sin\left(n\pi+\dfrac{\pi}{2}\right)\Gamma\left(n+\dfrac{1}{2}\right)}=(-1)^n\frac{2^{2n}n!\sqrt{\pi}}{(2n)!}. \tag{5.29}$$

总而言之, 伽马函数在正整数点或半整数点处的函数值是可以解析计算得到的. 图 5.3 给出了伽马函数的图像, 以及一些关键点的坐标.

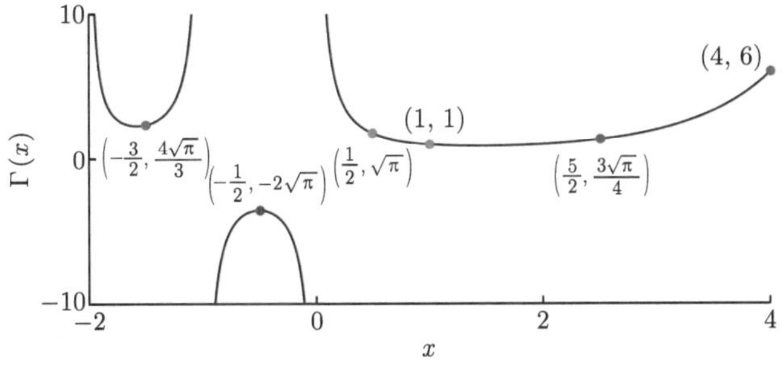

图 5.3　伽马函数图像与关键点坐标

5.2　贝塞尔函数的性质

5.1 节我们给出了两类贝塞尔函数的定义, 本节将着重讨论它们的性质. 在本节最后将贝塞尔函数与正余弦函数进行类比, 以深入对贝塞尔函数性质的理解.

5.2.1 递推公式

贝塞尔函数的递推公式是指 α 阶贝塞尔函数与其相邻 $(\alpha\pm1)$ 阶贝塞尔函数之间的等式关系. 首先给出第一类贝塞尔函数的递推关系:

$$\frac{\mathrm{d}}{\mathrm{d}x}\left[x^{\alpha}\mathrm{J}_{\alpha}(x)\right]=x^{\alpha}\mathrm{J}_{\alpha-1}(x),\quad \frac{\mathrm{d}}{\mathrm{d}x}\left[x^{-\alpha}\mathrm{J}_{\alpha}(x)\right]=-x^{-\alpha}\mathrm{J}_{\alpha+1}(x). \tag{5.30}$$

现证明上述递推公式, 我们以第一个等式为例. 由于上述递推公式只包含多项式, 证明的一个想法是利用 $\mathrm{J}_{\alpha}(x)$ 的级数表达式. 将级数表达式(5.19)代入(5.30)式的第一个等式的左边, 有

$$\begin{aligned}\frac{\mathrm{d}}{\mathrm{d}x}\left[x^{\alpha}\mathrm{J}_{\alpha}(x)\right]&=\frac{\mathrm{d}}{\mathrm{d}x}\left[\sum_{k=0}^{\infty}\frac{(-1)^k2^{\alpha}}{k!\Gamma(\alpha+k+1)}\cdot\left(\frac{x}{2}\right)^{2\alpha+2k}\right]\\&=\sum_{k=0}^{\infty}\frac{(-1)^k\cdot2^{\alpha+1}(\alpha+k)}{2^{2\alpha+2k}k!\Gamma(\alpha+k+1)}\cdot x^{2\alpha+2k-1}\\&=\sum_{k=0}^{\infty}\frac{(-1)^k(\alpha+k)2^{\alpha}}{k!\Gamma(\alpha+k+1)}\cdot\left(\frac{x}{2}\right)^{2\alpha+2k-1}.\end{aligned}\tag{5.31}$$

这里再次利用伽马函数的性质: $\Gamma(\alpha+k+1)=(\alpha+k)\Gamma(\alpha+k)$. 如此便可以将(5.31)式分子中的 $(\alpha+k)$ 因子约去. 于是有

$$\frac{\mathrm{d}}{\mathrm{d}x}\left(x^{\alpha}\mathrm{J}_{\alpha}(x)\right)=x^{\alpha}\sum_{k=0}^{\infty}\frac{(-1)^k}{k!\Gamma(\alpha+k)}\cdot\left(\frac{x}{2}\right)^{\alpha-1+2k}. \tag{5.32}$$

对比(5.19)式可以发现, (5.32)式右端项的级数恰好等于 $\mathrm{J}_{\alpha-1}(x)$. 如此便证明了递推公式(5.30)的第一个等式.

用导数乘法法则将(5.30)式分别展开, 有

$$x\mathrm{J}_{\alpha}'(x)+\alpha\mathrm{J}_{\alpha}(x)=x\mathrm{J}_{\alpha-1}(x); \tag{5.33a}$$

$$x\mathrm{J}_{\alpha}'(x)-\alpha\mathrm{J}_{\alpha}(x)=-x\mathrm{J}_{\alpha+1}(x). \tag{5.33b}$$

将 (5.33a) 式和 (5.33b) 式相减或相加又可得到一组递推公式:

$$\mathrm{J}_{\alpha-1}(x)+\mathrm{J}_{\alpha+1}(x)=\frac{2\alpha}{x}\cdot\mathrm{J}_{\alpha}(x) \tag{5.34a}$$

$$\mathrm{J}_{\alpha-1}(x)-\mathrm{J}_{\alpha+1}(x)=2\mathrm{J}_{\alpha}'(x) \tag{5.34b}$$

这里给出了第一类贝塞尔函数递推公式的表达式, 可以针对不同问题选取适当的递推公式. 第二类贝塞尔函数 $\mathrm{N}_\alpha(x)$ 与(5.30)式有相同的表达形式, 即

$$\frac{\mathrm{d}}{\mathrm{d}x}\left(x^{\pm\alpha}\mathrm{N}_\alpha(x)\right)=\pm x^{\pm\alpha}\mathrm{N}_{\alpha\mp1}(x). \tag{5.35}$$

利用上述递推公式, 考虑半整数阶第一类贝塞尔函数 $\mathrm{J}_{\pm n+\frac{1}{2}}(x)$ 的表达式. 首先将 $\alpha=\dfrac{1}{2}$ 代入 $\mathrm{J}_\alpha(x)$ 的级数表达式(5.19)中有

$$\mathrm{J}_{\frac{1}{2}}(x)=\sum_{k=0}^{\infty}\frac{(-1)^k}{k!\Gamma\left(k+\dfrac{3}{2}\right)}\left(\frac{x}{2}\right)^{\frac{1}{2}+2k}.$$

根据伽马函数递推公式(5.28), $\Gamma\left(k+\dfrac{3}{2}\right)=\dfrac{(2(k+1))!\sqrt{\pi}}{2^{2(k+1)}(k+1)!}$. 代入上式中有

$$\mathrm{J}_{\frac{1}{2}}(x)=\sum_{k=0}^{\infty}\frac{(-1)^k}{k!}\cdot\frac{2^{2(k+1)}(k+1)!}{[2(k+1)]!\sqrt{\pi}}\left(\frac{x}{2}\right)^{\frac{1}{2}+2k}=\sqrt{\frac{2}{\pi x}}\cdot\sum_{k=0}^{\infty}\frac{(-1)^k x^{2k+1}}{(2k+1)!}.$$

则其右端项的级数正好等于 $\sin x$, 因此得到

$$\mathrm{J}_{\frac{1}{2}}(x)=\sqrt{\frac{2}{\pi x}}\cdot\sin x. \tag{5.36}$$

类似地可以得到

$$\mathrm{J}_{-\frac{1}{2}}(x)=\sqrt{\frac{2}{\pi x}}\cdot\cos x, \tag{5.37}$$

证明可留作课后习题 (见本章课后习题 5.10).

令(5.34a)式中 $\alpha=1/2$ 并代入(5.36) 式与(5.37)式有

$$\mathrm{J}_{\frac{3}{2}}(x)=\frac{1}{x}\cdot\mathrm{J}_{\frac{1}{2}}(x)-\mathrm{J}_{-\frac{1}{2}}(x)=\sqrt{\frac{2}{\pi x}}\cdot\left(\frac{\sin x}{x}-\cos x\right). \tag{5.38}$$

同理有

$$\mathrm{J}_{-\frac{3}{2}}(x)=-\frac{1}{x}\cdot\mathrm{J}_{-\frac{1}{2}}(x)-\mathrm{J}_{\frac{1}{2}}(x)=-\sqrt{\frac{2}{\pi x}}\cdot\left(\frac{\cos x}{x}+\sin x\right). \tag{5.39}$$

关于半整数阶贝塞尔函数更一般的表达式, 我们在不给具体证明的情况下给出如下表达式:

$$\mathrm{J}_{n+\frac{1}{2}}(x)=(-1)^n\sqrt{\frac{2x}{\pi}}x^n\left(\frac{1}{x}\frac{\mathrm{d}}{\mathrm{d}x}\right)^n\left(\frac{\sin x}{x}\right); \tag{5.40a}$$

$$\mathrm{J}_{-n-\frac{1}{2}}(x)=\sqrt{\frac{2x}{\pi}}x^n\left(\frac{1}{x}\frac{\mathrm{d}}{\mathrm{d}x}\right)^n\left(\frac{\cos x}{x}\right), \tag{5.40b}$$

这里引入了 n 次微分算子 $\left(\frac{1}{x}\frac{\mathrm{d}}{\mathrm{d}x}\right)^n$. 例如,

$$\left(\frac{1}{x}\frac{\mathrm{d}}{\mathrm{d}x}\right)^2 f(x)=\frac{1}{x}\frac{\mathrm{d}}{\mathrm{d}x}\left(\frac{1}{x}\frac{\mathrm{d}f}{\mathrm{d}x}\right)=\frac{1}{x}\left[\frac{f'(x)}{x}\right]'.$$

从(5.40a)式与(5.40b)式可以看出, 半整数阶贝塞尔函数实际上是初等函数. 半整数阶贝塞尔函数常用于分析球域内的物理问题.

5.2.2 贝塞尔函数的零点

这里主要讨论整数阶贝塞尔函数零点的性质. 从第一类贝塞尔函数的级数表达式(5.19)可以看到, 当 n 为奇数时, $\mathrm{J}_n(x)$ 为奇函数; 当 n 为偶数时, $\mathrm{J}_n(x)$ 为偶函数. 这就说明, 整数阶第一类贝塞尔函数 $\mathrm{J}_n(x)$ 的零点是关于原点对称的. 此外根据其级数表达式还可以看到, 对于任意 $n>0$, $x=0$ 是 $\mathrm{J}_n(x)$ 的一个零点. 因此, 这里只需讨论贝塞尔函数正的零点.

这里用 $\zeta_s^{(n)}$ 来表达 $\mathrm{J}_n(x)$ 从原点起的第 s 个正零点. 这里要强调符号 $\zeta_s^{(n)}$ 上下标的区别. 上标 n 表示所关注贝塞尔函数的阶数, 而下标 s 表示零点的排列顺序. 第一类贝塞尔函数零点的性质总结如下, 其中部分性质也可以从 5.1 节中贝塞尔函数图像图 5.2 中直观看到.

(1) **无穷性**: 贝塞尔函数有无穷多个正的实零点, 即 $\{\zeta_s^{(n)}\}_{s=0}^{\infty}$, 满足 $0<\zeta_1^{(n)}<\zeta_2^{(n)}<\cdots$;

(2) **相间分布性**: $\mathrm{J}_n(x)$ 任意两个零点之间一定存在且只存在一个 $\mathrm{J}_{n+1}(x)$ 的零点, 也一定存在且只存在一个 $\mathrm{J}_{n-1}(x)$ 的零点;

(3) **渐近性质**: $\mathrm{J}_n(x)$ 的相邻零点在其值趋向于无穷大时, 其间距趋向于 π, 即

$$\lim_{s\to\infty}\left[\zeta_{s+1}^{(n)}-\zeta_s^{(n)}\right]=\pi.$$

值得指出的是, 第二类整数阶贝塞尔函数 $\mathrm{N}_n(x)$ 的零点也有上述类似的性质, 其部分性质也可以从图 5.2(b) 中直接观察到.

整数阶贝塞尔函数的零点在工程计算中有重要的应用价值, 其值已经被精确计算出来. 表 5.1和表 5.2中分别汇总了 $\mathrm{J}_n(x)$ 和 $\mathrm{N}_n(x)$ 在 $n=0, 1, 2, 3, 4$ 时前五个零点的近似值.

表 5.1 第一类整数阶贝塞尔函数 $\mathbf{J}_n(x)$, $n = 0, 1, 2, 3, 4$ 前五个零点的近似值总结. 数据源自文献 (Abramowitz et al., 1965)

n	s				
	1	2	3	4	5
0	2.4048	5.5201	8.6537	11.7915	14.9309
1	3.8317	7.0156	10.1735	13.3237	16.4706
2	5.1356	8.41723	11.6198	14.7960	17.9598
3	6.3802	9.7610	13.0152	16.2235	19.4094
4	7.5883	11.0647	14.3725	17.6160	20.8269

表 5.2 第二类整数阶贝塞尔函数 $\mathbf{N}_n(x)$, $n = 0, 1, 2, 3, 4$ 前五个零点的近似值总结. 数据源自文献 (Abramowitz et al., 1965)

n	s				
	1	2	3	4	5
0	0.8936	3.9577	7.0861	10.2223	13.3611
1	2.1971	5.4297	8.5960	11.7492	14.8974
2	3.3847	6.7938	10.0235	13.2100	16.3790
3	4.5270	8.0976	11.3965	14.6231	17.8185
4	5.6452	9.3616	12.7301	15.9996	19.2244

5.2.3 近似公式

在工程应用中, 贝塞尔函数的值一般是通过级数表达式(5.19)给出的. 当自变量 x 值比较大时, 需要取到级数的较高次幂后才能较好地逼近函数的目标值, 这会带来较大的计算量. 因此, 如果可以找到一个形式简单且在较大自变量值时对贝塞尔函数有较好逼近的表达式, 将是一项很有意义的工作. 分析表明, 当 x 取较大值时, 有如下逼近:

$$\mathrm{J}_\alpha(x) \approx \sqrt{\frac{2}{\pi x}} \cos\left(x - \frac{\pi}{4} - \frac{\alpha\pi}{2}\right); \tag{5.41a}$$

$$\mathrm{N}_\alpha(x) \approx \sqrt{\frac{2}{\pi x}} \sin\left(x - \frac{\pi}{4} - \frac{\alpha\pi}{2}\right). \tag{5.41b}$$

例如, 由(5.41a)式, 当 x 充分大时, $\mathrm{J}_0(x)$ 的零点 $\zeta_s^{(0)}$ 可由 $\left(s - \frac{1}{4}\right)\pi$ 逼近. 将 $s = 5$ 代入可得 $\zeta_5^{(0)} \approx 14.915$. 对比表 5.1中的值发现, 此时已经可以达到小数点后一位有效数字的精度. 换句话说, 当 $x \geqslant 15$ 时, (5.41a)式对 $\mathrm{J}_0(x)$ 已经可达到小数点后超过一位有效数字的逼近精度. 因此, 上述近似公式在工程实际中具有非常高的应用价值.

5.2.4 由贝塞尔函数组成的完备正交系

在 1.3 节与 2.3 节中, 我们针对矩形区域 ($t > 0$, $x \in [0, L]$) 内使用分离变量法分别求解弦振动方程和热传导方程. 求解的关键在于引入了满足相应齐次边界条件的一组正交完备三角函数系, 从而将未知函数 $u(x,t)$ 表达为该三角函数系(乘以相应的时间函数) 构成的级数形式. 在 2.3.2 节中, 我们进而在数学结构层面讨论了生成类似上述三角函数系之正交函数系的一般方法, 2.3.2 节的结论告诉我们, 若控制方程所对应的特征值问题具有施图姆–刘维尔型系统 (2.73) 的形式, 其对应的系列特征函数即可组成一组完备的正交函数系.

这里将以此为切入点, 讨论由贝塞尔函数所构成的正交完备函数系的特点, 从而为求解圆域内热传导方程打下基础. 实际上, 5.1.1节所讨论的圆域内热传导问题, 在分离变量后其径向变量 $\mathcal{P}(r)$ 满足的控制方程(5.6) 同样具有施图姆–刘维尔型方程的特征. 值得指出的是, 角度变量 $\Theta(\theta)$ 满足的特征值问题(5.4), 其特征函数恰好是上述讨论的三角函数系. 故问题(5.4)中的控制方程自然具有施图姆–刘维尔型方程形式.

考虑圆域内热传导方程分离变量后关于径向坐标 r 函数所满足的控制方程与边界条件(5.6):

$$\begin{cases} r^2\dfrac{\mathrm{d}^2\mathcal{P}}{\mathrm{d}r^2} + r\dfrac{\mathrm{d}\mathcal{P}}{\mathrm{d}r} + (\lambda r^2 - n^2)\mathcal{P} = 0, \quad r \in [0, R]; \\ \mathcal{P}|_{r=R} = 0; \\ |\mathcal{P}(0)| < +\infty. \end{cases}$$

为了与施图姆–刘维尔型方程相对应, 在上式 $r = 0$ 的端点处加入了自然边界条件, 即 $\mathcal{P}(r)$ 在 $r = 0$ 有定义.

将上式控制方程两边同除以 r 并将前两项导数项合并, 可得

$$\begin{cases} \dfrac{\mathrm{d}}{\mathrm{d}r}\left(r\dfrac{\mathrm{d}\mathcal{P}}{\mathrm{d}r}\right) - \dfrac{n^2}{r}\mathcal{P} + \lambda r\mathcal{P} = 0, \quad r \in (0, R); \\ \mathcal{P}|_{r=R} = 0; \\ |\mathcal{P}(0)| < +\infty. \end{cases} \tag{5.42}$$

对比 (2.73) 式可知, 问题(5.42)中的常微分方程具有施图姆–刘维尔型方程的形式. 这里需要指出的是, 此处除了要保证方程的形式与 (2.73) 式一致, 还需满足相应的符号要求, 即对于任意 $r \in (0, R)$, (2.73) 式中的 $k = r > 0$, $q = n^2/r > 0$, $\rho = r > 0$ 成立. 此外也可以验证, 问题(5.42)中在 $r = R$ 处, $k(R) = R > 0$, 需

要在该点处给一个边界条件, 而所提的狄利克雷型边界条件符合 (2.75) 式的要求; 而在 $r=0$ 处, 由于 k 函数取零值, 也符合 (2.74) 式所要求自然边界条件的特征, 故此处只需约束函数值有界即可.

因此, 可以利用 2.3.2 节中施图姆–刘维尔系统的结论, 总结如下:

(1) 存在一组非负特征值 $\lambda_1^{(n)} < \lambda_2^{(n)} < \cdots < \lambda_s^{(n)} < \cdots$, 使得问题(5.42)存在 (不恒等于零的) 非平凡解;

(2) 这组非平凡解, 用 $\mathcal{P}_1^{(n)}(r), \mathcal{P}_2^{(n)}(r), \cdots, \mathcal{P}_s^{(n)}(r), \cdots$ 标记, 构成一组相互正交的特征函数系;

(3) 任意满足问题(5.42)中边界条件的连续函数, 均可写成该特征函数系的级数形式.

这里需要强调的是, 要区分 $\lambda_s^{(n)}$ 上下标的意义. 对于任意 n, 问题(5.42)都具有施图姆–刘维尔型方程的形式, 而上标 n 告诉我们所考虑的是哪一阶的贝塞尔方程. 在 n 给定的前提下, 下标 s 对应上述性质 1 中的下标 s.

上述结论保证了贝塞尔方程所诱导的特征值问题其特征函数系的存在性, 但仍需计算出上述特征值与特征函数的具体表达式.

由 5.1节最后一部分讨论可知, 对于任意 n, 问题(5.42)中方程的通解可表达为

$$\mathcal{P}^{(n)}(r) = A\mathrm{J}_n\left(\sqrt{\lambda}r\right) + B\mathrm{N}_n\left(\sqrt{\lambda}r\right). \tag{5.43}$$

读者也可以代入(5.42)式进行直接验证. 由于 $\mathrm{N}_n(\sqrt{\lambda}r)$ 在 $r=0$ 处趋向于负无穷, 必须令 (5.43) 式中 $B=0$ 方能保证 $\mathcal{P}^{(n)}(r)$ 满足问题(5.42)中 (在 $r=0$ 处) 的自然边界条件. 因此问题(5.42)中方程的通解可表达为

$$\mathcal{P}^{(n)}(r) = A\mathrm{J}_n\left(\sqrt{\lambda}r\right). \tag{5.44}$$

将 (5.44) 式代入问题(5.42)$r=R$ 处的边界条件. 若存在非平凡解, 则必须满足

$$\mathrm{J}_n\left(\sqrt{\lambda}R\right) = 0.$$

故 $\sqrt{\lambda}R = \zeta_s^{(n)}$, 其中 $\zeta_s^{(n)}$ 为 J_n 的第 s 个零点. 这就表明, 对于任意参数 n, 问题(5.42)都对应无穷多个特征值, 满足

$$\lambda_s^{(n)} = \left(\frac{\zeta_s^{(n)}}{R}\right)^2. \tag{5.45}$$

同时也可以给出 $\lambda_s^{(n)}$ 所对应的特征函数:

$$\mathcal{P}_s^{(n)}(r) = \mathrm{J}_n\left(\frac{\zeta_s^{(n)} r}{R}\right). \tag{5.46}$$

这里再次强调上下标的意义. 对于任意 n, $\{\mathcal{P}_s^{(n)}(r)\}_{s=1}^{\infty}$ 均构成一组特征函数系. 例如, 当 $n=0$ 时, $\left\{\mathcal{P}_s^{(0)}(r)\right\}_{s=1}^{\infty} = \left\{\mathrm{J}_0\left(\frac{\zeta_s^{(0)} r}{R}\right)\right\}_{s=1}^{\infty}$ 构成一组正交函数系. 而当 $n=2$ 时, $\left\{\mathcal{P}_s^{(2)}(r)\right\}_{s=1}^{\infty} = \left\{\mathrm{J}_2\left(\frac{\zeta_s^{(2)} r}{R}\right)\right\}_{s=1}^{\infty}$ 构成了另一组正交函数系.

对照 2.3.2 节中施图姆–刘维尔型方程的推论, 可以给出如下结论.

• 对于任意固定 n, 由(5.46)式给出的特征函数系具有**正交性**:

$$\int_0^R r\mathrm{J}_n\left(\frac{\zeta_s^{(n)} r}{R}\right)\mathrm{J}_n\left(\frac{\zeta_k^{(n)} r}{R}\right)\mathrm{d}r = 0 \tag{5.47}$$

对于任意 $s \neq k$ 均成立.

• 对于任意固定 n, 对于任意满足问题(5.42)边界条件的连续函数 $f(r)$, 即 $f(0)$ 存在; $f(R)=0$, 其均可写成由特征函数线性组合的级数形式:

$$f(r) = \sum_{s=1}^{\infty} A_s^{(n)}\mathrm{J}_n\left(\frac{\zeta_s^{(n)} r}{R}\right), \tag{5.48}$$

其中, 系数 $A_s^{(n)}$ 满足

$$A_s^{(n)} = \frac{1}{M_s^{(n)}}\int_0^R rf(r)\mathrm{J}_n\left(\frac{\zeta_s^{(n)} r}{R}\right)\mathrm{d}r, \tag{5.49}$$

这里,

$$M_s^{(n)} = \int_0^R r\mathrm{J}_n^2\left(\frac{\zeta_s^{(n)} r}{R}\right)\mathrm{d}r \tag{5.50}$$

称为贝塞尔函数 $\mathrm{J}_n\left(\frac{\zeta_s^{(n)} r}{R}\right)$ 的模量 (modulus).

分析表明①,

$$M_s^{(n)} = \frac{R^2}{2}\left[\mathrm{J}_n'\left(\zeta_s^{(n)}\right)\right]^2 = \frac{R^2}{2}\left[\mathrm{J}_{n-1}\left(\zeta_s^{(n)}\right)\right]^2 = \frac{R^2}{2}\left[\mathrm{J}_{n+1}\left(\zeta_s^{(n)}\right)\right]^2. \tag{5.51}$$

① 推导过程并不复杂, 可参考王元明,《数学物理方程与特殊函数》(第四版. 北京: 高等教育出版社, 2012), 5.5.2 节.

(5.51) 式的第二与第三个等式来自贝塞尔函数的递推公式(5.33a)式和(5.33b)式.

上述正交完备性公式将有助于我们利用由 (整数阶) 贝塞尔函数构成的特征函数系求解圆域内的热传导方程 (具体内容参考 5.3节).

5.2.5 与正余弦函数性质类比

我们已经介绍了贝塞尔函数及其相关性质. 实际上, 贝塞尔函数的许多性质我们在初等函数, 特别是正余弦函数的学习中已经接触过. 在这里, 我们将对贝塞尔函数与正余弦函数进行多角度类比, 以加深读者对贝塞尔函数性质的理解.

1. 控制方程

贝塞尔函数是通过线性常微分方程(5.8), 即贝塞尔方程引入的. 或者说, 贝塞尔函数对应着一个具有施特姆–刘维尔形式的方程 ((5.42)式):

$$\frac{\mathrm{d}}{\mathrm{d}x}\left(x\frac{\mathrm{d}y}{\mathrm{d}x}\right)-\frac{\alpha^2}{x}\cdot y+\lambda xy=0.$$

而正余弦函数也对应一个施图姆–刘维尔形式的方程:

$$\frac{\mathrm{d}^2y}{\mathrm{d}x^2}+\lambda y=0. \tag{5.52}$$

这里也看到贝塞尔函数所对应的方程要比正余弦函数所对应的方程多一个参数 α. 这也说明, 任意 α 阶贝塞尔函数均可以与正余弦函数建立类比. 从某种意义上讲, 贝塞尔函数的 “个数” 是远多于正余弦函数的. 为方便后面讨论, 我们不失一般性地选择 $\alpha=0$ 来与正余弦函数进行类比.

我们知道, 余弦函数 $y=\cos x$ 和正弦函数 $y=\sin x$ 是方程 $y''+y=0$ 的两个线性无关的解. 对应地, 第一类贝塞尔函数 $y=\mathrm{J}_0(x)$ 和第二类贝塞尔函数 $y=\mathrm{N}_0(x)$ 是 0 阶贝塞尔方程 $x^2y''+xy'+x^2y=0$ 的两个线性无关的解. 两者的区别在于 $\mathrm{N}_0(x)$ 在 $x=0$ 处没有定义.

2. 级数展开式

在(5.19)式中我们给出了第一类贝塞尔函数的级数展开式, 将其与正余弦函数的级数展开式, 如

$$\cos x=\sum_{k=0}\frac{(-1)^k}{(2k)!}\cdot x^{2k}$$

进行对比, 可以发现诸多共性.

首先, 它们都是在整个实数域上收敛的. 我们知道上式中 $1/(2k)!$ 的通项系数保证了 $\cos x$ 在整个实数域级数均收敛. 若将 $\alpha=0$ 代入(5.19)式则有

$$J_0(x)=\sum_{k=0}^{\infty}\frac{(-1)^k}{2^{2k}(k!)^2}\cdot x^{2k}. \tag{5.53}$$

同样可以看到含有 $1/(k!)^2$ 的通项系数. 实际上, 根据斯特林近似公式 (Stirling's approximate formula), 当 n 充分大时,

$$n!\sim\sqrt{2\pi n}\left(\frac{n}{e}\right)^n.$$

如此我们可以对上述两个级数展开系数有如下估计:

$$\frac{1}{(2k)!}\sim\frac{1}{\sqrt{4\pi k}}\cdot\left(\frac{e}{2k}\right)^{2k},\quad \frac{1}{(k!)^2}\sim\frac{1}{2\pi k}\cdot\left(\frac{e}{2k}\right)^{2k}.$$

可以看到, $\mathrm{J}_0(x)$ 与正余弦函数具有类似的级数收敛速度.

贝塞尔函数与正余弦函数级数展开的第二点类似之处在于对于任意 $x\in\mathbb{R}$, 它们都是交错级数 (alternating series). 正余弦函数图像关于 $y=0$ 轴上下振荡也可看作是交错级数的一个特点. 类似地, 由图 5.2(a) 可知, 贝塞尔函数的图像也是关于 $y=0$ 轴上下振荡的. 此外, 与正余弦函数一样, 贝塞尔级数展开的每一项都与相邻项在幂次上差 x^2. 这一性质也保证 $\mathrm{J}_n(x)$ 一定是奇函数或偶函数.

3. 零点

我们已经知道, 正余弦函数的零点是关于 $x=0$ 对称的, 整数阶贝塞尔函数也有同样的特征. 此外, 三角函数 $y=\cos x$ 存在无穷多个正零点且相邻零点之间距离为 π. 根据 5.2.2节的讨论, 整数阶贝塞尔函数同样存在无穷多个正零点 $\zeta_s^{(n)}$. 当 s 充分大时, 相邻零点的间距趋近于 π. 无论是贝塞尔函数还是正余弦函数, 其无穷多的正零点实际上对应着其所满足施图姆–刘维尔型系统的无穷多个特征值.

4. 正交完备性

正余弦函数与贝塞尔函数所对应的施图姆–刘维尔型方程分别为(5.52)式和(5.42)式. 因此从正余弦函数或任意整数阶贝塞尔函数均可诱导出一组正交完备函数系. 两者的区别在于, 正余弦函数的特征方程(5.52)需要提两个外加边界条件, 而贝塞尔方程(5.42) 在 $x=0$ 处退化, 因此需提一个外加边界条件和一个自然边界条件. 此时, 由于对非平凡解的有界性要求, 第二类贝塞尔函数所乘系数一般应该为 0. 此外对比正余弦特征函数的正交性条件, (5.47)式所给出的以贝塞尔函数为特征函数的正交性条件, 其权函数为 $\rho(r)=r$.

5. 递推关系

最后我们讨论递推关系. 值得指出的是, 我们之前类比的讨论是要求贝塞尔函数的阶数 α 固定. 但贝塞尔函数的递推关系用于刻画不同阶贝塞尔函数之间的转换关系. 正余弦函数也存在递推关系. 例如我们之前学到的和差化积公式, 将以 $\dfrac{2\pi}{n+1}$ 为周期的正余弦函数用以 $\dfrac{2\pi}{n}$ 及 $\dfrac{2\pi}{n-1}$ 为周期的正余弦函数表示出来.

6. 小结

通过上述类比, 我们发现, 贝塞尔函数虽然是一种 "特殊函数", 但它与我们以前所学的函数并非毫无关联. 很多初等函数的性质在贝塞尔函数里都有对应的表达. 与初等函数的类比是学习特殊函数的一个重要方法, 它不仅有助于我们更好地掌握贝塞尔函数的性质, 也让我们可以从更全面的角度来了解由特殊函数所构成正交函数系的特点.

5.3 利用贝塞尔函数求解偏微分方程

本节将用两个算例介绍如何借助贝塞尔函数求解圆域内偏微分方程定解问题.

例 5.1 求解圆域内的波动方程:

$$\begin{cases} u_{tt}-(u_{xx}+u_{yy})=0, \quad t>0,\ \sqrt{x^2+y^2}<1; \\ u|_{\sqrt{x^2+y^2}=1}=0; \\ u|_{t=0}=1-(x^2+y^2), \quad u_t|_{t=0}=0. \end{cases} \tag{5.54}$$

解 首先考虑问题(5.54)在二维极坐标系 $\left[r=\sqrt{x^2+y^2}, \theta=\arctan\left(\dfrac{y}{x}\right)\right]$ 中的表达形式. 注意到问题中的初边值条件均与夹角 θ 无关, 且波传播又是各向同性的. 故可以假定方程的解也与 θ 无关 (这一结论也可以通过系统使用分离变量法求解原问题来证明). 如此我们可将极坐标系下问题(5.54)改写为

$$\begin{cases} u_{tt}-\left(u_{rr}+\dfrac{1}{r}u_r\right)=0, \quad t>0,\ r\in[0,1); \\ u|_{r=1}=0; \\ u|_{t=0}=1-r^2, \quad u_t|_{t=0}=0. \end{cases} \tag{5.55}$$

假定未知变量 u 有以下变量分离形式:

$$u(r;t)=V(r)T(t). \tag{5.56}$$

代入问题(5.55)中的控制方程得

$$\frac{T''}{T}=\frac{1}{V}\left(V''+\frac{V'}{r}\right)=-\lambda,$$

其中, $\lambda>0$. 由此得到一对常微分方程:

$$T''+\lambda T=0; \tag{5.57a}$$

$$V''+\frac{V'}{r}+\lambda V=0. \tag{5.57b}$$

参照 5.1.1节末关于(5.6)式和(5.7)式的讨论, (5.57b)式的通解可表达为

$$V(r)=A\mathrm{J}_0\left(\sqrt{\lambda}r\right)+B\mathrm{N}_0\left(\sqrt{\lambda}r\right),$$

其中, $\mathrm{J}_0(\cdot)$ 和 $\mathrm{N}_0(\cdot)$ 分别是零阶第一类和第二类贝塞尔函数. 根据 $r=0$ 处的自然边界条件, 若要保证解有界, 则必须满足 $B=0$.

再将边界条件 $u|_{r=1}=0$ 代入上式, 可得 $\mathrm{J}_0(\sqrt{\lambda})=0$. 若要求得非平凡解, 则需成立 $\lambda_s=(\zeta_s^{(0)})^2$, $s=1, 2, \cdots$, 其中 $\zeta_s^{(0)}$ 表示 0 阶第一类贝塞尔函数的第 s 个正零点. 此时特征值 $\lambda_s^{(0)}$ 所对应的特征函数为

$$y_s(r)=\mathrm{J}_0\left(\zeta_s^{(0)}r\right). \tag{5.58}$$

再将特征值 $\lambda_s=(\zeta_s^{(0)})^2$ 代入关于时间的常微分方程(5.57a)中可得

$$T_s''+\left(\zeta_s^{(0)}\right)^2\cdot T_s=0,$$

进而可以得到

$$T_s(t)=C_s\cos\left(\zeta_s^{(0)}t\right)+D_s\sin\left(\zeta_s^{(0)}t\right).$$

因此问题(5.55)的解可以表达为

$$u(r;t)=\sum_{s=1}^{\infty}\left[C_s\cos\left(\zeta_s^{(0)}t\right)+D_s\sin\left(\zeta_s^{(0)}t\right)\right]\cdot\mathrm{J}_0(\zeta_s^{(0)}r) \tag{5.59}$$

的形式. 利用 $u_t|_{t=0}$ 可得 $D_s=0$. 将 $u|_{t=0}=1-r^2$ 代入(5.59)式得

$$1-r^2=\sum_{s=1}^{\infty}C_s\mathrm{J}_0(\zeta_s^{(0)}r).$$

为确定系数 C_s 的值, 我们利用贝塞尔函数系的正交完备性, 即代入(5.49)式中有

$$C_s = \frac{1}{M_s}\int_0^1 r(1-r^2)\mathrm{J}_0(\zeta_s^{(0)}r)\mathrm{d}r, \tag{5.60}$$

其中, 利用(5.51)式

$$M_s = \frac{\mathrm{J}_1^2\left(\zeta_s^{(0)}\right)}{2}. \tag{5.61}$$

此时我们还需计算(5.60)式中的积分.

这里需要借助贝塞尔函数的递推公式(5.30). 对于任意实数 β, 引入变量代换 $x=\beta r$ 并利用链式求导法则有

$$\frac{\mathrm{d}}{\mathrm{d}r}\left[r\mathrm{J}_1(\beta r)\right] = \frac{\mathrm{d}}{\mathrm{d}x}\left[x\mathrm{J}_1(x)\right] = x\mathrm{J}_0(x) = \beta r\mathrm{J}_0(\beta r).$$

上式两端同除以 β 得到

$$r\mathrm{J}_0(\beta r) = \frac{1}{\beta}\frac{\mathrm{d}}{\mathrm{d}r}\left[r\mathrm{J}_1(\beta r)\right]. \tag{5.62a}$$

同理可以得到另外两个计算含贝塞尔函数积分时的重要公式:

$$\mathrm{J}_1(\beta r) = -\frac{1}{\beta}\frac{\mathrm{d}}{\mathrm{d}r}\left[\mathrm{J}_0(\beta r)\right]; \tag{5.62b}$$

$$r^2\mathrm{J}_1(\beta r) = \frac{1}{\beta}\frac{\mathrm{d}}{\mathrm{d}r}\left[r^2\mathrm{J}_2(\beta r)\right]. \tag{5.62c}$$

(5.62a)~(5.62c) 式的证明比较直接, 可以留作课后作业 (参考本章课后习题 5.9).

为计算(5.60)式中的积分, 我们基于(5.62a)式和(5.62c)式给出更一般的积分计算结果:

$$\int_0^z r\mathrm{J}_0(\beta r)\,\mathrm{d}r = \frac{r}{\beta}\cdot\mathrm{J}_1(\beta r)\bigg|_0^z = \frac{z}{\beta}\cdot\mathrm{J}_1(\beta z); \tag{5.63a}$$

$$\begin{aligned}\int_0^z r^3\mathrm{J}_0(\beta r)\,\mathrm{d}r &= \frac{1}{\beta}\int_0^z r^2\,\mathrm{d}\left[r\mathrm{J}_1(\beta r)\right]\\ &= \frac{z^3}{\beta}\mathrm{J}_1(\beta z) - \frac{2}{\beta}\int_0^z r^2\mathrm{J}_1(\beta r)\,\mathrm{d}r = \frac{z^3}{\beta}\mathrm{J}_1(\beta z) - \frac{2z^2}{\beta^2}\mathrm{J}_2(\beta z).\end{aligned} \tag{5.63b}$$

令 5.63(a) 式和 5.63(b) 式中 $z=1$, $\beta=\zeta_s^{(0)}$, 并代入(5.60)式中的积分, 有

$$\int_0^1 r(1-r^2)\mathrm{J}_0(\zeta_s^{(0)}r)\mathrm{d}r=\frac{2\mathrm{J}_2\left(\zeta_s^{(0)}\right)}{\left(\zeta_s^{(0)}\right)^2}.$$

将上式与(5.61)式一并代入(5.60)式, 可得相应的系数表达式:

$$C_s=\frac{4\mathrm{J}_2\left(\zeta_s^{(0)}\right)}{\left(\zeta_s^{(0)}\right)^2\cdot\mathrm{J}_1^2\left(\zeta_s^{(0)}\right)}. \tag{5.64}$$

而问题(5.54)的解 (在直角坐标系下) 可最终表达为

$$u(x,y;t)=\sum_{s=1}^{\infty}C_s\cos\left(\zeta_s^{(0)}t\right)\cdot\mathrm{J}_0\left(\zeta_s^{(0)}\sqrt{x^2+y^2}\right),$$

其中, C_s 由(5.64)式给出. □

本例的难点在于求解含贝塞尔函数的定积分(5.60)式, 而其中关键的技巧在于反复利用贝塞尔函数的递推公式.

我们再考虑圆柱体内求解热传导方程的一个算例.

例 5.2　令 Ω 为底面半径为 R、高度为 L 的圆柱状区域:

$$\Omega=\left\{(x,y,z)|x^2+y^2\leqslant R,\ z\in[0,L]\right\}.$$

考虑 Ω 内边界处绝热的热传导过程:

$$\begin{cases}u_t-a^2\Delta u=0, \quad t>0,\ (x,y,z)\in\Omega;\\ \left.\dfrac{\partial u}{\partial n}\right|_{\partial\Omega}=0;\\ u|_{t=0}=\left(1-\dfrac{\sqrt{x^2+y^2}}{R}\right)^2.\end{cases} \tag{5.65}$$

其中, $\left.\dfrac{\partial u}{\partial n}\right|_{\partial\Omega}$ 表示温度 u 沿圆柱侧面和底面外法向方向的空间导数.

解　由于考虑的区域为圆柱, 很自然地引入柱坐标 (cylindrical coordinate):

$$r=\sqrt{x^2+y^2}, \quad \theta=\arctan\left(\frac{y}{x}\right), \quad z=z. \tag{5.66}$$

在柱坐标系中问题定义域可表达为 $\Omega = \{(r,\theta,z)|r \leqslant 1, \theta \in [0,2\pi), z \in [0,L]\}$. 根据 3.3 节的讨论, 拉普拉斯算子在柱坐标系下可化为

$$\Delta u = u_{rr} + \frac{1}{r}u_r + \frac{1}{r^2}u_{\theta\theta} + u_{zz}. \tag{5.67}$$

和上一个例子类似, 本问题中的初边值条件均与变量 θ 无关, 因此系统的温度分布也应与 θ 无关.

此外, 问题(5.65) 的边界条件可以分为两种. 在圆柱侧面, u 沿外法向的导数与其沿径向 r 的导数一致, 即

$$\left.\frac{\partial u}{\partial n}\right|_{r=R} = \left.\frac{\partial u}{\partial r}\right|_{r=R} = 0.$$

而在圆柱的上下底面, u 沿外法向的导数等价于 u 沿 z 正负方向的导数, 即

$$\left.\frac{\partial u}{\partial n}\right|_{z=0} = -\left.\frac{\partial u}{\partial z}\right|_{z=0} = 0, \quad \left.\frac{\partial u}{\partial n}\right|_{z=L} = \left.\frac{\partial u}{\partial z}\right|_{z=L} = 0.$$

我们注意到, 若未知函数 u 与 z 无关, 则仍满足上述边界条件, 且问题(5.65) 中的初始状态也与 z 无关, 因此我们不妨假设未知函数仅与径向 r 和时间 t 有关, 即 $u = u(r;t)$. 换言之, 原问题可等效为下述的圆域内热传导问题:

$$\begin{cases} u_t - a^2\left(u_{rr} + \dfrac{1}{r}u_r\right) = 0, \quad t > 0, r \in [0,1]; \\ \left.\dfrac{\partial u}{\partial r}\right|_{r=R} = 0; \\ u|_{t=0} = \left(1 - \dfrac{r}{R}\right)^2. \end{cases} \tag{5.68}$$

与上一例子相似, 假设 $u(r;t) = V(r)T(t)$, 代入方程并分离变量可以得到一个关于时间变量的常微分方程:

$$T' + \lambda a^2 T = 0 \tag{5.69}$$

和一个关于空间变量满足齐次边界条件的常微分方程特征值问题:

$$\begin{cases} r^2V'' + rV' + \lambda r^2 V = 0; \\ |V(0)| < \infty, \quad V'|_{r=R} = 0. \end{cases} \tag{5.70}$$

于是有

$$V(r) = A\mathrm{J}_0(\sqrt{\lambda}r), \tag{5.71}$$

这里再次利用了 $r=0$ 处的自然边界条件去掉含 $\mathrm{N}_0(\sqrt{\lambda}r)$ 项. 再代入 $r=R$ 处的边界条件有

$$\sqrt{\lambda}\left.\frac{\mathrm{d}\mathrm{J}_0(\sqrt{\lambda}r)}{\mathrm{d}r}\right|_{r=R} = 0.$$

利用递推公式(5.62b), 上式可进一步化为

$$\mathrm{J}_1(\sqrt{\lambda}R) = 0.$$

由此可求出相应的特征值为

$$\lambda_s = \left(\frac{\zeta_s^{(1)}}{R}\right)^2, \quad s = 0, 1, \cdots, \tag{5.72}$$

其中, $\zeta_s^{(1)}$ 是一阶第一类贝塞尔函数的第 s 个零点. 这里需要强调的是, 常数函数也是问题(5.70)的一个非平凡解, 此时对应的特征值为 $\lambda_0 = \zeta_0^{(1)} = 0$.

而上述特征值对应的特征函数为

$$y_0(r) = 1, \quad y_s(r) = \mathrm{J}_0\left(\frac{\zeta_s^{(1)}r}{R}\right), \quad s = 1, 2, \cdots. \tag{5.73}$$

可以验证, 问题(5.70)同样对应了一个施图姆–刘维尔系统. 故 $\{y_s(r)\}_{s=0}^{\infty}$ 自动构成一组完备正交特征函数系.

将(5.72)式中的特征值代入(5.69)式后可得

$$T_s = C_s\mathrm{e}^{-\left(\frac{a\zeta_s^{(1)}}{R}\right)^2 t}, \quad s = 0, 1, \cdots.$$

最终问题(5.68)的解可写成如下级数的形式:

$$u(r;t) = \sum_{s=0}^{\infty} T_s(t)V_s(r) = C_0 + \sum_{s=1}^{\infty} C_s\mathrm{e}^{-\left(\frac{a\zeta_s^{(1)}}{R}\right)^2 t}\mathrm{J}_0\left(\frac{\zeta_s^{(1)}r}{R}\right).$$

代入初始条件有

$$\left(1 - \frac{r}{R}\right)^2 = C_0 + \sum_{s=1}^{\infty} C_s\mathrm{J}_0\left(\frac{\zeta_s^{(1)}r}{R}\right).$$

利用施图姆–刘维尔型方程的性质 (2.78):

$$C_0 = \frac{1}{\displaystyle\int_0^R r\,\mathrm{d}r} \cdot \int_0^R r\left(1-\frac{r}{R}\right)^2 \mathrm{d}r = \frac{1}{6}; \tag{5.74}$$

$$C_s = \frac{1}{M_s}\int_0^R r\left(1-\frac{r}{R}\right)^2 \mathrm{J}_0\left(\frac{\zeta_s^{(1)} r}{R}\right)\mathrm{d}r = \frac{R^2}{M_s}\int_0^1 x\,(1-x)^2\,\mathrm{J}_0\left(\zeta_s^{(1)} x\right)\mathrm{d}x, \tag{5.75}$$

其中,

$$M_s = \int_0^R r\mathrm{J}_0^2\left(\frac{\zeta_s^{(1)} r}{R}\right)\mathrm{d}r = R^2\int_0^1 x\mathrm{J}_0^2\left(\zeta_s^{(1)} x\right)\mathrm{d}x. \tag{5.76}$$

(5.76) 式中我们引入变量代换 $x=r/R$ 以方便计算.

此时我们需要分别计算(5.75)式和(5.76)式中的积分.

首先计算(5.76)式中的积分:

$$\begin{aligned}\int_0^1 x\mathrm{J}_0^2\left(\zeta_s^{(1)}x\right)\mathrm{d}x &= \frac{1}{\zeta_s^{(1)}}\int_0^1 \mathrm{J}_0\left(\zeta_s^{(1)}x\right)\mathrm{d}\left[x\mathrm{J}_1\left(\zeta_s^{(1)}x\right)\right]\\ &= \frac{\mathrm{J}_0\left(\zeta_s^{(1)}\right)\mathrm{J}_1\left(\zeta_s^{(1)}\right)}{\zeta_s^{(1)}} - \frac{1}{\zeta_s^{(1)}}\int_0^1 x\mathrm{J}_1\left(\zeta_s^{(1)}x\right)\frac{\mathrm{d}}{\mathrm{d}x}\left[\mathrm{J}_0\left(\zeta_s^{(1)}x\right)\right]\mathrm{d}x\\ &= \int_0^1 x\mathrm{J}_1^2\left(\zeta_s^{(1)}x\right)\mathrm{d}x.\end{aligned}$$

在上式中我们利用了递推公式(5.62a)式与(5.62b)式, 以及 $\zeta_s^{(1)}$ 是 $\mathrm{J}_1(\cdot)$ 零点的结论. 这里请特别注意以上等式左右端的区别. 左端是关于 $\mathrm{J}_0(\cdot)$ 的等式, 而右端最终结果是关于 $\mathrm{J}_1(\cdot)$ 的等式. 而上式最后一行的积分恰好等于 1 阶 (第一类) 贝塞尔函数的模值. 因此根据(5.51) 式可以最终计算出(5.76)式中的积分表达式:

$$\int_0^1 x\mathrm{J}_0^2\left(\zeta_s^{(1)}x\right)\mathrm{d}x = \frac{\mathrm{J}_0^2(\zeta_s^{(1)})}{2}.$$

再将该式代入(5.76)式有

$$M_s = \frac{R^2}{2}\mathrm{J}_0^2(\zeta_s^{(1)}). \tag{5.77}$$

接下来我们计算(5.75)式中的积分

$$\int_0^1 x\,(1-x)^2\,\mathrm{J}_0\left(\zeta_s^{(1)}x\right)\mathrm{d}x = \int_0^1 \left(x-2x^2+x^3\right)\mathrm{J}_0\left(\zeta_s^{(1)}x\right)\mathrm{d}x. \tag{5.78}$$

再对 (5.78) 式右端项的积分逐项求解.

利用(5.63a)式 (取 $\beta = \zeta_s^{(1)}$, $z = 1$) 可得

$$\int_0^1 x\mathrm{J}_0\left(\zeta_s^{(1)}x\right)\,\mathrm{d}x = \frac{1}{\zeta_s^{(1)}}\cdot \mathrm{J}_1(\zeta_s^{(1)}) = 0. \tag{5.79}$$

(5.79) 式取零值是因为 $\zeta_s^{(1)}$ 恰好是 $\mathrm{J}_1(\cdot)$ 的零点.

同理, 基于(5.63b)式有

$$\int_0^1 x^3\mathrm{J}_0\left(\zeta_s^{(1)}x\right)\,\mathrm{d}x = \frac{\mathrm{J}_1(\zeta_s^{(1)})}{\zeta_s^{(1)}} - \frac{2\mathrm{J}_2\left(\zeta_s^{(1)}\right)}{\left(\zeta_s^{(1)}\right)^2} = -\frac{2\mathrm{J}_2\left(\zeta_s^{(1)}\right)}{\left(\zeta_s^{(1)}\right)^2}. \tag{5.80}$$

然而我们仍不知道 $\int_0^1 x^2\mathrm{J}_0\left(\zeta_s^{(1)}x\right)\,\mathrm{d}x$ 的表达式. 实际上计算该积分需要引入其他特殊函数. 这里尝试利用级数表达式来寻找该积分的近似值. 将(5.53)式中 J_0 的级数展开式代入有

$$\begin{aligned}\int_0^1 x^2\mathrm{J}_0\left(\zeta_s^{(1)}x\right)\,\mathrm{d}x &= \sum_{k=0}^{\infty}\frac{(-1)^k\left(\zeta_s^{(1)}\right)^{2k}}{2^{2k}(k!)^2}\int_0^1 x^{2k+2}\,\mathrm{d}x = \sum_{k=0}^{\infty}\frac{(-1)^k\left(\zeta_s^{(1)}\right)^{2k}}{2^{2k}(2k+3)(k!)^2}\\ &\triangleq g\left(\zeta_s^{(1)}\right).\end{aligned} \tag{5.81}$$

尽管我们无法解析地计算上述积分的值 (或等价地, $g(\cdot)$ 的表达式), 但可以通过其级数表达式从数值上逼近 $g\left(\zeta_s^{(1)}\right)$. 在工程计算中, 利用级数展开逼近某定积分值是一个有效的近似手段.

将(5.77)式以及(5.79)式 ~(5.81)式代入(5.75)式中有

$$C_s = -\frac{4}{R^2\mathrm{J}_0^2\left(\zeta_s^{(1)}\right)}\cdot\left[g\left(\zeta_s^{(1)}\right) + \frac{\mathrm{J}_2\left(\zeta_s^{(1)}\right)}{\left(\zeta_s^{(1)}\right)^2}\right]. \tag{5.82}$$

由此给出问题(5.65)解的最终级数表达式:

$$u(r;t) = \frac{1}{6} + \sum_{s=1}^{\infty} C_s \mathrm{e}^{-\left(\frac{a\zeta_s^{(1)}}{R}\right)^2 t}\mathrm{J}_0\left(\frac{\zeta_s^{(1)}\sqrt{x^2+y^2}}{R}\right) \tag{5.83}$$

对于任意 $z \in [0, L]$ 成立, 其中 C_s 由(5.82)式给出. □

实际上, 整数阶贝塞尔函数在求解三维空间内柱体内部偏微分方程过程中有着重要的应用, 因此整数阶贝塞尔函数也称为*柱函数* (cylinder function).

5.4 贝塞尔函数的衍生函数

在前几节中, 我们介绍了第一类和第二类贝塞尔函数 $\mathrm{J}_\alpha(x)$ 和 $\mathrm{N}_\alpha(x)$, 并讨论了它们的性质. 本节将对这两类贝塞尔函数进行推广从而得到它们的一些衍生函数. 学习本节讨论的内容需要有一定的复变函数基础.

5.4.1 第三类贝塞尔函数

首先考虑如下表述:

$$\mathrm{H}_\alpha^{(1)}(x)=\mathrm{J}_\alpha(x)+\mathrm{i}\mathrm{N}_\alpha(x),\quad \mathrm{H}_\alpha^{(2)}(x)=\mathrm{J}_\alpha(x)-\mathrm{i}\mathrm{N}_\alpha(x),\tag{5.84}$$

其中, J_α 和 N_α 分别为第一类和第二类 α 阶贝塞尔函数; i 为虚数单位. 由(5.84)式所定义的函数称为汉克尔函数 (Hankel function), 或者称为第三类贝塞尔函数 (Bassel function of the third kind), 习惯上由字母 H 来表示. 当 α 为实数时, 两类汉克尔函数相互共轭. 而前两类贝塞尔函数 J_α 和 N_α 也可由汉克尔函数来表示:

$$\mathrm{J}_\alpha(x)=\frac{1}{2}\left[\mathrm{H}_\alpha^{(1)}(x)+\mathrm{H}_\alpha^{(2)}(x)\right],\quad \mathrm{N}_\alpha(x)=\frac{1}{2\mathrm{i}}\left[\mathrm{H}_\alpha^{(1)}(x)-\mathrm{H}_\alpha^{(2)}(x)\right].\tag{5.85}$$

因为 J_α 和 N_α 是 α 阶贝塞尔方程(5.8)的解, 当我们将虚数单位 i 视作一个常数时, 汉克尔函数也是同一个方程的解. 对汉克尔函数的系统研究需要复变函数的知识, 即 $\mathrm{H}_\alpha^{(1,2)}(z)$, $z\in\mathbb{C}$. 在此背景下微分方程 (5.8)不仅在实数轴上成立, 复平面也是该方程的定义域, 即

$$z^2\frac{\mathrm{d}^2y}{\mathrm{d}z^2}+z\frac{\mathrm{d}y}{\mathrm{d}z}+(z^2-\alpha^2)y=0.\tag{5.86}$$

5.4.2 修正贝塞尔函数

如果将贝塞尔函数的输入变量修改为 $\mathrm{i}x$, 并在求导时将虚数单位 i 当作一个常数处理, 则贝塞尔方程 (5.8)可转化为

$$x^2\frac{\mathrm{d}^2y}{\mathrm{d}x^2}+x\frac{\mathrm{d}y}{\mathrm{d}x}-(x^2+\alpha^2)y=0,\tag{5.87}$$

称为修正贝塞尔方程 (modified Bessel equation). 该方程的求解可以按照 5.1.2 节中介绍的方法, 寻找其具有类似 (5.9)形式的级数解. 这样, 修正贝塞尔方程 (5.87) 的解就可表达为

$$\mathrm{I}_\alpha(x)=\sum_{k=0}^{\infty}\frac{1}{k!\Gamma(\alpha+k+1)}\cdot\left(\frac{x}{2}\right)^{\alpha+2k}.\tag{5.88}$$

该函数称为第一类修正贝塞尔函数 (modified Bessel function of the first kind), 通常由大写字母 I 表示. 类似(5.22)式所定义的第二类贝塞尔函数, 我们也可以给出第二类修正贝塞尔函数 (modified Bessel function of the second kind) 的定义:

$$\mathrm{K}_\alpha(x)=\lim_{\nu\to\alpha}\frac{\pi}{2}\frac{\mathrm{I}_{-\nu}(x)-\mathrm{I}_\nu(x)}{\sin\nu\pi},\tag{5.89}$$

通常用大写字母 K 来表示.

课后习题

5.1 请验证: 若 $y=F(x)$ 满足贝塞尔方程(5.7), 则 $\mathcal{P}(r)=F(\sqrt{\lambda}r)$ 满足(5.6)式.

5.2 假设贝塞尔方程(5.8)的解具有(5.9)式的级数表达形式, 其中 $c\leqslant 0$. 根据贝塞尔方程确定相应的系数以及指数 c, 并给出对应的级数表达式 (参考(5.20)式).

5.3 讨论第一类贝塞尔函数 $\mathrm{J}_\alpha(x)$ 级数展开式(5.19)的收敛半径.

5.4 证明: $y=\mathrm{J}_n(ax)$ 是方程

$$x^2y''+xy'+(a^2x^2-n^2)y=0$$

的一个解.

5.5 代入贝塞尔方程(5.8)验证 $y=\sqrt{x}\mathrm{J}_{\frac{1}{2}}(x)$ 满足正弦函数对应的常微分方程:

$$\frac{\mathrm{d}^2y}{\mathrm{d}x^2}+y=0.$$

5.6 利用贝塞尔函数的递推公式将 $\mathrm{J}_{\frac{3}{2}}(x)$ 与 $\mathrm{J}_{\frac{5}{2}}(x)$ 表达为初等函数形式.

5.7 试证 $y=x^{\frac{1}{2}}\mathrm{J}_n(x)$ 是方程

$$x^2\frac{\mathrm{d}^2y}{\mathrm{d}x^2}+\left[x^2-\left(n^2-\frac{1}{4}\right)\right]y=0$$

的一个解.

5.8 试证 $y=\mathrm{J}_\alpha\left(\frac{1}{x}\right)$ 是方程

$$x^4\frac{\mathrm{d}^2y}{\mathrm{d}x^2}+x^3\frac{\mathrm{d}y}{\mathrm{d}x}+(1-\alpha^2x^2)y=0$$

的一个解.

5.9 利用贝塞尔函数递推公式,

(a) 请验证(5.62a)式 $\sim$(5.62c)式.

(b) 请证明(5.62b)式和(5.62c)式, 并将 $r^{n-1}\mathrm{J}_n(\beta r)$ 以及 $r^{n+1}\mathrm{J}_n(\beta r)$ 分别写成相邻阶贝塞尔函数 $\mathrm{J}_{n-1}(\beta r)$ 和 $\mathrm{J}_{n+1}(\beta r)$ 的导数形式.

5.10 利用贝塞尔函数的级数展开式证明 $J_{-\frac{1}{2}}(x)$ 是初等函数, 即(5.37)式.

5.11 利用贝塞尔函数的递推公式计算下列积分:

(a) $\displaystyle\int_0^x r^5\mathrm{J}_0(\beta r)\,\mathrm{d}r$;

(b) $\displaystyle\int_0^x \mathrm{J}_1(r)\,\mathrm{d}r$;

(c) $\displaystyle\int_0^x \frac{1}{r}\mathrm{J}_2(r)\,\mathrm{d}r$;

(d) 若可以利用上述方法求解 $\displaystyle\int_0^x x^\gamma \mathrm{J}_\alpha(\beta r)\mathrm{d}r$, 则 $\gamma>0$ 与 $\alpha>0$ 应满足什么关系?

(e) 若上问中 $\gamma<0$, 其又和 $\alpha>0$ 满足什么关系?

5.12 用分离变量法求解下列初边值问题:

$$\begin{cases} u_{tt}-a^2(u_{xx}+u_{yy})=0, \quad x^2+y^2<1,\, t>0; \\ u|_{x^2+y^2=1}=0; \\ u|_{t=0}=\left(1-\sqrt{x^2+y^2}\right), \quad u_t|_{t=0}=0. \end{cases}$$

5.13 计算圆柱区域 $\Omega=\{(x,y,z)|x^2+y^2<R^2,\,0<z<h\}$ 内调和方程边值问题:

$$\begin{cases} u_{xx}+u_{yy}+u_{zz}=0, \quad \sqrt{x^2+y^2}<R,\, z\in(0,h); \\ u|_{\sqrt{x^2+y^2}=R}=0; \\ u|_{z=0}=0, \quad u|_{z=h}=R^2-(x^2+y^2). \end{cases}$$

第 6 章　勒让德多项式

本章将讨论另一组重要的特殊函数——勒让德多项式. 应用分离变量法求解球域内偏微分方程定解问题时, 需要引入勒让德方程, 进而通过幂级数法计算满足勒让德方程的有界解, 即勒让德多项式. 随后, 将讨论勒让德多项式以及一般正交多项式的性质. 最后, 我们将就更一般的情况, 即当问题的控制方程为连带勒让德方程的时候, 作出简要探讨. 本章的内容由知识地图图 6.1总结.

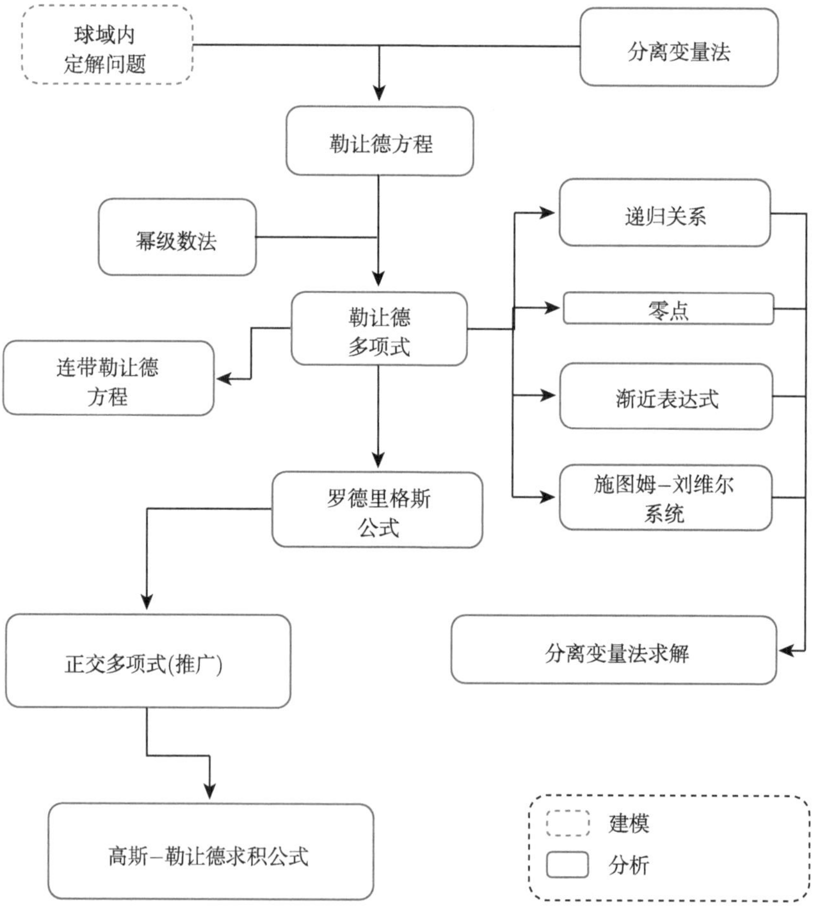

图 6.1　知识地图——勒让德多项式

6.1 勒让德方程

首先考察一个定义在三维空间有界区域 Ω, 控制方程为波动方程的初边值问题:

$$\begin{cases} u_{tt} - a^2\Delta u = 0, \quad \boldsymbol{r} \in \Omega \subset \mathbb{R}^3, t > 0; \\ u|_{t=0} = \phi(\boldsymbol{r}), \quad u_t|_{t=0} = \psi(\boldsymbol{r}); \\ u|_{\partial\Omega} = 0, \end{cases} \tag{6.1}$$

其中, Δ 为空间三维拉普拉斯算子.

使用分离变量法, 假设

$$u(\boldsymbol{r};t) = T(t)V(\boldsymbol{r}).$$

将上式代入问题 (6.1)中的控制方程, 有

$$\frac{T''}{a^2T} = \frac{\Delta V}{V} = -\lambda. \tag{6.2}$$

基于前文对分离变量法的系列讨论可知, 只有当 $\lambda \geqslant 0$ 时, 该问题才存在非平凡解. 因此, 为满足一般性, 我们以 k^2 替代 λ, 其中 k 称为波数 (wave number).

将(6.2)式中的 λ 替换为 k^2 并分离变量, 进而导出一个时间相关的常微分方程:

$$T''(t) + a^2k^2T = 0, \quad t > 0 \tag{6.3}$$

和一个空间相关的偏微分方程:

$$\Delta V + k^2V = 0, \quad \boldsymbol{r} \in \Omega. \tag{6.4}$$

式 (6.4)是亥姆霍兹方程. 当 $k = 0$ 时, 亥姆霍兹方程退化为拉普拉斯方程.

接下来考虑定义域 Ω 的具体形状. 在第 5 章我们考虑了空间域为圆域的情形, 进而推导出贝塞尔方程. 在本章中, 将定义域设置为三维球域, 即

$$\Omega = \mathcal{O}_R = \{(x,y,z)|x^2 + y^2 + z^2 \leqslant R^2\}, \tag{6.5}$$

并在球域内寻找亥姆霍兹方程(6.4)的解.

为此, 首先引入球坐标变换, 即

$$\begin{cases} x = r\sin\theta\cos\varphi; \\ y = r\sin\theta\sin\varphi; \\ z = r\cos\theta. \end{cases} \tag{6.6}$$

根据 (3.31) 式, 球坐标下的拉普拉斯算子可表示为

$$\Delta V = \frac{1}{r^2}\frac{\partial}{\partial r}\left(r^2\frac{\partial V}{\partial r}\right) + \frac{1}{r^2\sin\theta}\frac{\partial}{\partial\theta}\left(\sin\theta\frac{\partial V}{\partial\theta}\right) + \frac{1}{r^2\sin^2\theta}\cdot\frac{\partial^2 V}{\partial\varphi^2}. \tag{6.7}$$

在球坐标系中, 问题定义域变为 $(r,\theta,\varphi)\in[0,R)\times[0,\pi]\times[0,2\pi]$, 由此可进一步使用分离变量法. 假设亥姆霍兹方程 (6.7)的解有如下形式:

$$V(r,\theta,\varphi) = \mathcal{P}(r)\Theta(\theta)\Phi(\varphi). \tag{6.8}$$

将(6.7)式和(6.8)式合并后代入 (6.4)式, 可以得到

$$\frac{\Theta\Phi}{r^2}\frac{\mathrm{d}}{\mathrm{d}r}\left(r^2\frac{\mathrm{d}\mathcal{P}}{\mathrm{d}r}\right) + \frac{\mathcal{P}\Phi}{r^2\sin\theta}\frac{\mathrm{d}}{\mathrm{d}\theta}\left(\sin\theta\frac{\mathrm{d}\Theta}{\mathrm{d}\theta}\right) + \frac{\mathcal{P}\Theta}{r^2\sin^2\theta}\cdot\frac{\mathrm{d}^2\Phi}{\mathrm{d}\varphi^2} + k^2\mathcal{P}\Theta\Phi = 0. \tag{6.9}$$

在 (6.9) 式两边同时乘以 $r^2/(R\Theta\Phi)$ 并将待求函数按照自变量类型排序, 可得

$$\frac{1}{\mathcal{P}}\frac{\mathrm{d}}{\mathrm{d}r}\left(r^2\frac{\mathrm{d}\mathcal{P}}{\mathrm{d}r}\right) + k^2r^2 = -\frac{1}{\Theta\sin\theta}\frac{\mathrm{d}}{\mathrm{d}\theta}\left(\sin\theta\frac{\mathrm{d}\Theta}{\mathrm{d}\theta}\right) - \frac{1}{\Phi\sin^2\theta}\cdot\frac{\mathrm{d}^2\Phi}{\mathrm{d}\varphi^2}. \tag{6.10}$$

注意到, (6.10)式左端仅包含自变量 r, 右端则与 r 无关. 因此, 只有两端都等于一个常数时, (6.10)式才成立. 理论上我们可以将该常数设置为 ν, 但习惯上人们将此次分离变量所引入的特征值写为 $\alpha(\alpha+1)$. 若允许 α 取复数, 则 $\alpha(\alpha+1)$ 可以取到任意实数.

令 (6.10)式左端等于常数 $\alpha(\alpha+1)$, 可以得到关于 $\mathcal{P}(r)$ 的常微分方程:

$$\frac{\mathrm{d}}{\mathrm{d}r}\left(r^2\frac{\mathrm{d}\mathcal{P}}{\mathrm{d}r}\right) + \left[k^2r^2 - \alpha(\alpha+1)\right]\mathcal{P} = 0. \tag{6.11a}$$

同时可以得到关于 $\Theta(\theta)$ 和 $\Phi(\varphi)$ 的微分方程, 即

$$\frac{1}{\Theta\sin\theta}\frac{\mathrm{d}}{\mathrm{d}\theta}\left(\sin\theta\frac{\mathrm{d}\Theta}{\mathrm{d}\theta}\right) + \frac{1}{\Phi\sin^2\theta}\cdot\frac{\mathrm{d}^2\Phi}{\mathrm{d}\varphi^2} + \alpha(\alpha+1) = 0. \tag{6.11b}$$

(6.11a)式的解取决于 k 的值. 当 $k\neq 0$ 时, 易得

$$\mathcal{P}_\alpha(r) = \frac{1}{\sqrt{r}}\left[C_1\mathrm{J}_{\alpha+\frac{1}{2}}(kr) + C_2\mathrm{N}_{\alpha+\frac{1}{2}}(kr)\right] \tag{6.12}$$

表示方程 (6.11a)的基本解系, 其中 $\mathrm{J}_{\alpha+\frac{1}{2}}(\cdot)$ 和 $\mathrm{N}_{\alpha+\frac{1}{2}}(\cdot)$ 称为半整数阶贝塞尔函数;C_1 和 C_2 为两个任意常数. 由 5.2.1节的讨论可知, 由 (6.12)式给出的 $\mathcal{P}_\alpha$ 实际上是一个初等函数.

当 $k=0$ 时, 亥姆霍兹方程变成拉普拉斯方程, (6.11a)式可表示为

$$r^2\frac{\mathrm{d}^2\mathcal{P}}{\mathrm{d}r^2}+2r\frac{\mathrm{d}\mathcal{P}}{\mathrm{d}r}-\alpha(\alpha+1)\mathcal{P}=0. \tag{6.13}$$

常微分方程 (6.13)称为*柯西–欧拉方程* (Cauchy-Euler equation), 或简称为欧拉方程. 可以证明, (6.13)式的解析解是存在的, 写作

$$\mathcal{P}_\alpha(r)=C_1r^\alpha+C_2r^{-\alpha-1}, \tag{6.14}$$

这里, C_1 和 C_2 是任意常数.

因此, 常微分方程 (6.11a)的通解可表示为

$$\mathcal{P}_\alpha(r)=\begin{cases}\dfrac{1}{\sqrt{r}}\left[C_1\mathrm{J}_{\alpha+\frac{1}{2}}(kr)+C_2\mathrm{N}_{\alpha+\frac{1}{2}}(kr)\right], & k>0;\\ C_1r^\alpha+C_2r^{-\alpha-1}, & k=0.\end{cases} \tag{6.15}$$

接下来再次使用分离变量法求解 (6.11b)式. 将 (6.11b) 式乘以 $\sin^2\theta$ 并将 θ 和 φ 的函数分列等式两边, 可得

$$\frac{\sin\theta}{\Theta}\frac{\mathrm{d}}{\mathrm{d}\theta}\left(\sin\theta\frac{\mathrm{d}\Theta}{\mathrm{d}\theta}\right)+\alpha(\alpha+1)\sin^2\theta=-\frac{1}{\Phi}\cdot\frac{\mathrm{d}^2\Phi}{\mathrm{d}\varphi^2}. \tag{6.16}$$

理论上, (6.16)式两边应当等于同一个常数. 然而, 这个常数必须是整数的平方, 即 $m^2, m=0,1,\cdots$, 才能保证 $\Phi(\varphi)$ 在区间 $\varphi\in[0,2\pi)$ 上是周期性的. 因此(6.16)式可转化为

$$\frac{\mathrm{d}^2\Phi}{\mathrm{d}\varphi^2}+m^2\Phi=0 \tag{6.17a}$$

和

$$\sin\theta\frac{\mathrm{d}}{\mathrm{d}\theta}\left(\sin\theta\frac{\mathrm{d}\Theta}{\mathrm{d}\theta}\right)+[\alpha(\alpha+1)\sin^2\theta-m^2]\Theta=0. \tag{6.17b}$$

(6.17a)式的通解为

$$\Phi=A_1\cos m\varphi+A_2\sin m\varphi, \tag{6.18}$$

其中, A_1 和 A_2 是两个任意常数.

为求解(6.17b)式, 我们发现, 若可以找到函数 $F(x)$, 其满足

$$(1-x^2)\frac{\mathrm{d}^2F}{\mathrm{d}x^2}-2x\frac{\mathrm{d}F}{\mathrm{d}x}+\left[\alpha(\alpha+1)-\frac{m^2}{1-x^2}\right]F=0, \tag{6.19}$$

则 $\Theta(\theta) = F(\cos\theta)$ 是 (6.17b)式的解. 由 (6.19)式给出的常微分方程称为*连带勒让德微分方程* (associated Legendre differential equation) 或简写为*连带勒让德方程* (associated Legendre equation).

为便于进一步求解, 首先考虑(6.19)式中 $m = 0$ 的情形, 即

$$(1-x^2)\frac{\mathrm{d}^2F}{\mathrm{d}x^2} - 2x\frac{\mathrm{d}F}{\mathrm{d}x} + \alpha(\alpha+1)F = 0. \tag{6.20}$$

(6.20)式是一个二阶线性常微分方程, 称为 *α 次勒让德方程* (Legendre equation of degree α).

需要指出的是, 通过分离变量, 我们需要求解的是连带勒让德方程(6.19). 但在 6.5节的讨论中我们将发现, 连带勒让德方程的解可以基于勒让德方程的解推导得到. 故在接下来的章节中, 将首先详细探讨勒让德方程 (6.20)解的形式与性质.

6.2　勒让德多项式的导出

本节将推导勒让德方程的通解. 类比第 5 章对贝塞尔方程解的研究, 我们将尝试以幂级数的形式表达勒让德方程的解. 随后将证明, 在某些情况下勒让德方程的解不再是无穷求和的级数, 而是变成多项式.

6.2.1　勒让德方程的幂级数解

考虑如下以 y 为因变量的勒让德方程:

$$(1-x^2)\frac{\mathrm{d}^2y}{\mathrm{d}x^2} - 2x\frac{\mathrm{d}y}{\mathrm{d}x} + \alpha(\alpha+1)y = 0. \tag{6.21}$$

注意到, 勒让德方程 (6.21)的系数都是关于自变量 x 的多项式. 参照贝塞尔方程 (5.9)幂级数解的推导思路, 假设方程 (6.21)的解具有如下形式:

$$y = \sum_{k=0}^{\infty} a_k x^{k+c} \tag{6.22}$$

其中, $a_0 \neq 0$. 这里只考虑 x 取值落在级数(6.22)收敛半径内的情形, 如此对级数(6.22)求和与微分计算可以交换顺序. 例如,

$$x\frac{\mathrm{d}y}{\mathrm{d}x} = x\sum_{k=0}^{\infty}\frac{\mathrm{d}}{\mathrm{d}x}\left(a_k x^{k+c}\right) = \sum_{k=0}^{\infty} a_k(k+c)x^{k+c} \tag{6.23}$$

和

$$(1-x^2)\frac{\mathrm{d}^2y}{\mathrm{d}x^2}=a_0c(c-1)x^{c-2}+a_1c(c+1)x^{c-1}$$
$$+\sum_{k=0}^{\infty}\left[a_{k+2}(k+c+2)(k+c+1)-a_k(k+c)(k+c-1)\right]x^{k+c}. \tag{6.24}$$

将(6.22)式 ~(6.24)式代入勒让德方程(6.21)并结合相关系数, 可以得到

$$0=a_0c(c-1)x^{c-2}+a_1c(c+1)x^{c-1}$$
$$+\sum_{k=0}^{\infty}\left\{a_{k+2}(k+c+2)(k+c+1)-a_k[(k+c)(k+c+1)-\alpha(\alpha+1)]\right\}x^{k+c}. \tag{6.25}$$

此时问题的未知数变成了系数 a_k 和指数 c, 可以从最低阶项开始依次求解.

令 (6.25)式中 x^{c-2} 项的系数为 0, 由于 $a_0\neq 0$, 可得 $c=0$ 或 $c=1$. 这里首先考虑 $c=0$ 的情形. 此时级数方程(6.25)中 x^{c-1} 项的系数自动为 0. 故 a_1 也和 a_0 一样, 是一个待定系数.

将 $c=0$ 代入 (6.25)式的求和项中有

$$\sum_{k=0}^{\infty}\left\{a_{k+2}(k+2)(k+1)-a_k[k(k+1)-\alpha(\alpha+1)]\right\}x^k=0. \tag{6.26}$$

注意到, $k(k+1)-\alpha(\alpha+1)=(k-\alpha)(k+\alpha+1)$, 令 x^{k+c} 项系数为 0, 可以得到递推关系式:

$$a_{k+2}=\frac{(k-\alpha)(k+\alpha+1)}{(k+2)(k+1)}\cdot a_k. \tag{6.27}$$

式(6.27)表明, 待定系数 a_k 需根据下标 k 的奇偶性分别取值. 当 k 为偶数时, a_k 递推至待定系数 a_0, 即

$$a_2=-\frac{\alpha(\alpha+1)}{2!}\cdot a_0,$$
$$a_4=\frac{\alpha(\alpha-2)(\alpha+1)(\alpha+3)}{4!}\cdot a_0,$$
$$\cdots$$
$$a_{2m}=(-1)^m\frac{\alpha(\alpha-2)\cdots(\alpha-2m+2)\cdot(\alpha+1)(\alpha+3)\cdots(\alpha+2m-1)}{(2m)!}\cdot a_0,$$

$$\cdots. \tag{6.28}$$

当 k 为奇数时, a_k 递推至待定系数 a_1, 即

$$\begin{aligned}
&a_3 = -\frac{(\alpha-1)(\alpha+2)}{3!}\cdot a_1,\\
&a_5 = \frac{(\alpha-1)(\alpha-3)(\alpha+2)(\alpha+4)}{5!}\cdot a_1,\\
&\quad\cdots\\
&a_{2m+1} = (-1)^m\frac{(\alpha-1)(\alpha-3)\cdots(\alpha-2m+1)\cdot(\alpha+2)(\alpha+4)\cdots(\alpha+2m)}{(2m+1)!}\cdot a_1,\\
&\quad\cdots.
\end{aligned} \tag{6.29}$$

将上述两组系数代回(6.22)式, 便可将勒让德方程(6.21)的解表示为

$$\begin{aligned}
y = {}& a_0\left[1-\frac{\alpha(\alpha+1)}{2!}\cdot x^2+\frac{\alpha(\alpha-2)(\alpha+1)(\alpha+3)}{4!}\cdot x^4+\cdots\right]\\
&+a_1\left[x-\frac{(\alpha-1)(\alpha+2)}{3!}\cdot x^3+\frac{(\alpha-1)(\alpha-3)(\alpha+2)(\alpha+4)}{5!}\cdot x^5+\cdots\right].
\end{aligned} \tag{6.30}$$

需要指出的是, 为推导(6.30)式, 我们实际上使用了一致收敛级数求和顺序可以自由交换的性质.

由于 a_0 和 a_1 可为任意常数, (6.30)式实际上给出了勒让德方程(6.21)的通解形式, 包括两个相互独立的级数解, 即

$$y_1 = 1-\frac{\alpha(\alpha+1)}{2!}\cdot x^2+\frac{\alpha(\alpha-2)(\alpha+1)(\alpha+3)}{4!}\cdot x^4+\cdots \tag{6.31a}$$

和

$$y_2 = x-\frac{(\alpha-1)(\alpha+2)}{3!}\cdot x^3+\frac{(\alpha-1)(\alpha-3)(\alpha+2)(\alpha+4)}{5!}\cdot x^5+\cdots \tag{6.31b}$$

理论上, 我们还需考虑(6.25)式中 $c=1$ 的情形. 但我们在(6.31a)式和(6.31b)式中已经得到了勒让德方程两个相互独立的幂级数解. 根据二阶线性常微分方程最多只有两组相互线性无关解的性质, $c=1$ 情形所对应的解一定可表达为上述两个线性无关解的线性组合. 可以证明, 在 $c=1$ 时, 所计算得到的幂级数解正好是(6.31b)式给出的 y_2, 具体证明留作课后作业 (本章课后习题 6.4).

最后, 还需计算(6.31a)式和(6.31b)式所定义幂级数各自的收敛半径. 根据递推公式(6.27)可得

$$\lim_{k\to\infty}\left|\frac{a_{2k+2}}{a_{2k}}\right| = \lim_{k\to\infty}\left|\frac{(\alpha-2k)(\alpha+2k+1)}{(2k+2)(2k+1)}\right| = 1, \tag{6.32}$$

即由(6.31a)式和(6.31b)式所定义的幂级数的收敛半径均为 1. 在收敛域边界, 可以证明, 只要 α 非整数, 则由(6.31a)式和(6.31b)式所定义的幂级数在 $x=\pm 1$ 处均发散. 因此我们有如下结论: 对于任意闭区间 $[-1+\delta_1, 1-\delta_2]$, 其中 δ_1 和 δ_2 均为正小量, 由(6.31a)式和(6.31b) 式所定义的幂级数在其上一致收敛. 然而, 由上述一致收敛幂级数所定义的函数无法有界地延拓到定义域边界 $x=\pm 1$ 处.

6.2.2 勒让德多项式的定义

现在我们考虑勒让德方程次数 α 取整数 n 的情况. 式(6.21)可改写为

$$(1-x^2)\frac{\mathrm{d}^2y}{\mathrm{d}x^2} - 2x\frac{\mathrm{d}y}{\mathrm{d}x} + n(n+1)y = 0. \tag{6.33}$$

此时可以证明, (6.31a)式和(6.31b)定义的两组幂级数其中之一会退化为多项式.

为此, 我们首先将递推公式(6.27)中的 α 替换为 n, 即

$$a_{k+2} = -\frac{(n-k)(n+k+1)}{(k+2)(k+1)}\cdot a_k. \tag{6.34}$$

从 (6.34) 式中可以看出, 若 $k=n$, 则 $a_{n+2}=0$. 且当 $k>n$ 时, 重复使用递推公式(6.34), 可以得到 a_{n+4}, a_{n+6}, $\cdots$ 均为 0. 因此, 当 n 为偶数时, 由(6.31a)式定义的级数 y_1 实际上是一个 n 次多项式, 其中只有 a_0, a_2, $\cdots$, a_n 项不为 0; 当 n 为奇数时, 由(6.31b)式定义的 y_2 变成了一个 n 次多项式, 其中只有 a_1, a_3, $\cdots$, a_n 项不为 0.

此外, 由于线性常微分方程的解乘以任何一个常数后仍为该方程的解, 故可以适当选择该常数的值, 从而有利于多项式解的统一表达. 为此, 令

$$a_n = \frac{(2n)!}{2^n(n!)^2} = \frac{1\cdot 3\cdot 5\cdots(2n-1)}{n!}. \tag{6.35}$$

将 (6.35)式依次代入递推关系式(6.34)可以得到

$$\begin{aligned} a_{n-2} &= -\frac{n(n-1)}{2(2n-1)}\cdot\frac{(2n)!}{2^n(n!)^2} = -\frac{n(n-1)}{2(2n-1)}\cdot\frac{2n(2n-1)\cdot(2n-2)!}{2^n n\cdot(n-1)!\cdot n(n-1)\cdot(n-2)!} \\ &= -\frac{(2n-2)!}{2^n(n-1)!(n-2)!}, \end{aligned}$$

$$
\begin{aligned}
a_{n-4} &= -\frac{(n-2)(n-3)}{4(2n-3)}\cdot(-1)\frac{(2n-2)!}{2^n(n-1)!(n-2)!}\\
&= \frac{(n-2)(n-3)}{4(2n-3)}\cdot\frac{2(n-1)(2n-3)\cdot(2n-4)!}{2^n(n-1)\cdot(n-2)!\cdot(n-2)(n-3)\cdot(n-2)!}\\
&= \frac{(2n-4)!}{2^n\cdot 2(n-2)!(n-4)!},\\
a_{n-6} &= -\frac{(n-4)(n-5)}{6(2n-5)}\cdot\frac{(2n-4)!}{2\cdot 2^n(n-2)!(n-4)!}\\
&= \frac{(n-4)(n-5)}{6(2n-5)}\cdot\frac{2(n-2)(2n-5)\cdot(2n-6)!}{2\cdot 2^n(n-2)\cdot(n-3)!\cdot(n-4)(n-5)\cdot(n-6)!}\\
&= \frac{(2n-6)!}{2^n 3!(n-3)!(n-6)!},\\
&\cdots
\end{aligned}
\tag{6.36}
$$

验证可知, 选取上述 a_n 表达式可保证所得的多项式解在 $x=1$ 处函数值为 1.

综上所述, 当其次数 n 为整数时, 勒让德方程(6.33)存在 n 次多项式解, 其多项式系数可统一表达为

$$
a_{n-2m} = (-1)^m\frac{(2n-2m)!}{2^n m!(n-m)!(n-2m)!}
\tag{6.37}
$$

其中, m 为正整数且满足 $n-2m \geqslant 0$.

当 n 为偶数时, 联立(6.31a)式与(6.37)式可得到多项式解的形式为

$$
y_1 = \sum_{m=0}^{n/2}(-1)^m\frac{(2n-2m)!}{2^n m!(n-m)!(n-2m)!}\cdot x^{n-2m};
\tag{6.38}
$$

当 n 为奇数时, 联立(6.31a)式与(6.37)式可得到多项式解的形式为

$$
y_2 = \sum_{m=0}^{(n-1)/2}(-1)^m\frac{(2n-2m)!}{2^n m!(n-m)!(n-2m)!}\cdot x^{n-2m}.
\tag{6.39}
$$

以上两种情况可统一总结为

$$
\mathrm{P}_n(x) = \sum_{m=0}^{N}(-1)^m\frac{(2n-2m)!}{2^n m!(n-m)!(n-2m)!}\cdot x^{n-2m},
\tag{6.40}
$$

其中,

$$N = \begin{cases} n/2, & n \text{ 为偶数;} \\ (n-1)/2, & n \text{ 为奇数.} \end{cases} \tag{6.41}$$

由(6.40)式定义的 $\mathrm{P}_n(x)$ 称为 *n* 次勒让德多项式 (Legendre polynomial). 勒让德多项式也是第一类勒让德函数 (Legendre function of the first kind) 的特例. 第一类勒让德函数的完整定义式可参考 7.2.3 节的内容.

这里有三点值得注意. 首先, 对任意 $n \in \mathbb{Z}^+$, $\mathrm{P}_n(1) = 1$. 其次, P_n 的定义域实质上为 $x \in \mathbb{R}$ 全体实数域. 然而, 为与(6.31a)式和(6.31b)式幂级数的收敛半径保持一致, 我们主要考察 P_n 在 $x \in [-1, 1]$ 时的性质. 最后, 通过上述推导可以看出, 当 n 为负整数时, 仍然可以得到多项式解. 事实上, 可以证明:

$$\mathrm{P}_n(x) = \mathrm{P}_{-n-1}(x), \quad n \in \mathbb{Z}^-. \tag{6.42}$$

在本章的其余部分, 除非特别指明, 否则我们将默认 n 为非负整数.

现在可以确定 $\mathrm{P}_n(x)$ 为 n 次勒让德方程(6.33)的一个解. 为了推导其通解形式, 仍需找到另一个与 $\mathrm{P}_n(x)$ 线性无关的解, 为此, 定义

$$\mathrm{Q}_0(x) = \frac{1}{2} \ln \frac{1+x}{1-x}, \tag{6.43}$$

并进而定义以下函数:

$$\mathrm{Q}_n(x) = \mathrm{P}_n(x)\mathrm{Q}_0(x) - \sum_{k=0}^{n-1} \frac{(2k+1)(1-(-1)^{n+k})}{(n+k+1)(n-k)} \mathrm{P}_k(x), \tag{6.44}$$

其中, $n = 1, 2, \cdots$. 可以验证, $\mathrm{Q}_n(x)$ 也是 n 次勒让德方程 (6.33)的一个解, 且与 $\mathrm{P}_n(x)$ 线性无关. 由(6.43)式和(6.44)式定义的 $\mathrm{Q}_n(x)$ 称为第二类勒让德函数 (Legendre function of the second kind).

这里简单介绍 $\mathrm{Q}_n(x)$ 的关键性质, 这些性质与接下来的讨论有关. 首先, $\mathrm{Q}_n(x)$ 在定义域 $x \in (-1, 1)$ 上是无界的; 其次, 任何 n 次勒让德方程的解都可以表达为 $\mathrm{P}_n(x)$ 和 $\mathrm{Q}_n(x)$ 的线性组合. 关于 $\mathrm{Q}_n(x)$ 的进一步讨论详见第 7 章超几何函数的内容.

6.3 勒让德多项式的性质

本节将介绍勒让德多项式的关键性质. 大部分讨论的内容都可以在 5.2 节对贝塞尔函数性质的讨论中找到对应. 在本节最后, 将讨论对象从勒让德多项式推广至一般正交多项式, 探讨各类正交多项式的共性特征.

6.3.1 罗德里格斯公式

首先引入在分析正交多项式中非常有用的公式: *罗德里格斯公式* (Rodrigues formula), 可将 n 次勒让德多项式统一表达为

$$\mathrm{P}_n(x)=\frac{(-1)^n}{2^n n!}\left(\frac{\mathrm{d}}{\mathrm{d}x}\right)^n\left(1-x^2\right)^n, \tag{6.45}$$

其中, $\left(\frac{\mathrm{d}}{\mathrm{d}x}\right)^n$ 表示"求 n 次导数".

要验证罗德里格斯公式, 只需将 $(1-x^2)^n$ 展开, 求导计算后与(6.40) 式给出的勒让德多项式进行对比即可. 使用罗德里格斯公式, 可快速得到 $\mathrm{P}_n(1)=1$, $\mathrm{P}_n(-1)=(-1)^n$.

6.3.2 勒让德多项式重要性质概览

1. 勒让德多项式的函数图像

这里列出 5 次以下勒让德多项式的表达式如下:

$$\begin{aligned}
&\mathrm{P}_0(x)=1,\\
&\mathrm{P}_1(x)=x,\\
&\mathrm{P}_2(x)=\frac{1}{2}\left(3x^2-1\right),\\
&\mathrm{P}_3(x)=\frac{1}{2}\left(5x^3-3x\right),\\
&\mathrm{P}_4(x)=\frac{1}{8}\left(35x^4-30x^2+3\right),\\
&\mathrm{P}_5(x)=\frac{1}{8}\left(63x^5-70x^3+15x\right),
\end{aligned} \tag{6.46}$$

它们的函数图像可参考图 6.2.

由 (6.40)式给出的勒让德多项式表达式可以很容易地看出, 在所关注的定义域 $x\in[-1,1]$ 内, 当 n 为奇数时, $\mathrm{P}_n(x)$ 是奇函数; 当 n 为偶数时, $\mathrm{P}_n(x)$ 为偶函数. 该性质也可从图 6.2 中读出.

2. 勒让德多项式的根

现在考察勒让德多项式的根, 相关性质总结如下所述.

- **完备性**——$\mathrm{P}_n(x)$ 有 n 个互不相同的实根, 即 $\zeta_1^{(n)}<\zeta_2^{(n)}<\cdots<\zeta_n^{(n)}$, 且 $\zeta_k^{(n)}\in(-1,1)$, $k=1,\ 2,\ \cdots,\ n$.

- **对称性**——如果 $x=a$ 是勒让德多项式 $\mathrm{P}_n(x)$ 的一个根, 那么多项式必有另一个根 $x=-a$. 如果 n 为奇数, 则 $x=0$ 是 $\mathrm{P}_n(x)$ 的一个根.
- **交错分布性**——$\mathrm{P}_n(x)$ 和 $\mathrm{P}_{n+1}(x)$ 的根互不相同, 且在 $(-1,1)$ 内彼此交错分布, 即 $\mathrm{P}_n(x)$ 的任何两个相邻实根中间必存在且只有一个 $\mathrm{P}_{n+1}(x)$ 的根, 反之亦然. 上述零点交错分布性质在 5.2.2节讨论贝塞尔函数零点性质时也有看到.

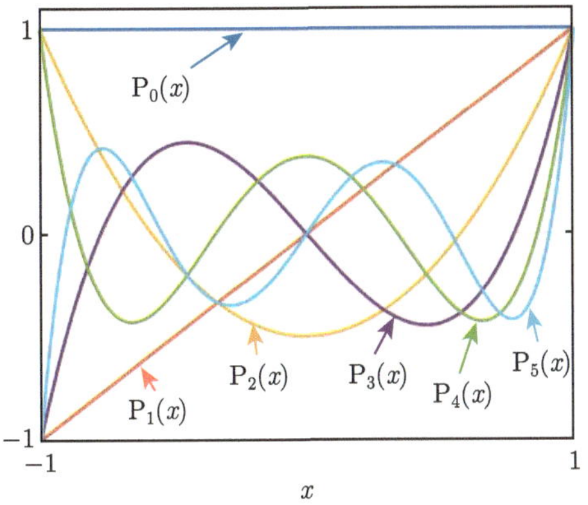

图 6.2 5 次以下勒让德多项式的图像, 表达式见(6.46)式

上述性质也可以从图 6.2 中读到. 勒让德多项式的根在数值计算定积分时将发挥重要作用, 具体见 6.4.2节关于高斯–勒让德积分的讨论.

3. 递推关系式

不同次数勒让德多项式之间存在如下递推公式:

$$\mathrm{P}_{n+1}(x)-\frac{(2n+1)x}{n+1}\cdot\mathrm{P}_n(x)+\frac{n}{n+1}\cdot\mathrm{P}_{n-1}(x)=0,\quad n=1,2,\cdots. \tag{6.47}$$

直接将勒让德多项式 (6.40)代入便可证明 (6.47)式.

4. 近似公式

当勒让德多项式次数较高时, 会涉及较多次乘法和加法运算. 因此, 寻找高次 $n(n\to\infty)$ 勒让德多项式的近似公式具有实用价值. 这里我们给出如下近似公式:

$$\mathrm{P}_n(\cos\theta)=\sqrt{\frac{\theta}{\sin\theta}}\cdot\mathrm{J}_0\left[\left(n+\frac{1}{2}\right)\theta\right]+\mathcal{O}(n^{-\frac{3}{2}}), \tag{6.48}$$

其中, $\mathrm{J}_0(\cdot)$ 为 0 阶第一类贝塞尔函数; $\mathcal{O}$ 表示 “相同数量级”. 注意, (6.48)式中 P_n 的自变量为 $\cos\theta$, $\theta\in(0,\pi)$.

需要指出的是, (6.48)式更适用于 θ 取值不在 0 或 π 附近的情形. 这是因为我们知道 $\mathrm{P}_n(\pm 1) = (\pm 1)^n$, 因此在 $\theta = 0$ 或 π 附近时, 使用 $\mathrm{P}_n(x)$ 在 $x = \pm 1$ 附近的泰勒展开或许是更有效的逼近手段.

(6.48)式对勒让德多项式的逼近误差在 $n^{-\frac{3}{2}}$ 量级. 因此, 当 n 取值较大时, 该逼近公式的精度更高. 图 6.3 给出了 $\mathrm{P}_n(x)$ 与其近似式(6.48)在 $n = 1, 2$ 和 5 时函数图像的对比. 可以看到, 当 $n = 5$ 时, $\mathrm{P}_n(x)$ 与其近似式(6.48)的图像已近乎完全重合.

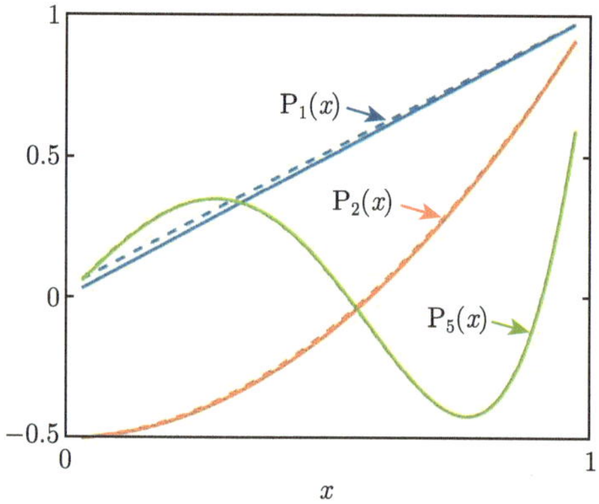

图 6.3　实线代表勒让德多项式 $\mathrm{P}_n(x)$ 的函数图像, 虚线表示由 (6.48) 式给出的近似公式的函数图像

6.3.3　勒让德多项式的正交性

从之前的诸多例子中可以看到, 特征函数的正交性是使用分离变量法求解偏微分方程定解问题的关键. 而由 2.3.2 节的内容可知, 构造施图姆–刘维尔系统是发现正交函数系的重要途径. 这里将看到, 勒让德多项式也可由一个施图姆–刘维尔系统诱导得到.

1. 施图姆–刘维尔系统

为此我们将勒让德方程(6.21)中的 $\alpha(\alpha+1)$ 换作 λ, 即

$$\frac{\mathrm{d}}{\mathrm{d}x}\left[\left(1-x^2\right)\frac{\mathrm{d}y}{\mathrm{d}x}\right] + \lambda y = 0, \quad x \in (-1, 1). \tag{6.49}$$

将其同施图姆–刘维尔型方程的标准型 (2.73) 作比较可以发现, (6.49)式也是一个施图姆–刘维尔型方程, 其中 $k(x) = 1 - x^2 > 0, x \in (-1, 1)$; $q(x) = 0$; $\rho(x) = 1 > 0$.

正如 2.3.2 节所讨论的, 若要构造施图姆–刘维尔系统, 就需要在 $x = \pm 1$ 处根据 $k(x) = 1 - x^2$ 的值设定边界条件. 由于 $k(\pm 1) = 0$, 表示在边界上只需要施加

自然边界条件, 即不用指定 $x = \pm 1$ 处的函数值, 只需要保证函数在边界处有界即可. 如此(6.49)式与自然边界条件便构成一个施图姆–刘维尔系统.

随后将 2.3.2 节相关结论应用于这里所讨论的施图姆–刘维尔系统, 如下所述.

• 存在一组非负的**特征值**, 即 $0 \leqslant \lambda_0 \leqslant \lambda_1 \leqslant \cdots$, 使得该施图姆–刘维尔系统在 $\lambda = \lambda_n$, $n = 0, 1, \cdots$ 时, 存在非平凡 (有界) 解.

• 对于每个 $\lambda = \lambda_n$, 都有一个相应的 (非平凡) 解, $y_n(x)$, 作为 (6.49)式的第 n 个特征函数.

• 所得到的特征函数相互**正交**, 数学上可表示为

$$\int_{-1}^{1} y_n(x) y_m(x)\,\mathrm{d}x = 0, \quad n \neq m. \tag{6.50}$$

值得指出的是, 正交公式 (2.76) 是包括权函数 $\rho(x)$ 的, 但这里的 $\rho(x) = 1$.

• 这些正交函数构成了一个**完备**的正交函数系, 对于定义在 $(-1,1)$ 区间上的任意有界函数 $f(x)$, 都可以将其表达为关于正交函数的线性展开:

$$f(x) \sim \sum_{n=0}^{\infty} a_n y_n(x), \tag{6.51}$$

系数 a_n 由下式给出:

$$a_n = \frac{1}{M_n} \int_{-1}^{1} f(x) y_n(x)\,\mathrm{d}x, \quad n = 0, 1, \cdots, \tag{6.52}$$

其中, M_n 是第 n 个特征函数的**模**:

$$M_n = \int_{-1}^{1} y_n^2(x)\,\mathrm{d}x. \tag{6.53}$$

2. 勒让德多项式构成的正交函数系

现在我们在施图姆–刘维尔系统的背景下讨论勒让德多项式的一些性质. 对比施图姆–刘维尔系统(6.49)与勒让德方程(6.21)可以看出, 当特征值表达为 $\lambda = \alpha(\alpha+1)$ 时, 施图姆–刘维尔方程(6.49)的通解可由 (6.31a)式和(6.31b)式给出的 $y_1(x)$ 和 $y_2(x)$ 线性组合表达. 然而, 施图姆–刘维尔系统在其边界 $x = \pm 1$ 处有自然边界条件, 即相应的特征函数必须在定义域 $x \in (-1,1)$ 内有界. 根据 6.2.1节节末的讨论, 当 α 取非整数时, y_1 和 y_2 在 $x = \pm 1$ 处发散. 因此, 只有当 $\alpha - n$(n 为整数) 时, 施图姆–刘维尔系统 (6.49)才存在有界解. 由此可以确定, 所考虑施图姆–刘维尔系统的特征值满足

$$\lambda_n = n(n+1), \quad n = 0, 1, \cdots. \tag{6.54}$$

特征值 λ_n 所对应的特征函数就是 n 次勒让德多项式, 即所有勒让德多项式 $\{\mathrm{P}_n(x)\}_{n=0}^{\infty}$ 构成了一组由施图姆–刘维尔系统(6.49)确定的特征函数系. 将该特征函数系代入(6.50)式 ~(6.53)式即可获得勒让德多项式的系列性质.

首先是正交性. 将(6.50)式中的 $y_n(x)$ 明确为 n 次勒让德多项式 $\mathrm{P}_n(x)$, 可得

$$\int_{-1}^{1} \mathrm{P}_n(x)\mathrm{P}_m(x)\,\mathrm{d}x = 0, \quad n \neq m. \tag{6.55}$$

(6.55)式表明, 勒让德多项式是两两正交的. 因此所有勒让德多项式可以组成一组**正交多项式** (orthogonal polynomial) 系.

此外, 如 (6.51)式所示, 任何定义在 $(-1,1)$ 上的有界函数 $f(x)$ 都可以写成勒让德多项式 $\mathrm{P}_n(x)$ 的线性组合, 即

$$f(x) = \sum_{n=0}^{\infty} a_n \mathrm{P}_n(x), \tag{6.56}$$

其中,

$$a_n = \frac{1}{M_n}\int_{-1}^{1} f(x)\mathrm{P}_n(x)\,\mathrm{d}x, \tag{6.57}$$

这里, $M_n = \int_{-1}^{1} (\mathrm{P}_n(x))^2\,\mathrm{d}x$ 是 n 次勒让德多项式的模.

勒让德多项式的模 M_n 可以解析表达. 为此首先借助罗德里格斯公式(6.45)求得

$$\begin{aligned}\int_{-1}^{1} [\mathrm{P}_n(x)]^2\,\mathrm{d}x &= \frac{1}{2^{2n}(n!)^2}\int_{-1}^{1}\left[\frac{\mathrm{d}^n}{\mathrm{d}x^n}(x^2-1)^n\right]\cdot\left[\frac{\mathrm{d}^n}{\mathrm{d}x^n}(x^2-1)^n\right]\mathrm{d}x \\ &= \left[\frac{\mathrm{d}^{n-1}}{\mathrm{d}x^{n-1}}(x^2-1)^n\right]\Bigg|_{-1}^{1}\cdot\left[\frac{\mathrm{d}^n}{\mathrm{d}x^n}(x^2-1)^n\right]\Bigg|_{-1}^{1} \\ &\quad - \frac{1}{2^{2n}(n!)^2}\int_{-1}^{1}\left[\frac{\mathrm{d}^{n-1}}{\mathrm{d}x^{n-1}}(x^2-1)^n\right]\cdot\left[\frac{\mathrm{d}^{n+1}}{\mathrm{d}x^{n+1}}(x^2-1)^n\right]\mathrm{d}x.\end{aligned} \tag{6.58}$$

需要指出的是, $(x^2-1)^n$ 中包括 n 个 (x^2-1) 因子. 因此对其关于 x 求 k 次导数时, 若 $k<n$, 则求导后的结果必然仍然剩下至少一个 (x^2-1) 的因子, 使得求导后的结果在 $x=\pm 1$ 处仍取 0 值. 故当 $k<n$ 时, 有

$$\left[\frac{\mathrm{d}^k}{\mathrm{d}x^k}(x^2-1)^n\right]\Bigg|_{-1}^{1} = 0. \tag{6.59}$$

使用 (6.59) 式结论可将(6.58)式右端第一项消掉, (6.58)式可以进一步简化为

$$\begin{aligned}\int_{-1}^{1}[\mathrm{P}_n(x)]^2\,\mathrm{d}x &= -\frac{1}{2^{2n}(n!)^2}\int_{-1}^{1}\left[\frac{\mathrm{d}^{n-1}}{\mathrm{d}x^{n-1}}(x^2-1)^n\right]\cdot\left[\frac{\mathrm{d}^{n+1}}{\mathrm{d}x^{n+1}}(x^2-1)^n\right]\mathrm{d}x\\ &= \frac{(-1)^n}{2^{2n}(n!)^2}\int_{-1}^{1}(x^2-1)^n\left[\frac{\mathrm{d}^{2n}}{\mathrm{d}x^{2n}}(x^2-1)^n\right]\mathrm{d}x\\ &= \frac{(-1)^n(2n)!}{2^{2n}(n!)^2}\int_{-1}^{1}(x^2-1)^n\,\mathrm{d}x,\end{aligned}\tag{6.60}$$

其中, 等式第二步是通过反复使用分部积分和 (6.59)式得到的; 第三步源于 $(x^2-1)^n$ 的 $2n$ 次导数等于 $(2n)!$.

为进一步求解 (6.60)式右端的积分, 令 $x=\cos t$, 则 $\mathrm{d}x=-\sin t\mathrm{d}t$; $(x^2-1)^n=(-1)^{2n}\sin^n t$, 积分式变为

$$\int_{-1}^{1}(x^2-1)^n\,\mathrm{d}x = 2\int_{0}^{1}(x^2-1)^n\,\mathrm{d}x = (-1)^n\cdot 2\int_0^{\frac{\pi}{2}}\sin^{2n+1}t\,\mathrm{d}t.\tag{6.61}$$

然后可以计算得到

$$\begin{aligned}\int_0^{\frac{\pi}{2}}\sin^{2n+1}t\,\mathrm{d}t &= -\sin^{2n}t\cos t\Big|_0^{\frac{\pi}{2}}\ \mathrm{d}t + 2n\int_0^{\frac{\pi}{2}}\sin^{2n-1}t\cos^2 t\,\mathrm{d}t\\ &= 2n\int_0^{\frac{\pi}{2}}\sin^{2n-1}t\,\mathrm{d}t - 2n\int_0^{\frac{\pi}{2}}\sin^{2n+1}t\,\mathrm{d}t.\end{aligned}\tag{6.62}$$

可以得到递推关系式:

$$\int_0^{\frac{\pi}{2}}\sin^{2n+1}t\,\mathrm{d}t = \frac{2n}{2n+1}\int_0^{\frac{\pi}{2}}\sin^{2n-1}t\,\mathrm{d}t.\tag{6.63}$$

已知 $\displaystyle\int_0^{\frac{\pi}{2}}\sin t\,\mathrm{d}t=1$, 代入(6.63)可得

$$\int_0^{\frac{\pi}{2}}\sin^{2n+1}t\,\mathrm{d}t = \frac{2n\cdots 2}{(2n+1)\cdots 3} = \frac{2^{2n}(n!)^2}{(2n+1)!}.\tag{6.64}$$

将(6.61)式和(6.64)式代回(6.60)式, 便可计算出 n 次勒让德多项式 $\mathrm{P}_n(x)$ 的模值:

$$M_n = \int_{-1}^{1}[\mathrm{P}_n(x)]^2\,\mathrm{d}x = \frac{2}{2n+1}.\tag{6.65}$$

将(6.65)式代入(6.66)式即可得到函数 $f(x)$ 关于勒让德多项式展开式其第 n 项的系数:

$$a_n = \frac{2n+1}{2}\int_{-1}^{1} f(x)\mathrm{P}_n(x)\,\mathrm{d}x, \tag{6.66}$$

其中, $n = 0, 1, \cdots$.

借助于勒让德多项式正交完备的结论, 可以迅速给出以下推论: 当目标函数 $f(x)$ 为任意次数小于 n 的多项式时, 假定该目标函数记为 $r(x)$, 有

$$\int_{-1}^{1} r(x)\mathrm{P}_n(x)\,\mathrm{d}x = 0. \tag{6.67}$$

(6.67) 式的证明较为直接. 若 $r(x)$ 为次数不大于 $n-1$ 的多项式, 则可以预见其关于勒让德多项式的展开只有 0 到 $n-1$ 次项的系数不为 0. 将 $a_n = 0$ 代入(6.66)式, 并将 $f(x)$ 换为 $r(x)$ 即可证明(6.67)式.

(6.56)式表明, 可以用正交多项式来逼近任何定义在 $(-1,1)$ 内的有界函数. 事实上, 我们已经在泰勒级数中看到了这种用多项式近似任意函数思想:

$$f(x) \sim \sum_{n=0}^{\infty} \frac{f^{(n)}(x_0)}{n!} \cdot (x-x_0)^n, \tag{6.68}$$

其中, 上标 (n) 表示“求 n 阶导”.

此处我们略略对比泰勒级数和勒让德多项式展开对函数的逼近效果. 泰勒级数是从“局部”的角度对函数进行逼近, 即对函数的逼近精度取决于关注点 x 和参考点 x_0 的接近程度. 如图 6.4(a) 所示, 对于目标函数 $f(x) = \mathrm{e}^{2x}$, 使用关于 $x_0 = 0$ 展开的泰勒级数来逼近. 逼近函数的效果会随着目标点 x 远离 $x_0 = 0$ 而变差.

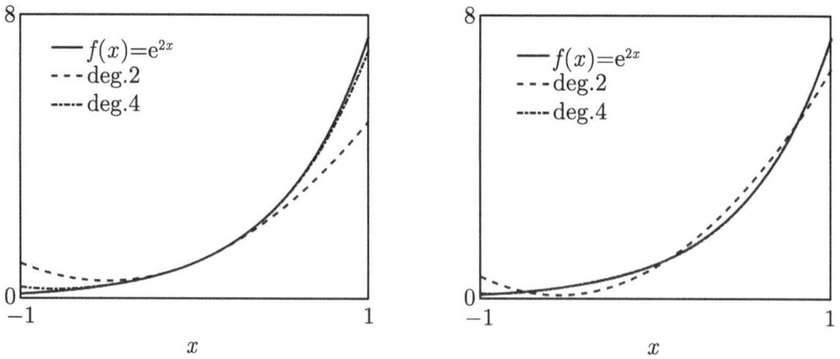

(a) 泰勒级数　　(b) 勒让德多项式

图 6.4　分别采用 (a) 关于 $x_0 = 0$ 展开的泰勒级数 (6.68)和 (b) 勒让德多项式 (6.56) 对函数 $f(x) = \mathrm{e}^{2x}$ 进行逼近, 其中 deg 表示逼近多项式的次数

相比之下, (6.56)式所给出的勒让德多项式逼近更具有“整体”效果. 如 6.4(b) 图所示, 近似逼近效果在整个定义域内更加平均. 实际上, 当使用 4 次勒让德多项式来逼近时, 在本问题中已经很难在函数图像上用肉眼区分逼近函数与目标函数之间的差别.

进一步比较两种多项式逼近方法, 我们可以给出如下观察性结论. 泰勒级数的优势是表达形式相对简单, 但是其逼近是“局部”的. 此外, 若要给出某函数的泰勒级数, 我们需要知道该函数在 x_0 处的各阶导数值. 因此, 如果目标函数 $f(x)$ 没有明确的解析表达式, 只能由数据点给出, 泰勒级数的使用会受到一定的限制. 相反, 即使 $f(x)$ 只有一些数据点, 仍可以使用 (6.66)式计算数值积分, 从而得到勒让德多项式展开各项的系数. 此外, 如图 6.4 所示, 对于区间 $x \in (-1,1)$ 内的所有点, 勒让德多项式的收敛速度更加均匀, 但是计算系数 a_n 的成本 (尤其在已经给出目标函数表达式的情况下) 要高于泰勒级数. 因此, 应根据目标函数的特点来决定使用哪组多项式进行逼近.

6.3.4 一般正交多项式的讨论

在本节最后, 我们将上述对勒让德多项式性质的讨论推广来研究其他正交多项式的性质. 事实上, 上述研究勒让德多项式的方式代表了研究正交多项式的一种范式. 沿此范式思路, 可以给出各类常用正交多项式的表达形式与函数性质.

1. *广义罗德里格斯公式*

考虑由如下*广义罗德里格斯公式* (generalised Rodrigues formula) 定义的多项式系统:

$$p_n(x) = \frac{1}{K_n\rho(x)}\left(\frac{\mathrm{d}}{\mathrm{d}x}\right)^n \{\rho(x)[Y(x)]^n\}, \tag{6.69}$$

其中, $p_n(x)$ 为所定义的 n 次多项式; $Y(x)$ 是一个不依赖于次数 n 的多项式, 其在所要求定义域内大于 0 且在区域边界趋向于 0; $\rho(x)$ 是一个权函数且在所要求定义域内恒为正; K_n 是一个与次数 n 有关的系数. 需要指出的是, 尽管(6.69) 式中的权函数 $\rho(x)$ 和多项式 $Y(x)$ 可以任取, 但若要保证 $p_n(x)$ 必须是一个 n 次多项式, 权函数 $\rho(x)$ 和多项式 $Y(x)$ 的选择空间实际上非常有限. 此外, 后面可以证明, 由广义罗德里格斯公式定义的多项式系 $\{p_n(x)\}_{n=0}^{\infty}$ 均为正交多项式系.

经典的正交多项式可根据定义域划分为三大类: 定义在有限区间内, 可由 $(-1,1)$ 统一表示; 定义域为半无限大区间 $(0,\infty)$ 内; 定义域为无限大区间 $(-\infty,\infty)$ 内. 对 $\rho(x)$ 和 $Y(x)$ 的选择的不同可以定义不同的经典正交多项式, 包括*雅可比多项式* (Jacobi polynomial), 勒让德多项式, *第一类切比雪夫多项式* (Chebyshev polynomial of the first kind), *第二类切比雪夫多项式* (Chebyshev polynomial of the second kind), 拉盖尔多项式 (Laguerre polynomial) 和厄米多项式 (Hermite polynomial). 具体可参考表 6.1. 特别地, 勒让德多项式和两类切比雪夫多项式可以视为雅可比多项式的特例.

表 6.1 基于广义罗德里格斯公式 (6.69) 定义的正交多项式

正交多项式	定义域 I	$Y(x)$	$\rho(x)$
雅可比多项式: $\mathrm{P}_n^{(\alpha,\beta)}(x)\,(\alpha,\beta>-1)$	$(-1,1)$	$1-x^2$	$(1-x)^\alpha(1+x)^\beta$
勒让德多项式: $\mathrm{P}_n(x)$	$(-1,1)$	$1-x^2$	1
第一类切比雪夫多项式: $\mathrm{T}_n(x)$	$(-1,1)$	$1-x^2$	$(1-x^2)^{-\frac{1}{2}}$
第二类切比雪夫多项式: $\mathrm{U}_n(x)$	$(-1,1)$	$1-x^2$	$(1-x^2)^{\frac{1}{2}}$
拉盖尔多项式: $\mathrm{L}_n^\alpha(x)$	$(0,\infty)$	x	$x^\alpha \mathrm{e}^{-x}$
厄米多项式: $\mathrm{H}_n^\alpha(x)$	$(-\infty,\infty)$	1	e^{-x^2}

在本节剩余部分的讨论中, 我们将用 $p_n(x)$ 泛指表 6.1所列出的经典正交多项式, 其所对应的定义域统一用 I 表示.

2. 正交多项式的根

由广义罗德里格斯公式(6.69)定义的多项式, 其根有如下两个关键性质.

• 完备性: 多项式 p_n 共有 n 个互不相同的实根, 且均落在定义域 I 内.

• 交错分布性: 多项式 p_n 和 p_{n+1} 的根在定义域内没有相同的根, 且彼此交错分布.

3. 递推关系

令 k_n 为多项式 $p_n(x)$ 中 n 次项的系数, 则由广义罗德里格斯公式(6.69)定义的多项式有如下递推关系:

$$p_{n+1}(x)=(a_nx+b_n)p_n+c_np_{n-1},\quad n=1,2,\cdots, \tag{6.70}$$

其中,

$$a_n=\frac{k_{n+1}}{k_n},\quad b_n=-a_n\int_I x\rho(x)(p_n(x))^2\,\mathrm{d}x,\quad c_n=-\frac{a_n}{a_{n-1}},\quad c_0=0. \tag{6.71}$$

4. 正交多项式相关微分方程的推导

与勒让德多项式类似, 经典正交多项式可通过求解某施图姆–刘维尔系统特征值问题获得. 为此, 考虑常微分方程特征值问题:

$$\frac{\mathrm{d}}{\mathrm{d}x}\left[\rho(x)Y(x)\frac{\mathrm{d}y}{\mathrm{d}x}\right]+\lambda\rho(x)y=0,\quad x\in I, \tag{6.72}$$

其中, $Y(x)$ 和 $\rho(x)$ 与广义罗德里格斯公式(6.69)中的 $Y(x)$ 和 $\rho(x)$ 完全一致. 比较(6.72)式和施图姆–刘维尔系统的典型方程 (2.73), 可以发现.

$$k(x)=\rho(x)Y(x)>0,\quad q(x)=0,\quad \rho(x)=\rho(x)>0,\quad x\in I. \tag{6.73}$$

因此(6.72)式满足施图姆–刘维尔系统控制方程的要求. 此外, 我们还需要考虑方程(6.72)需匹配的边界条件. 根据广义罗德里格斯公式(6.69)对 $Y(x)$ 的要求, 其在定义域 I 的边界需要趋向于 0. 因此由(6.73)式确定的 $k(x)$ 在区域边界趋向于零. 此时, 无须在区域边界上提边界条件, 但问题(6.72)的解必须有界, 即自然边界条件.

由此可见, 对于表 6.1中的每组 $Y(x)$、$\rho(x)$ 和 I, (6.72)式都可以给出一个施图姆–刘维尔系统.

进而可以发现①, 对于表 6.1中列出的任意一组 $Y(x)$、$\rho(x)$ 和 I, 其通过广义罗德里格斯公式(6.69)定义的多项式 $p_n(x)$ 均是施图姆–刘维尔系统的非平凡解. 根据施图姆–刘维尔系统的性质, $\{p_n(x)\}_{n=0}^{\infty}$ 可组成一组正交完备的特征函数系. 其正交性表现在

$$\int_{-1}^{1}\rho(x)p_n(x)p_m(x)\,\mathrm{d}x=0,\quad n\neq m. \tag{6.74}$$

而其完备性则表现在, 对任何定义在定义域 I 上的有界函数 $f(x)$, 都有

$$f(x)=\sum_{n=0}^{\infty}a_np_n(x), \tag{6.75}$$

其中, 系数 a_n 由下式给出:

$$a_n=\frac{1}{M_n}\int_{-1}^{1}\rho(x)f(x)p_n(x)\,\mathrm{d}x, \tag{6.76}$$

① 相关证明可参考 N. M. Temme 的 *Special Functions: An Introduction to the Classical Functions of Mathematical Physics*(New York: John Wiley & Sons, Inc., c1996.) 第 6.5 章.

且多项式的模 M_n 可定义为

$$M_n = \int_{-1}^{1} \rho(x)[p_n(x)]^2 \, \mathrm{d}x. \tag{6.77}$$

以上即简要地总结了表 6.1给出的几类经典正交多项式的系列共同特征.

6.4 勒让德多项式的应用

本节将讨论两个勒让德多项式的应用场景. 首先将讨论球域内亥姆霍兹方程的分离变量法求解; 其次, 将介绍高斯–勒让德求积方法, 它是数值计算定积分的重要算法.

6.4.1 球域内亥姆霍兹方程分离变量法求解

首先考虑单位球上的亥姆霍兹方程定解问题:

$$\begin{cases} \Delta V + k^2 V = 0, \quad x^2 + y^2 + z^2 < 1; \\ V\big|_{\sqrt{x^2+y^2+z^2}=1} = 1 - z^2. \end{cases} \tag{6.78}$$

根据(6.6)式给出的球坐标变换公式, 问题 (6.78)可改写为

$$\begin{cases} \dfrac{1}{r^2}\dfrac{\partial}{\partial r}\left(r^2 \dfrac{\partial V}{\partial r}\right) + \dfrac{1}{r^2 \sin\theta}\dfrac{\partial}{\partial \theta}\left(\sin\theta \dfrac{\partial V}{\partial \theta}\right) + \dfrac{1}{r^2 \sin^2\theta} \cdot \dfrac{\partial^2 V}{\partial \varphi^2} + k^2 V = 0, \quad r < 1; \\ V\big|_{r=1} = 1 - \cos^2\theta. \end{cases} \tag{6.79}$$

由于问题(6.79)的边界条件同方位角 φ 无关, 根据亥姆霍兹方程各向同性的设定, 有理由假定问题的解也与 φ 无关. 故可令问题(6.79)的解 V 具有如下变量分离的形式:

$$V = \mathcal{P}(r)\Theta(\theta). \tag{6.80}$$

将(6.80)式代入问题(6.79)的控制方程, 可得

$$\frac{\Theta}{r^2}\frac{\mathrm{d}}{\mathrm{d}r}\left(r^2 \frac{\mathrm{d}\mathcal{P}}{\mathrm{d}r}\right) + \frac{\mathcal{P}}{r^2 \sin\theta}\frac{\mathrm{d}}{\mathrm{d}\theta}\left(\sin\theta \frac{\mathrm{d}\Theta}{\mathrm{d}\theta}\right) + k^2 \mathcal{P}\Theta = 0. \tag{6.81}$$

将 (6.81) 式两边同时除以 $\mathcal{P}\Theta/r^2$, 即可将关于 r 的函数和关于 θ 的函数分列等式两端, 即

$$\frac{1}{\mathcal{P}}\frac{\mathrm{d}}{\mathrm{d}r}\left(r^2 \frac{\mathrm{d}\mathcal{P}}{\mathrm{d}r}\right) + k^2 r^2 = -\frac{1}{\Theta \sin\theta}\frac{\mathrm{d}}{\mathrm{d}\theta}\left(\sin\theta \frac{\mathrm{d}\Theta}{\mathrm{d}\theta}\right) = \alpha(\alpha+1), \tag{6.82}$$

其中, α 是本次分离变量所引入的等效特征值 (真正的特征值应该是 $\alpha(\alpha+1)$).

借助(6.82)式, 原偏微分方程可分解为两个常微分方程, 即

$$\frac{\mathrm{d}}{\mathrm{d}r}\left(r^2\frac{\mathrm{d}\mathcal{P}}{\mathrm{d}r}\right)+\left[k^2r^2-\alpha(\alpha+1)\right]\mathcal{P}=0 \tag{6.83a}$$

和

$$\sin\theta\frac{\mathrm{d}}{\mathrm{d}\theta}\left(\sin\theta\frac{\mathrm{d}\Theta}{\mathrm{d}\theta}\right)+\alpha(\alpha+1)\sin^2\theta\Theta=0. \tag{6.83b}$$

接下来我们通过分析(6.83b)式来计算等效特征值 α. 由 6.1节末的讨论可知, 问题(6.83b)等价于求解一个由勒让德方程诱导的特征值问题:

$$\frac{\mathrm{d}}{\mathrm{d}x}\left[\left(1-x^2\right)\frac{\mathrm{d}y}{\mathrm{d}x}\right]+\alpha(\alpha+1)y=0,\quad x\in(-1,1). \tag{6.84}$$

若 $y=F(x)$ 是问题(6.84)的解, 则 $\Theta(\theta)=F(\cos\theta)$ 即为(6.83b)式的解. 根据 6.2.2节的讨论可知, (6.83b)式的通解表达式为

$$\Theta(\theta)=D_1\mathrm{P}_\alpha(x)+D_2\mathrm{Q}_\alpha(x), \tag{6.85}$$

其中, $\mathrm{P}_\alpha(x)$ 和 $\mathrm{Q}_\alpha(x)$ 分别为 α 次第一类和第二类勒让德函数; D_1 和 D_2 为待定系数.

再根据 6.3.3节的讨论可知, 只有当等效特征值 α 为正整数, 即 $\alpha=n$ 时, 由(6.84)式定义的施图姆–刘维尔系统才存在有界非平凡解. 此时等效特征值 n 所对应的特征函数 $\Theta_n(\theta)$ 正是 n 次勒让德多项式, 即

$$\Theta_n(\theta)=\mathrm{P}_n(\cos\theta). \tag{6.86}$$

当等效特征值 $\alpha=n$, $n=1,\ 2,\ \cdots$ 确定后, 将它们代入(6.83a)式, 得到对应的关于自变量 r 的常微分方程问题, 即

$$\frac{\mathrm{d}}{\mathrm{d}r}\left(r^2\frac{\mathrm{d}\mathcal{P}_n}{\mathrm{d}r}\right)+\left[k^2r^2-n(n+1)\right]\mathcal{P}=0. \tag{6.87}$$

由(6.12)式的结论, (6.83a)式的解可表示为

$$\mathcal{P}_n(r)=C_n\cdot\frac{1}{\sqrt{r}}\mathrm{J}_{n+\frac{1}{2}}(kr), \tag{6.88}$$

其中, C_n 为待定系数, 且这里涉及 $\mathrm{N}_{n+\frac{1}{2}}(\cdot)$ 的非有界解已经被排除在外.

至此, 我们得到了所有满足问题(6.79)控制方程, 且具有分离变量形式的解 $\mathcal{P}_n(r)\Theta_n(\theta)$, $n = 1, 2, \cdots$. 接下来将原问题的解表达为它们的线性组合. 结合(6.86)式和(6.88)式, 问题(6.79)的解可通过如下级数表达:

$$V = \sum_{n=0}^{\infty} \mathcal{P}_n(r)\Theta_n(\theta) = \frac{1}{\sqrt{r}} \sum_{n=0}^{\infty} C_n \mathrm{J}_{n+\frac{1}{2}}(kr)\mathrm{P}_n(\cos\theta) \tag{6.89}$$

其中, C_n 为待定系数.

将边界条件 $V|_{r=1} = 1 - \cos^2\theta$ 代入级数(6.89)可得到

$$1 - \cos^2\theta = \sum_{n=0}^{\infty} C_n \mathrm{J}_{n+\frac{1}{2}}(k)\mathrm{P}_n(\cos\theta). \tag{6.90}$$

引入 $x = \cos\theta$ 对问题进行简化, 等式(6.90)变为

$$1 - x^2 = \sum_{n=0}^{\infty} C_n \mathrm{J}_{n+\frac{1}{2}}(k)\mathrm{P}_n(x). \tag{6.91}$$

接下来确定 (6.91)式中的待定系数 C_n. 注意到, (6.91)式左端是一个二次多项式. 因此可以预见, 当 $n > 2$, $C_n = 0$. 此外, 由于 (6.91)式左端的 $1 - x^2$ 是偶函数, 而 $\mathrm{P}_1(x)$ 是奇函数, 可以确定 $C_1 = 0$. 则(6.91)式进一步简化为

$$1 - x^2 = C_0 \mathrm{J}_{\frac{1}{2}}(k)\mathrm{P}_0(x) + C_2 \mathrm{J}_{\frac{5}{2}}(k)\mathrm{P}_2(x). \tag{6.92}$$

将其与 (6.46)式中 $\mathrm{P}_0(x)$ 和 $\mathrm{P}_2(x)$ 的表达式结合, 即可利用待定系数法求得 $C_0 = 2/[3J_{1/2}(k)]$ 和 $C_2 = -2/[3J_{5/2}(k)]$. 将该结论代回(6.89)式的级数当中, 问题(6.79)的解最终表达为

$$\begin{aligned} V(r,\theta) &= \frac{1}{\sqrt{r}} \left[\frac{2}{3J_{\frac{1}{2}}(k)} \cdot \mathrm{J}_{\frac{1}{2}}(kr)\mathrm{P}_0(\cos\theta) - \frac{2}{3J_{\frac{5}{2}}(k)} \cdot \mathrm{J}_{\frac{5}{2}}(kr)\mathrm{P}_2(\cos\theta) \right] \\ &= \frac{1}{3\sqrt{r}} \left[\frac{2}{J_{\frac{1}{2}}(k)} \cdot \mathrm{J}_{\frac{1}{2}}(kr) - \frac{1}{J_{\frac{5}{2}}(k)} \cdot \mathrm{J}_{\frac{5}{2}}(kr) \left(3\cos^2\theta - 1\right) \right]. \end{aligned} \tag{6.93}$$

6.4.2 高斯–勒让德求积公式

高斯–勒让德求积公式是数值求解定积分的一种重要方法. 这里将首先推导高斯–勒让德求积公式, 随后将这一概念推广到一般正交多项式, 并给出利用各种正交多项式计算数值积分的方法.

首先考虑计算 $\int_{-1}^{1} f(x)\,\mathrm{d}x$ 的值, 其中 $f(x)$ 是一个次数不大于 $2n-1$ 的多项式. 我们要证明, 可以借助勒让德多项式零点的信息而精确计算出该积分的值. 为此, 我们假设 n 次勒让德多项式 $\mathrm{P}_n(x)$ 的根可由 $-1 < \zeta_1^{(n)} < \cdots < \zeta_n^{(n)} < 1$ 来表示. 故 $\mathrm{P}_n(x)$ 可以进行如下因式分解:

$$\mathrm{P}_n(x) = (x-\zeta_1^{(n)})\cdots(x-\zeta_n^{(n)}). \tag{6.94}$$

随后我们构造另一个函数 $F(x)$, 使其在全部 $\zeta_k^{(n)}$, $k=1, 2, \cdots, n$ 处的取值与被积函数 $f(x)$ 在对应的零点上取值相等. 这里通过拉格朗日插值法构造该函数 $F(x)$, 即

$$F(x) = \sum_{k=1}^{n} f(\zeta_k^{(n)}) \cdot \frac{\mathrm{P}_n(x)}{\mathrm{P}'_n(\zeta_k^{(n)})(x-\zeta_k^{(n)})}, \tag{6.95}$$

其中, P'_n 表示 P_n 一阶导数. 可以证明, $F(x)$ 是 $n-1$ 次多项式, 且

$$F(\zeta_k^{(n)}) = \lim_{x\to\zeta_k^{(n)}} F(x) = f(\zeta_k^{(n)}), \tag{6.96}$$

其中, $k=1, \cdots, n$.

这意味着函数 $F(x)-f(x)$ 具有如下两条性质: 首先, 函数 $F(x)-f(x)$ 应该是一个次数不大于 $2n-1$ 的多项式; 其次,$\zeta_1^{(n)}, \cdots, \zeta_n^{(n)}$ 都是多项式 $F(x)-f(x)$ 的根. 基于这两条性质, 可对多项式 $F(x)-f(x)$ 进行下述因式分解:

$$F(x)-f(x) = (x-\zeta_1^{(n)})(x-\zeta_2^{(n)})\cdots(x-\zeta_n^{(n)})r(x) = \mathrm{P}_n(x)r(x), \tag{6.97}$$

其中, $r(x)$ 是一个次数不超过 $n-1$ 的多项式; 第二个等式是基于(6.94)式的结论得到.

以 (6.95)式替换(6.97)式中的函数 $F(x)$, 并将结果重新排列可得

$$f(x) = \sum_{k=1}^{n} f(\zeta_k^{(n)}) \cdot \frac{\mathrm{P}_n(x)}{\mathrm{P}'_n(\zeta_k^{(n)})(x-\zeta_k^{(n)})} - r(x)\mathrm{P}_n(x). \tag{6.98}$$

再对等号两边同时在 $(-1,1)$ 区间内积分可得

$$\int_{-1}^{1} f(x)\,\mathrm{d}x = \sum_{k=1}^{n} \omega_k^{(n)} f(\zeta_k^{(n)}) - \int_{-1}^{1} r(x)\mathrm{P}_n(x)\,\mathrm{d}x, \tag{6.99}$$

其中, $w_k^{(n)}$ 称为克里斯托费尔数 (Christoffel number), 满足

$$w_k^{(n)} = \frac{1}{\mathrm{P}'_n(\zeta_k^{(n)})} \cdot \int_{-1}^{1} \frac{\mathrm{P}_n(x)\,\mathrm{d}x}{x-\zeta_k^{(n)}}. \tag{6.100}$$

由于(6.99)中的 $r(x)$ 是一个次数不超过 $n-1$ 次的多项式, 参照 (6.67)式的结论, $r(x)$ 与 n 次勒让德多项式 $\mathrm{P}_n(x)$ 在 $(-1,1)$ 区间上的积分应该为零, 即(6.99)式右端的积分项为 0. 因此, 可以导出**勒让德–高斯求积** (Legendre-Gauss quadrature) **公式**:

$$\int_{-1}^{1} f(x)\,\mathrm{d}x = \sum_{k=1}^{n} w_k^{(n)} f(\zeta_k^{(n)}). \tag{6.101}$$

勒让德–高斯求积公式告诉我们, 一个次数不超过 $2n-1$ 次的多项式, 其在有界区域内的定积分可由 n 项求和精确计算得到, 其中求和的第 k 项仅由 n 次勒让德多项式的第 k 个根决定. 需要指出的是, 勒让德多项式的根是可以通过计算提前获得的. 因此在使用勒让德–高斯求积公式(6.101)时, 可直接代入计算 $f(\zeta_k^{(n)})$ 的值. 进一步观察(6.100) 式可以发现, 克里斯托费尔数 $w_k^{(n)}$ 与被积函数 $f(x)$ 的具体表达式完全无关, 它只取决于 P_n 的根. 因此, 我们可以将克里斯托费尔数 $w_k^{(n)}$ 预先计算出来. 因此在具体计算 $\displaystyle\int_{-1}^{1} f(x)\,\mathrm{d}x$ 时, 我们仅需要确定 n. 随后即可通过查表 (或者从已有的数据库中) 获取 n 次勒让德多项式的根以及对应的克里斯托费尔数, 再将这些值代入公式(6.101)即可完成计算.

表 6.2 展示了 $n=2\sim5$ 次勒让德多项式的根及其相应的克里斯托费尔数. 从中有如下观察. 首先, 勒让德多项式的根是关于 $x=0$ 对称, 两个对称根所对应的克里斯托费尔数是相等的. 其次, 克里斯托费尔数求和满足 $\sum\limits_{k=1}^{n} w_k^{(n)}=2$,

表 6.2 由 (6.100) 式定义的 2~5 次勒让德多项式的根及其相应克里斯托费尔数

P_n	$\zeta_k^{(n)}$	$w_k^{(n)}$
$n=2$	$\pm\dfrac{1}{\sqrt{3}}$	1
$n=3$	0	$\dfrac{8}{9}$
	$\pm\sqrt{\dfrac{3}{5}}$	$\dfrac{5}{9}$
$n=4$	$\pm\sqrt{\dfrac{15-2\sqrt{30}}{35}}$	$\dfrac{1}{36}\left(18+\sqrt{30}\right)$
	$\pm\sqrt{\dfrac{15+2\sqrt{30}}{35}}$	$\dfrac{1}{36}\left(18-\sqrt{30}\right)$
$n=5$	0	$\dfrac{128}{225}$
	$\pm\dfrac{1}{21}\sqrt{245-14\sqrt{70}}$	$\dfrac{1}{900}\left(322+13\sqrt{70}\right)$
	$\pm\dfrac{1}{21}\sqrt{245+14\sqrt{70}}$	$\dfrac{1}{900}\left(322-13\sqrt{70}\right)$

其求和值恰好是积分区域 $(-1,1)$ 的长度. 其背后的原因是, 数值计算的定积分是通过对积分区域内的函数值进行加权平均来逼近目标定积分的, 故所有权重之和应该与积分区域的大小一致. 从这个角度看, 勒让德–高斯求积公式(6.101)本质上是通过对被积函数在勒让德多项式零点处的取值进行加权平均来计算定积分, 而权重恰好就是克里斯托费尔数.

接下来简要讨论勒让德–高斯求积公式的逼近精度. 由上面推导可知, 当 $f(x)$ 恰好是 $2n-1$ 次多项式时, 勒让德–高斯求积公式(6.101)是完全精确的. 当被积函数 $f(x)$ 是 $(-1,1)$ 上的任意有界函数时, 勒让德–高斯求积公式得到的是定积分的一个近似值. 然而在 6.3.3节的讨论中我们知道, 总可以用多项式 (例如勒让德多项式) 的线性组合去逼近被积函数 $f(x)$, 且多项式的次数越高, 逼近的效果就越好. 因此可以推断, 勒让德–高斯求积公式的精度会随着所使用勒让德多项式次数的增高而提升. 表 6.3 给出了采用不同的 n 次勒让德–高斯求积方法得到的 $\int_{-1}^{1} \mathrm{e}^{2x}\,\mathrm{d}x$ 估计值. 可以看到, $n=5$ 时采用(6.101)式计算时的误差已经到小数点后 6 位. 由本例看出, 使用勒让德–高斯求积公式近似计算定积分的有效性.

表 6.3　采用 (6.101)式中的勒让德–高斯求积方法计算 $\int_{-1}^{1} \mathrm{e}^{2x}\,\mathrm{d}x$ 的估计值及其相对误差

	精确值	$n=2$	$n=3$	$n=4$	$n=5$
计算值	3.6269	3.4882	3.6223	3.6268	3.6269
相对误差	—	0.0382	0.0013	2.26×10^{-5}	1.87×10^{-7}

最后要说明的是, 勒让德–高斯求积公式(6.101)的思想同样适用于其他正交多项式. 其证明思路, 包括类似于(6.95)式构造 $F(x)$ 的方法都完全一致. 其中的区别在于, 若使用其他正交多项式对类似(6.98)式进行积分时, 则需要乘上相应的权函数 $\rho(x)$. 如此便得到最一般的高斯积分 (Gauss quadrature) 公式:

$$\int_I \rho(x) f(x)\,\mathrm{d}x = \sum_{k=1}^{n} w_k^{(n)} f(\eta_k^{(n)}), \tag{6.102}$$

其中, I 是正交多项式 $p_n(x)$ 的定义域; $\eta_k^{(n)}$ 是多项式 $p_n(x)$ 的第 k 个根. 此时克里斯托费尔数的表达式也相应改写为

$$w_k^{(n)} = \frac{1}{\mathrm{P}_n'(\eta_k^{(n)})} \cdot \int_{-1}^{1} \frac{\rho(x) p_n(x)\,\mathrm{d}x}{x-\eta_k^{(n)}}. \tag{6.103}$$

6.5 连带勒让德函数

本节将讨论求解连带勒让德方程 (6.19). 连带勒让德方程可写作

$$(1-x^2)\frac{\mathrm{d}^2y}{\mathrm{d}x^2}-2x\frac{\mathrm{d}y}{\mathrm{d}x}+\left[n(n+1)-\frac{m^2}{1-x^2}\right]y=0. \tag{6.104}$$

需要指出的是, 我们考察连带勒让德方程的主要目的是使用分离变量法求解球域内的亥姆霍兹方程(6.9). 根据 6.1节的讨论可知, 我们重点关注的是(6.104)式中 n 和 m 均为非负整数的情形. 这也是本章的讨论范围.

在 6.2.1节中已经证明, 勒让德方程(6.21)的通解可由(6.40)式给出的勒让德多项式 $\mathrm{P}_n(x)$ 和(6.44) 式给出的第二类勒让德函数 $\mathrm{Q}_n(x)$ 线性组合表达. 而连带勒让德方程(6.104)的解其实也可以由 $\mathrm{P}_n(x)$ 和 $\mathrm{Q}_n(x)$ 导出.

为此, 引入

$$\mathrm{P}_n^m(x)=(-1)^m\left(1-x^2\right)^{\frac{m}{2}}\frac{\mathrm{d}^m}{\mathrm{d}x^m}\mathrm{P}_n(x),\quad x\in(-1,1) \tag{6.105}$$

和

$$\mathrm{Q}_n^m(x)=(-1)^m\left(1-x^2\right)^{\frac{m}{2}}\frac{\mathrm{d}^m}{\mathrm{d}x^m}\mathrm{Q}_n(x),\quad x\in(-1,1). \tag{6.106}$$

可以验证, (6.105)式和(6.106)式都是连带勒让德方程(6.104)的解. 此处 $\mathrm{P}_n^m(x)$ 称为**第一类连带勒让德函数** (associated Legendre function of the first kind); $\mathrm{Q}_n^m(x)$ 称为**第二类连带勒让德函数** (associated Legendre function of the second kind), 其中 m 称为它们的**阶** (order); n 称为**次数** (degree).

从 $\mathrm{P}_n^m(x)$ 的定义式可以看出, 若 $n<m$, 则 $\mathrm{P}_n^m(x)$ 恒等于 0. 因此, 在定义 $\mathrm{P}_n^m(x)$ 时需要求 $n\geqslant m$. 此外, 当 $m=0$ 时, $\mathrm{P}_n^0(x)$ 正是 n 次勒让德多项式, 此时 (6.104)式退化为勒让德方程.

图 6.5 给出了 $n=2$ 时第一类连带勒让德函数 $\mathrm{P}_2^m(x)$ 在 $m=0$, 1 和 2 时的函数图像.

事实上, 连带勒让德函数的许多性质可以类比勒让德函数得到. 举例来说, $\mathrm{P}_n^m(x)$ 在 $x\in(-1,1)$ 上有界, 但 $\mathrm{Q}_n^m(x)$ 在 $x\in(-1,1)$ 内不是有界的. 另外, $\mathrm{P}_n^m(x)$ 的奇偶性取决于 $n-m$ 的值. 当 $n-m$ 是奇数时, $\mathrm{P}_n^m(x)$ 为奇函数, 反之为偶函数.

我们也可以参考 6.3节勒让德多项式的各种性质而类比获得连带勒让德函数的一些性质, 具体总结如下所述.

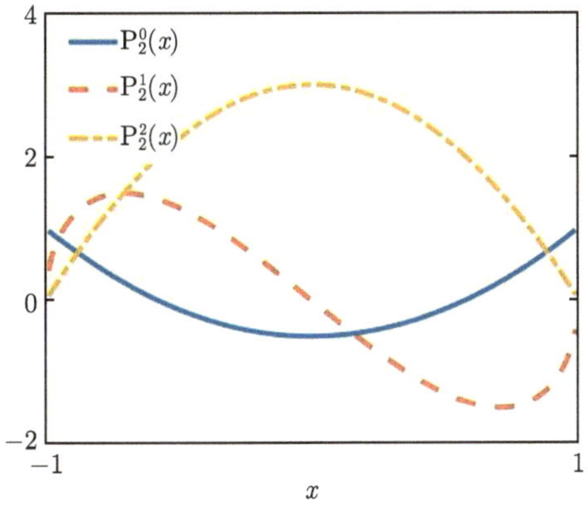

图 6.5 第一类连带勒让德函数 $\mathrm{P}_2^m(x)$ 在 $m=0, 1$ 和 2 时的函数图像

1. 连带勒让德函数的零点

关于 $\mathrm{P}_n^m(x)$ 的零点, 有如下结论:

- $\mathrm{P}_n^m(x)$ 在 $(-1,1)$ 内有 $(n-m)$ 个零点, 且所有零点关于 $x=0$ 对称;
- $\mathrm{P}_n^m(x)$ 和 $\mathrm{P}_{n+1}^m(x)$ 没有相同零点;
- $\mathrm{P}_n^m(x)$ 和 $\mathrm{P}_{n+1}^m(x)$ 的零点在 $(-1,1)$ 内交错分布.

2. 正交特征函数系

以 λ 代替(6.104)式中的 $n(n+1)$, 可以得到一个由二阶线性常微分方程定义的特征值问题:

$$\frac{\mathrm{d}}{\mathrm{d}x}\left[(1-x^2)\frac{\mathrm{d}y}{\mathrm{d}x}\right]-\frac{m^2}{1-x^2}\cdot y+\lambda y=0, \quad x\in(-1,1). \tag{6.107}$$

将 (6.107) 式与施图姆–刘维尔型方程的标准型 (2.73) 作对比 $\left(k(x)=1-x^2>0,\ q=\dfrac{m^2}{1-x^2}\geqslant 0, \rho(x)=1\right)$ 可以发现, (6.107) 式就是一个施图姆–刘维尔型方程. 除此之外, 由于 $k(\pm 1)=0$, 该施图姆–刘维尔系统只需施加自然边界条件, 即要求特征函数在 $x=\pm 1$ 处有界即可.

接下来可以借助施图姆–刘维尔系统的一般性结论来给出第一类连带勒让德函数的一些性质. 首先, 通过与连带勒让德方程(6.104)对比, 则由(6.107)式定义的施图姆–刘维尔系统, 其特征值可以表达为

$$\lambda_n=n(n+1), \quad n\geqslant m. \tag{6.108}$$

该特征值方程的通解应为两类连带勒让德函数 $\mathrm{P}_n^m(x)$ 和 $\mathrm{Q}_n^m(x)$. 但由于只考虑有界解, 需要去掉第二类连带勒让德函数 $\mathrm{Q}_n^m(x)$. 因此特征值 λ_n 所对应的特征函数为

$$y_n^m(x) = \mathrm{P}_n^m(x), \quad n \geqslant m. \tag{6.109}$$

根据施图姆–刘维尔系统的性质, 特征函数 $\{\mathrm{P}_n^m(x)\}_{n=m}^{\infty}$ 会组成一组完备的正交函数系, 进而有下述结论.

定义在 $x \in (-1, 1)$ 上的任意有界函数 $f(x)$ 均可以展开为 m 阶第一类连带勒让德函数的线性组合:

$$f(x) = \sum_{n=m}^{\infty} a_n \mathrm{P}_n^m(x), \tag{6.110}$$

其系数 a_n 满足

$$a_n = \frac{1}{M_n^m} \int_{-1}^{1} f(x) \mathrm{P}_n^m(x)\, \mathrm{d}x, \tag{6.111}$$

其中, 第一类连带勒让德函数的模 M_n^m 可以表示为

$$M_n^m = \int_{-1}^{1} [\mathrm{P}_n^m(x)]^2\, \mathrm{d}x = \frac{2}{2n+1} \frac{(n+m)!}{(n-m)!}. \tag{6.112}$$

值得注意的是, 在构造正交函数系时, 系统的阶数 m 已经 (通过上一步分离变量法) 确定了. 故此处的求和是对 n 进行的, 并且是从 $n = m$ 开始的.

课 后 习 题

6.1　验证(6.15)式定义的 $\mathcal{P}_\alpha(r)$ 是 (6.11a) 式的解.

6.2　按以下步骤证明, 当 $k \neq 0$ 时, $\mathcal{P}(r) = \dfrac{1}{\sqrt{r}} J_{\alpha+\frac{1}{2}}(kr)$ 是柯西–欧拉方程(6.11a)的解.

(a) 令 $\mathcal{P}(r) = F(kr)$, 并以 $y = F(x)$ 改写控制方程(6.11a).

(b) 假设 $F(x) = \sum\limits_{m=0} a_m x^{m+c}$ 为级数形式, 并证明如果该级数是方程(6.11a) 的解, 则有 $c = \alpha$.

(c) 接着确定级数中所有的系数 a_m, 并完成证明.

6.3　证明: $\Theta(\theta) = F(\cos\theta)$ 是 (6.17b)式的解, 其中 $F(\cdot)$ 是连带勒让德方程 (6.19)的一个解.

6.4 用下述级数求解勒让德方程(6.21):

$$y=\sum_{k=1}^{\infty}a_kx^k,\quad a_1\neq 0,$$

并证明所得到的解实际上就是 (6.31b)式所定义的 y_2.

6.5 证明: (6.43)式定义的 Q_0 和 (6.44)式定义的 Q_n 恰好分别是 0 次和 n 次勒让德方程的解.

6.6 用罗德里格斯公式 (6.45)证明: $\mathrm{P}_n(1)=1$, $\mathrm{P}_n(-1)=(-1)^n$.

6.7 基于 (6.46)式和递推关系式 (6.47)分别给出 6 次, 7 次, 8 次勒让德多项式.

6.8 使用罗德里格斯公式(6.45)验证勒让德多项式 (6.55)的正交性.

6.9 参考 (6.55)式, 列出表 6.1中其他类型正交多项式的正交条件.

6.10 考虑在三维全空间 $\mathbb{R}^3$ 内定义的亥姆霍兹方程 $\Delta u+k^2u=0$.

(a) 推导出其径向解的一般形式, 即 $u=u(\sqrt{x^2+y^2+z^2})$;

(b) 按照 3.4 节所示求出方程的基本解.

6.11 考虑如下拉普拉斯方程定解问题:

$$\begin{cases}\Delta u=0,\quad \text{in } \Omega=\left\{(x,y,z)|\sqrt{x^2+y^2+z^2}<R\right\};\\ u|_{\partial\Omega}=1-z^2.\end{cases}$$

(a) 使用分离变量法求解该问题;

(b) 使用 3.5 节所介绍静电源像法的泊松公式 (3.70) 来求解该问题.

6.12 求解含罗宾型边界条件的泊松方程定解问题:

$$\begin{cases}\Delta u=0,\quad \text{in } \Omega=\left\{(x,y,z)|\sqrt{x^2+y^2+z^2}<1\right\};\\ \left.\left(u+\dfrac{\partial u}{\partial n}\right)\right|_{\sqrt{x^2+y^2+z^2}=1}=z.\end{cases}$$

6.13 给定圆壳域:

$$\Omega=\left\{\frac{R}{2}<\sqrt{x^2+y^2+z^2}<R\right\},$$

在该域内使用分离变量法求解:

$$\begin{cases}\Delta u+k^2u=0,\quad \text{in } \Omega;\\ u|_{r=\frac{R}{2}}=0,\quad u|_{r=R}=z.\end{cases}$$

6.14　求解单位球内波动方程初边值问题:

$$
\begin{cases}
u_{tt} - \Delta u = 0, \quad \text{in } \Omega = \left\{(x, y, z) | r = \sqrt{x^2 + y^2 + z^2} < 1\right\}; \\
u\big|_{t=0} = r^{\frac{1}{2}}(1 - r^2), \quad u_t\big|_{t=0} = 0; \\
u\big|_{r=1} = 0.
\end{cases}
$$

第 7 章　超几何函数简介

在前两章中, 我们分别介绍了贝塞尔函数和勒让德函数 (勒让德多项式) 这两种重要的特殊函数. 本章将从超几何函数的视角, 对数学物理中常用的特殊函数进行简要总结. 首先我们将会回顾贝塞尔函数和勒让德函数的共性特征. 随后将简要介绍高斯超几何函数的概念, 并且证明勒让德函数是其一个特例. 接着将考虑高斯超几何函数的一种极限情形, 即汇合型超几何函数, 进而讨论如何从汇合型超几何函数导出在数学物理和概率论中的一些常见特殊函数. 在本章结尾, 我们将结合初等函数、特殊函数以及近来备受关注的人工智能表达函数, 来讨论发现新函数的规律特征. 本章内容概括在知识地图图 7.1 中.

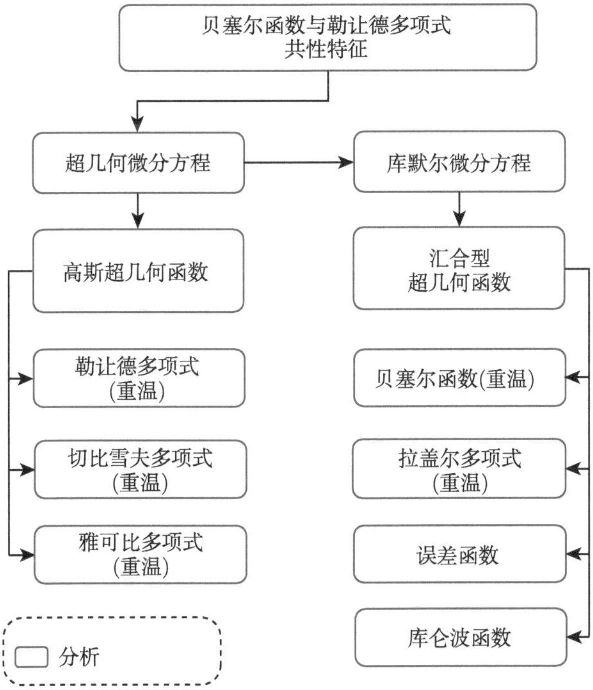

图 7.1　知识地图——超几何函数简介

需要指出的是, 本章的主旨是向读者简要介绍发现特殊函数的一般规律. 为此, 本章仅列举有助于全面了解超几何函数及其与贝塞尔函数、勒让德函数之间联系的关键知识, 一般情况下不会给出详细的证明.

7.1 贝塞尔函数与勒让德函数的共性特征

贝塞尔函数和勒让德函数源于不同的物理背景. 贝塞尔函数源于圆域内亥姆霍兹方程分离变量法的求解, 而勒让德函数则源于球域内亥姆霍兹方程分离变量法的求解. 尽管如此, 我们依然可以总结出它们的一些共性特征. 事实上, 这些共性特征会启发我们建立发现数学物理领域常见特殊函数的通用思路.

为方便进一步的讨论, 这里首先引入**珀赫哈默尔符号** (Pochhammer symbol), 也称为阶乘幂符号, 即

$$(a)_k = a(a+1)\cdots(a+k-1), \quad k \in \mathbb{Z}^+, \tag{7.1}$$

其中, $(a)_0 = 1$. 可以发现

$$(a)_k = \frac{\Gamma(a+k)}{\Gamma(a)}, \tag{7.2}$$

其中, $\Gamma(\cdot)$ 是由(5.24)式定义的伽马函数.

贝塞尔函数和勒让德函数的共性特征总结如下所述.

(1) 贝塞尔函数和勒让德函数都是以某系数为自变量的多项式的二阶线性常微分方程的解. 具体来说, 两类贝塞尔函数就是贝塞尔方程 (5.8)的两个线性无关解, 而两类 (连带) 勒让德函数则是 (连带) 勒让德方程 (6.19)的两个线性无关解.

(2) 贝塞尔方程与 (连带) 勒让德方程其二阶导数项前面的系数在其自然定义域的边界取值为零. 具体而言, 贝塞尔方程(5.8)的自然定义域是 $x \in (0, \infty)$, 其二阶导数的系数 $k(x) = x^2$ 在边界 $x = 0$ 处取值为零. 勒让德方程(6.21)的自然定义域是 $x \in (-1, 1)$, 其二阶导数的系数 $k(x) = 1 - x^2$ 在边界 $x = \pm 1$ 处取值为零. 事实上, 二阶导数系数取值为零的点对应的是二阶线性常微分方程的奇点.

(3) 贝塞尔函数和勒让德函数都是通过幂级数求解对应线性常微分方程的方式而引入的. 此外, 两类函数幂级数展开每一项均含有(7.2)式所定义的阶乘幂系数. 举例来说, 第一类贝塞尔函数(5.17)中的 a_{2k} 可写为

$$a_{2k} = \frac{(-1)^k a_0}{2^{2k}(\alpha+1)(\alpha+2)\cdots(\alpha+k)k!} = \frac{(-1)^k a_0}{2^{2k}(\alpha+1)_k k!}, \tag{7.3}$$

其中包括两组阶乘幂 $(\alpha+1)_k$ 和 $k!$. 而勒让德方程的级数解(6.28)中系数 a_{2k} 可表示为

$$a_{2k} = (-1)^k \frac{\alpha(\alpha-2)\cdots(\alpha-2k+2)\cdot(\alpha+1)(\alpha+3)\cdots(\alpha+2k-1)}{(2k)!} \cdot a_0$$

$$= 4^k a_0 \cdot \frac{\left(-\frac{\alpha}{2}\right)_k \left(\frac{\alpha+1}{2}\right)_k}{(2k)!}, \tag{7.4}$$

这里包括三组阶乘幂 $\left(-\frac{\alpha}{2}\right)_k$、$\left(\frac{\alpha+1}{2}\right)_k$ 和 $(2k)!$.

上述共性特征意味着, 也许存在某种刻画特殊函数的基本常微分方程与幂级数解的形式, 使得贝塞尔函数、勒让德函数以及其他重要特殊函数在该框架下可以被统一表达. 由此我们将介绍超几何函数的概念.

7.2 高斯超几何函数

7.2.1 高斯超几何函数的定义

现在考虑由如下级数定义的函数:

$$\mathrm{F}(a,b;c;x) = \sum_{k=0}^{\infty} \frac{(a)_k(b)_k}{(c)_k k!} x^k = 1 + \frac{ab}{c} \cdot x + \frac{a(a+1)b(b+1)}{2!c(c+1)} \cdot x^2 + \cdots, \tag{7.5}$$

其中, $(\cdot)_k$ 是(7.2)式所定义的阶乘幂符号. 由级数(7.5)定义的函数通常称作*超几何函数* (hypergeometric function) 或*高斯超几何函数* (Gauss hypergeometric function), 一般以大写字母 "F" 表示. 在超几何函数(7.5)的定义中, x 是自变量, a、b 和 c 是参数. 按惯例, 我们在函数表达式 $\mathrm{F}(a,b;c;x)$ 中使用了两个分号. 第一个分号用于将出现在幂级数每一项分子中的参数 a 与 b, 与在分母中出现的参数 c 区分开来; 第二个分号用于将自变量 x 同参数区分开来.

接下来考虑级数(7.5)中参数 a、b 和 c 的取值范围. 这里参数 a 与 b 可以取到任意实数, 但需要排除 c 取负整数或零的情况. 因为此时分母 $(c)_k$ 会在 $k \geqslant 1-c$ 时变为零.

此外也可以看到, 函数 $\mathrm{F}(a,b;c;x)$ 关于其参数 a 和 b 具有对称性, 即

$$\mathrm{F}(a,b;c;x) = \mathrm{F}(b,a;c;x). \tag{7.6}$$

除此之外, 如果 a 或者 b 为非正整数, 例如当 $a=-n$ 时, (7.5)式中的求和会在 $k=n+1$ 项终止. 此时的超几何函数实际上是一个多项式. 在 6.2.2节讨论勒让德多项式的由来时, 我们其实已经见到上述无穷级数向多项式的转化操作.

计算可知, (7.5)式所定义的幂级数其收敛半径式为 1, 且其在收敛半径的边界 $x=\pm 1$ 处一般情况下不收敛 (只有在该幂级数退化为多项式才收敛). 因此当自变量 x 为实数时, 高斯超几何函数的自然定义域应为 $x \in (-1,1)$.

事实上, 我们已经见过一些高斯超几何函数. 例如, 对几何幂级数求和:

$$\mathrm{F}(1,1;1;x)=\sum_{k=0}^{\infty}x^k=(1-x)^{-1}, \tag{7.7}$$

得到的函数就是一个在 $a=b=c=1$ 情形下的高斯超几何函数. 而更加一般化的几何级数实际上也是高斯超几何函数的一种特殊情况:

$$\mathrm{F}(n,b;b;x)=\sum_{k=0}^{\infty}\frac{(n+k-1)!}{(n-1)!k!}x^k=(1-x)^{-n},\quad n\in\mathbb{Z}^+. \tag{7.8}$$

同时大量初等函数也可以用高斯超几何函数的形式来表达, 如以下几例:

$$\mathrm{F}(1,1;2;x)=-\frac{\lg(1-x)}{x}; \tag{7.9a}$$

$$\mathrm{F}\left(\frac{1}{2},1;\frac{3}{2};x^2\right)=\frac{1}{2x}\ln\left(\frac{1+x}{1-x}\right); \tag{7.9b}$$

$$\mathrm{F}\left(\frac{1}{2},\frac{1}{2};\frac{3}{2};x^2\right)=\frac{\arcsin x}{x}. \tag{7.9c}$$

要验证上述等式, 只需将等式右端展开为泰勒级数, 再把得到的结果同超几何函数 (7.5)作比较求出 a、b、c 的值即可.

从上述例子中我们再次看到, 幂级数(7.5)在其自然定义域边界 $x=\pm 1$ 处是发散的.

7.2.2 超几何微分方程

1. 定义式和通解

接下来考虑关于下述二阶线性常微分方程:

$$x(1-x)\frac{\mathrm{d}^2y}{\mathrm{d}x^2}+[c-(a+b+1)x]\frac{\mathrm{d}y}{\mathrm{d}x}-aby=0, \tag{7.10}$$

其中, y 是因变量; x 是自变量; a、b 和 c 为方程参数. (7.10)式称为超几何微分方程 (hypergeometric differential equation), 或简称超几何方程.

现在我们来证明, 由(7.5)式定义的高斯超几何函数 $\mathrm{F}(a,b;c;x)$ 是(7.10)式的解. 为了便于证明, 引入微分算子 ϑ:

$$\vartheta=x\frac{\mathrm{d}}{\mathrm{d}x}. \tag{7.11}$$

使用该算子可将 (7.10)式表达为

$$\frac{1}{x}(\vartheta+c-1)\vartheta[y]-(\vartheta+a)(\vartheta+b)[y]=0, \tag{7.12}$$

其中, 方括号 "[]" 提示算子 $\vartheta[\cdot]$ 的输入是一个函数. 验证可知

$$(\vartheta+\alpha)(\vartheta+\beta)[x^k]=(k+\alpha)(k+\beta)\vartheta[x^k], \tag{7.13}$$

其中, α 和 β 为两个输入参数. 将(7.13)式代入 $\mathrm{F}(a,b;c;x)$ 的定义式(7.5)中, 可得

$$\begin{aligned}\frac{1}{x}(\vartheta+c-1)\vartheta[\mathrm{F}]&=\frac{1}{x}\sum_{k=0}^{\infty}\frac{(a)_k(b)_k}{(c)_k k!}(\vartheta+c-1)\vartheta[x^k]=\sum_{k=1}^{\infty}\frac{(a)_k(b)_k}{(c)_k k!}k(k+c-1)x^{k-1}\\&=\sum_{k=1}^{\infty}\frac{(a)_k(b)_k}{(c)_{k-1}(k-1)!}x^{k-1}=\sum_{k=0}^{\infty}\frac{(k+a)(k+b)(a)_k(b)_k}{(c)_k k!}x^k\\&=(\vartheta+\alpha)(\vartheta+\beta)\vartheta[\mathrm{F}].\end{aligned} \tag{7.14}$$

将 (7.14) 式重新排列即可是(7.12)式. 由此可证, 由(7.5)式定义的高斯超几何函数 $\mathrm{F}(a,b;c;x)$ 正是超几何方程(7.10)的一个解.

类似地, 可以证明(7.10)式还有另一个解是 $y_2=x^{1-c}\mathrm{F}(a-c+1,b-c+1;2-c;x)$. 然而, 当 $c=1$ 时, y_2 恰好就等于超几何方程的第一个解 $y_1=\mathrm{F}(a,b;c;x)$. 因此,

$$y=C_1\mathrm{F}(a,b;c;x)+C_2x^{1-c}\mathrm{F}(a-c+1,b-c+1;2-c;x) \tag{7.15}$$

仅在 $c\neq1$ 时是超几何方程(7.10)通解, 其中 C_1 和 C_2 为两个常数.

然而数学物理中绝大部分重要的特殊函数对应的都是 $c=1$ 的情形. 因此需要考虑 $c=1$ 时超几何方程(7.10)的通解形式. 此时超几何方程(7.12)简化为

$$\frac{1}{x}\vartheta^2[y]-(\vartheta+a)(\vartheta+b)[y]=0. \tag{7.16}$$

为得到上述方程 (与 $y_1=\mathrm{F}(a,b;1;x)$ 线性无关) 的第二个解, 假定方程 (7.16) 的解具有如下形式:

$$y_2=\mathrm{F}(a,b;1;x)\ln x+\sum_{k=1}^{\infty}\frac{(a)_k(b)_k}{(k!)^2}C_kx^k,\quad x\in(0,1), \tag{7.17}$$

其中, C_k 是待定系数. 接下来将按如下步骤来确定 C_k 的值. 首先将(7.17)式右端第一项代入原方程并计算其残差 (若恰好满足方程则残差为零). 随后再将(7.17)式右端第二项代入控制方程并计算残差. 最后选取 C_k 的值使得两处残差之和恰好为零.

为此, 首先将(7.17)式右端的第一项代入(7.16)式, 可得

$$\begin{aligned}&\frac{1}{x}\vartheta^2[\mathrm{F}\ln x]-(\vartheta+a)(\vartheta+b)[\mathrm{F}\ln x]\\&=\ln x\left[\frac{1}{x}\vartheta^2[\mathrm{F}]-(\vartheta+a)(\vartheta+b)[\mathrm{F}]\right]+\left[\frac{2}{x}\vartheta-(\vartheta+a)-(\vartheta+b)\right][\mathrm{F}].\end{aligned}\tag{7.18}$$

由于 $y=\mathrm{F}(a,b;1;x)$ 是(7.16)式的一个解, 故(7.18)式右端第一项为零. 然后将 $\mathrm{F}(a,b;1;x)$ 的幂级数展开形式, 即(7.5)式 $(c=1)$, 代入 (7.18) 式右端的第二项可得

$$\begin{aligned}&\frac{1}{x}\vartheta^2[\mathrm{F}\ln x]-(\vartheta+a)(\vartheta+b)[\mathrm{F}\ln x]=\left[\frac{2}{x}\vartheta-(\vartheta+a)-(\vartheta+b)\right][\mathrm{F}]\\&=\sum_{k=0}^{\infty}\frac{(a)_k(b)_k}{(k!)^2}\left[\frac{2}{x}\vartheta-(\vartheta+a)-(\vartheta+b)\right][x^k]\\&=2\sum_{k=0}^{\infty}\frac{(a)_{k+1}(b)_{k+1}}{(k+1)(k!)^2}x^k-\sum_{k=0}^{\infty}\frac{(a)_k(b)_k[(a+k)+(b+k)]}{(k!)^2}x^k\\&=\sum_{k=0}^{\infty}\frac{(a)_k(b)_k}{(k!)^2}\cdot\frac{(a+k)(b-1)+(a-1)(b+k)}{k+1}x^k.\end{aligned}\tag{7.19}$$

(7.19)式的右端项即为(7.17)式第一项代入超几何方程所得到的残差.

为消除该残差, 我们再来计算(7.17)式第二项代入超几何方程后的残差. 计算可得

$$\sum_{k=0}^{\infty}\frac{C_k(a)_k(b)_k}{(k!)^2}\left[\frac{1}{x}\vartheta^2-(\vartheta+a)(\vartheta+b)\right][x^k]=C_1ab+\sum_{k=1}^{\infty}(C_{k+1}-C_k)\frac{(a)_{k+1}(b)_{k+1}}{(k!)^2}x^k.\tag{7.20}$$

(7.20) 式右端项即为(7.17)式第二项代入超几何方程后的残差.

若(7.19)式与(7.20)式右端项的和为零, 则(7.17)式就是超几何方程的一个解. 对比两式 x^k 的系数可以确认

$$C_1=\frac{1}{a}+\frac{1}{b}-2\tag{7.21a}$$

和

$$C_{k+1}=C_k-\frac{(a+k)(b-1)+(a-1)(b+k)}{(a+k)(b+k)(k+1)},\tag{7.21b}$$

即当 C_k, $k=1, 2, \cdots$ 满足(7.21)式时, 由(7.17)式定义的 y_2 就是超几何方程(7.10)(在 $c=1$ 时) 的一个解.

因此, 超几何方程(7.10)在 $c=1$ 时的通解可通过 $\mathrm{F}(a,b;1;x)$ 与由(7.17)式定义的 y_2 线性组合来表达.

2. 常微分方程的正则奇点

为便于进一步讨论, 首先引入正则奇点的概念. 二阶线性常微分方程可统一表达为

$$\frac{\mathrm{d}^2y}{\mathrm{d}x^2}+P(x)\frac{\mathrm{d}y}{\mathrm{d}x}+Q(x)y=0.\tag{7.22}$$

对于超几何方程 (7.10), 在其两边同时除以 $x(1-x)$, 并与(7.22)式对比可得, $P(x)=\dfrac{c-(a+b+1)x}{x(1-x)}$, $Q(x)=-\dfrac{ab}{x(1-x)}$.

若 $P(x)$ 和 $Q(x)$ 的函数值在 $x\to x_0$ 时收敛, 则称 $x=x_0$ 为(7.22) 式的一个*正则点* (regular point). 如果 $P(x)$ 或 $Q(x)$ 在 $x\to x_0$ 时发散, 则称 $x=x_0$ 为(7.22)式的一个*奇点* (singular point). 对于(7.22)式某奇点 $x=x_0$, 若 $(x-x_0)P(x)$ 和 $(x-x_0)^2Q(x)$ 的函数值均在 $x\to x_0$ 时收敛, 则称该奇点为(7.22)式的一个*正则奇点* (regular singular point). 根据定义, $x=0$ 和 $x=1$ 都是超几何方程 (7.10)的正则奇点.

需要指出的是, (复平面上的) 无穷远点也可能是(7.22)式的一个正则奇点. 为研究函数在无穷远处的行为, 需要引入变量代换 $\zeta=1/x$, 并将(7.22)式转化为一个关于 $g(\zeta)=y(1/\zeta)$ 的方程. 如果 $\zeta=0$ 是转化后方程的一个正则奇点, 那么无穷远点就是原方程 (7.22)的一个正则奇点. 根据该定义可以证明, 无穷远点也是超几何方程 (7.10)的一个正则奇点.

超几何方程的通用性可在下述定理中体会到.

定理 7.1 *任何二阶齐次线性常微分方程(7.22), 只要其有不超过三个奇点 (包括无穷远点), 且每个奇点均为正则奇点, 则(7.22)式一定可以通过自变量变换转化为超几何方程(7.10).*

上述定理告诉我们, 若二阶线性常微分方程满足定理中的正则奇点要求, 则该方程在本质上与超几何方程是等价的. 将该常微分方程转化为超几何方程的关键在于, 选择适当的自变量代换关系, 代入方程进而确立 $P(x)$ 和 $Q(x)$ 与超几何方程(7.10)中参数 a、b 和 c 的关系. 上述转换过程可通过求解所谓黎曼–佩珀利

茨方程 (Riemann-Papperitz equation) 实现. 为突出主题, 此处不给出黎曼–佩珀利茨方程的推导过程, 但推导过程中几个重要结论需要再次明确.

- 若函数 $P(x)$ 和 $Q(x)$ 为如下形式的有理函数:

$$P(x)=\frac{p(x)}{(x-\xi)(x-\eta)(x-\zeta)},\quad Q(x)=\frac{q(x)}{(x-\xi)^2(x-\eta)^2(x-\zeta)^2},\tag{7.23}$$

其中, $p(x)$ 和 $q(x)$ 是两个多项式, 则(7.22)式必满足定理 7.1 中的正则奇点要求. 此时 $x=\xi,\eta$ 和 ζ 就是其三个正则奇点.

- 若方程的一个正则奇点位于无穷远点, 则 P 和 Q 仍可取如下形式有理函数:

$$P(x)=\frac{p(x)}{(x-\xi)(x-\eta)},\quad Q(x)=\frac{q(x)}{(x-\xi)^2(x-\eta)^2},\tag{7.24}$$

从而满足定理 7.1 的条件. 但此时对多项式 $p(x)$ 和 $q(x)$ 的次数也需满足一定要求.

有趣的是, 绝大多数在数学物理和概率论中有重要价值的二阶线性常微分方程, 其 P 和 Q 的形式都可由(7.23)式或(7.24)式给出. 因此, 超几何方程(7.10)实质上为分析常用特殊函数提供了一套统一的分析框架. 在 7.2.3 节中我们将看到, 勒让德函数正是超几何函数的一个特例.

7.2.3 重温勒让德函数和勒让德多项式

1. 勒让德函数

现在让我们在超几何方程的背景下重温勒让德函数. 勒让德方程(6.21)可改写为

$$\frac{\mathrm{d}^2y}{\mathrm{d}x^2}-\frac{2x}{(1-x)(1+x)}\frac{\mathrm{d}y}{\mathrm{d}x}+\frac{\alpha(\alpha+1)}{(1-x)(1+x)}y=0.\tag{7.25}$$

根据 7.2.2 节中关于正则奇点的定义可以发现, $x=\pm1$ 是勒让德方程(7.25)的两个正则奇点, 而勒让德方程的第三个正则奇点位于无穷远点.

基于定理 7.1, 可将 (7.25)式转化为超几何方程(7.10)的形式. 为此, 需要将在 $x=\pm1$ 处的正则奇点映射为超几何方程 (7.10)的正则奇点, 即 0 和 1. 为此引入变量代换

$$t=\frac{1-x}{2}.\tag{7.26}$$

进而有 $h(t)=y(x)=y(1-2t)$, $\dfrac{\mathrm{d}y}{\mathrm{d}x}=-\dfrac{1}{2}\dfrac{\mathrm{d}h}{\mathrm{d}t}$. 此时勒让德方程(7.25)可转换为一

个以 t 为自变量的二阶线性常微分方程, 即

$$t(1-t)\frac{\mathrm{d}^2h}{\mathrm{d}t^2}-(1-2t)\frac{\mathrm{d}h}{\mathrm{d}t}+\alpha(\alpha+1)h=0. \tag{7.27}$$

比较 (7.27)式和超几何方程标准形式(7.10)可以发现, $a=-\alpha$, $b=\alpha+1$, $c=1$. 因此, (7.27)式的一个解可以由 $h(t)=\mathrm{F}(-\alpha,\alpha+1;1;t)$ 直接给出, 其中 $\mathrm{F}(\cdot,\cdot;\cdot;t)$ 是(7.5)式所定义的高斯超几何函数. 也就是说, 勒让德方程(7.25)的一个解应为

$$\mathrm{P}_\alpha(x)=\mathrm{F}\left(-\alpha,\alpha+1;1;\frac{1-x}{2}\right). \tag{7.28}$$

这实际上就是第一类勒让德函数的定义. 而之于(7.27)式的第二个解, 理论上可以使用(7.17)式来给出. 但更常用的第二类勒让德函数定义方法是

$$\mathrm{Q}_\alpha(x)=\frac{\sqrt{\pi}\Gamma(\alpha+1)}{\Gamma\left(\alpha+\dfrac{3}{2}\right)(2x)^{\alpha+1}}\cdot\mathrm{F}\left(\frac{\alpha}{2}+1,\frac{\alpha}{2}+\frac{1}{2};\alpha+\frac{3}{2};x^{-2}\right), \tag{7.29}$$

其中, $\Gamma(\cdot)$ 是伽马函数.

换言之, 勒让德方程可以看作是超几何方程的一种特殊形式. 其两个解, 也就是两类勒让德函数则可通过高斯超几何函数来获得.

参考(6.105)式和(6.106)式, 我们可以进一步给出两类 α 次连带勒让德函数的定义:

$$\mathrm{P}_\alpha^m(x)=(-1)^m\left(1-x^2\right)^{\frac{m}{2}}\frac{\mathrm{d}^m}{\mathrm{d}x^m}\mathrm{P}_\alpha(x) \tag{7.30}$$

和

$$\mathrm{Q}_\alpha^m(x)=(-1)^m\left(1-x^2\right)^{\frac{m}{2}}\frac{\mathrm{d}^m}{\mathrm{d}x^m}\mathrm{Q}_\alpha(x), \tag{7.31}$$

其中, m 被限制为正整数. 可以证明, P_α^m 和 Q_α^m 恰好构成了连带勒让德方程(6.19)的一组基本解系.

2. 勒让德多项式

当(7.28)式右端项的次数 α 为整数 n 时, 有

$$\mathrm{P}_n(x)=\mathrm{F}\left(-n,n+1;1;\frac{1-x}{2}\right). \tag{7.32}$$

根据 7.2.1节的讨论可知, 当高斯超几何函数 $\mathrm{F}(a,b;c;x)$ 的参数 a 或 b 取负整数或零时, 幂级数(7.5)会变成一个多项式. 对于(7.32)式, 恰好有 $a=-n$, 其所定义的多项式实质上正是勒让德多项式.

作为验证, 将级数(7.5)代入(7.32)式右端项, 可得

$$
\begin{aligned}
\mathrm{P}_n(x) &= \sum_{k=0}^{n} \frac{(-n)_k (n+1)_k}{(k!)^2} \left(\frac{1-x}{2}\right)^k \\
&= \sum_{k=0}^{n} (-1)^k \frac{n(n-1)\cdots(n-k+1)}{k!} \cdot \frac{(n+1)\cdots(n+k)}{k!} \cdot \left(\frac{1-x}{2}\right)^k \\
&= \sum_{k=0}^{n} \left(-\frac{1}{2}\right)^k \binom{n}{k} \binom{n+k}{k} (1-x)^k ,
\end{aligned}
\tag{7.33}
$$

其中, “$\binom{\cdot}{\cdot}$” 表示二项式系数. 令(7.33)式中 $n = 0, 1, \cdots, 5$, 并且与(6.46)式所列出的 5 次以下的勒让德多项式对比可以确定, 由(7.32)式所定义的多项式正好就是勒让德多项式 (见本章课后习题 7.5). 另外, (7.33)式也为奇数次和偶数次勒让德多项式提供了统一表达形式.

基于(7.32)式的另一个结论是, 我们可以利用高斯超几何函数参数 a 和 b 的对称性得到 $\mathrm{P}_n(x) = \mathrm{P}_{-n-1}(x)$, 也就是(6.42)式的结论.

对于第二类勒让德函数 $\mathrm{Q}_n(x)$, 令 (7.29)式中 $\alpha = 0$ 可以得到

$$
\mathrm{Q}_0(x) = \frac{1}{2} \ln \left(\frac{1+x}{1-x}\right), \tag{7.34}
$$

这可以导出(6.43)式. 当 $\alpha = n$ 时, 将其代入(7.29)式理论上也可以导出 n 次第二类勒让德函数的表达式. 但这里我们将仿照(7.17)式的思路, 通过多项式待定系数的方法来确定正整数次第二类勒让德函数的表达式. 为此我们假设

$$
\mathrm{Q}_n(x) = \mathrm{P}_n(x)\mathrm{Q}_0(x) - W_{n-1}(x), \tag{7.35}
$$

其中, W_{n-1} 是 $n-1$ 次多项式. 若要保证(7.35)式为 n 次勒让德方程(6.33)的解, 则可以得到关于多项式 W_{n-1} 系数的代数方程. 求解这些代数方程即可给出正整数阶第二类勒让德函数的表达式. 经过计算可以发现, 结果与(6.44)式给出的 Q_n 的定义式完全一致.

3. 经典正交多项式

作为本节讨论内容的扩展, 我们略略讨论超几何函数与表 6.1中定义在有界区域的正交多项式之间的关联关系. 有如下结论:

$$
\mathrm{T}_n(x) = \mathrm{F}\left(-n, n; \frac{1}{2}; \frac{1-x}{2}\right); \tag{7.36a}
$$

$$\mathrm{P}_n^{\alpha,\beta}(x) = \binom{n+\alpha}{n} \cdot \mathrm{F}\left(-n, \alpha+\beta+1+n; \alpha+1; \frac{1-x}{2}\right), \tag{7.36b}$$

其中, T_n 和 $\mathrm{P}_n^{\alpha,\beta}$ 分别称为第一类切比雪夫多项式和雅可比多项式. 值得指出的是, 由(7.36)式列出的正交多项式, 和勒让德多项式一样, 有一个共同特点, 即它们的定义域 (参照表 6.1) 都是有限大小的, 即 $x \in (-1, 1)$. 这并非巧合, 而是所有含三个正则奇点 (包括无穷远点) 二阶线性常微分方程对应的正交多项式系的共同特征 (见课后习题 7.7). 至于表 6.1中列出的其他类型正交多项式, 有关它们的讨论可参考 7.3 节汇合型超几何函数的内容.

7.3 汇合型超几何函数

7.3.1 库默尔微分方程及方程的解

现讨论超几何方程中的两个正则奇点 "汇合" 于无穷远点的情况. 为此, 令高斯超几何函数(7.5)的自变量变为 x/b, 即 $\mathrm{F}(a, b; c; x/b)$, 且可证明 $\mathrm{F}(a, b; c; x/b)$ 满足

$$x\left(1-\frac{x}{b}\right)\frac{\mathrm{d}^2 y}{\mathrm{d}x^2} + \left[c - \left(1+\frac{a+1}{b}\right)x\right]\frac{\mathrm{d}y}{\mathrm{d}x} - ay = 0. \tag{7.37}$$

此时 $x = b$ 应为(7.37)式的一个正则奇点.

现考虑 $b \to \infty$ 的情形. 令 $1/b$ 趋向于 0, 则(7.37)式变为

$$x\frac{\mathrm{d}^2 y}{\mathrm{d}x^2} + (c-x)\frac{\mathrm{d}y}{\mathrm{d}x} - ay = 0. \tag{7.38}$$

(7.38)式称为*库默尔微分方程* (Kummer differential equation), 也称为*汇合型超几何微分方程* (confluent differential equation)[①], 简称汇合型超几何方程.

关于库默尔微分方程的解的形式, 一个合理的猜测是(7.37)式的解在 $b \to \infty$ 时的极限形式, 即

$$\mathrm{M}(a; c; x) = \lim_{b\to\infty} \mathrm{F}\left(a, b; c; \frac{x}{b}\right). \tag{7.39}$$

此时, 将幂级数(7.5)按照定义式(7.39)的要求代入, 可得

$$\mathrm{M}(a; c; x) = \lim_{b\to\infty}\sum_{k=0}^{\infty}\frac{(a)_k(b)_k}{(c)_k k!}\left(\frac{x}{b}\right)^k = \sum_{k=0}^{\infty}\lim_{b\to\infty}\frac{(b)_k}{b^k}\frac{(a)_k}{(c)_k k!}x^k = \sum_{k=0}^{\infty}\frac{(a)_k}{(c)_k k!}x^k. \tag{7.40}$$

① 也译作 "合流超几何微分方程" 或 "汇流型超几何微分方程".

不难证明, 由(7.40)式定义的函数确实是汇合型超几何方程(7.38)的一个解. 由(7.40)式所定义的函数 $\mathrm{M}(a;c;x)$ 称为*汇合型超几何函数* (confluent hypergeometric function)[①], 也叫作*库默尔函数*, 或 M *函数* (M-function).

关于库默尔函数, 我们提到其下述两个特点. 第一, 其定义式(7.40)排除了 c 取非正整数的情况, 这与高斯超几何函数的情形一致. 第二, 库默尔函数的收敛半径为无穷大. 因此幂级数(7.40)在整个实数域 $x \in \mathbb{R}$ 均一致收敛.

数学物理和概率论中许多重要函数都可基于库默尔函数导出. 指数函数就是一个汇合型超几何函数的例子: $\mathrm{M}(a;a;x) = \mathrm{e}^x$.

同时库默尔微分方程也存在另一种形式的解, 其表达式为

$$\mathrm{U}(a;c;x) = \frac{1}{\Gamma(a)}\int_0^{\infty} \mathrm{e}^{-xt}t^{a-1}(1+t)^{c-a-1}\,\mathrm{d}t, \quad x>0, \tag{7.41}$$

其中, $\Gamma(\cdot)$ 是伽马函数. 由 (7.41)定义的函数 $\mathrm{U}(a;c;x)$ 被称为 U *函数* (U-function).

7.3.2　汇合型超几何函数应用举例

这里简要介绍库默尔函数在数学物理和概率论中的几个应用场景. 需要指出的是, 库默尔函数的大部分性质是以复自变量的视角推导得到的. 为保证与其他资料表达形式的一致性, 接下来的讨论我们将以 z 代替 x 作为自变量.

1. 重新考察贝塞尔函数

第一类贝塞尔函数和库默尔函数的联系表现为

$$\mathrm{J}_\alpha = \frac{(z/2)^\alpha \mathrm{e}^{\mathrm{i}z}}{\Gamma(\alpha+1)}\mathrm{M}\left(\alpha+\frac{1}{2};2\alpha+1;2\mathrm{i}z\right), \tag{7.42}$$

其中, $\Gamma(\cdot)$ 是伽马函数; i 表示单位复数.

对于 5.4.2节中的 (5.89)式给出的第二类修正贝塞尔函数, 我们有

$$\mathrm{K}_\alpha = \sqrt{\pi}\mathrm{e}^{-z}(2z)^\alpha \mathrm{U}\left(\alpha+\frac{1}{2};2\alpha+1;2z\right). \tag{7.43}$$

2. 无界域上的正交多项式

与高斯超几何函数一样, 当参数 a 取非正整数时, 库默尔函数(7.40)会变成多项式. 于是有如下表达式:

$$\mathrm{L}_n^\alpha = \binom{n+\alpha}{n}\mathrm{M}(-n;\alpha+1;z), \quad n \in \mathbb{Z}^+ \cup \{0\}. \tag{7.44}$$

(7.44) 式所定义的 $\mathrm{L}_n^\alpha(x)$ 正是表 6.1中所列出的拉盖尔多项式.

① 也译作 “合流超几何函数” 或 “汇流型超几何函数”.

3. 误差函数

误差函数定义为

$$\operatorname{erf} z = \frac{2}{\sqrt{\pi}} \int_0^z e^{-t^2} \, dt, \quad \operatorname{erfc} z = 1 - \operatorname{erf} z = \frac{2}{\sqrt{\pi}} \int_z^\infty e^{-t^2} \, dt. \tag{7.45}$$

误差函数在概率论中有重要作用. 它和库默尔函数的联系是

$$\operatorname{erf} z = \frac{2z}{\sqrt{\pi}} \mathrm{M}\left(\frac{1}{2}; \frac{3}{2}; -z^2\right). \tag{7.46}$$

4. 库仑波函数

库仑波函数在物理学尤其是量子力学中有重要作用. 它们是下列微分方程的解:

$$\frac{d^2 y}{dz^2} + \left[1 - \frac{2\eta}{z} - \frac{\lambda(\lambda+1)}{z^2}\right] y = 0, \tag{7.47}$$

其中, λ 和 η 是两个参数; 自变量 z 常被用来刻画原子核的间距.

从(7.47)式中应解出一对线性无关的解, 即一对库仑波函数, 通常用 $\mathrm{F}_\lambda(\eta; z)$ 和 $\mathrm{G}_\lambda(\eta; z)$ 来表示. 它们也可以通过库默尔函数来定义:

$$\mathrm{F}_\lambda(\eta; z) = A\mathrm{M}(\lambda + 1 - \mathrm{i}\eta; 2\lambda + 2; 2\mathrm{i}z), \tag{7.48a}$$

$$\mathrm{G}_\lambda(\eta; z) = \mathrm{i}\mathrm{F}_\lambda(\eta; z) + \mathrm{i}B\mathrm{U}(\lambda + 1 - \mathrm{i}\eta; 2\lambda + 2; 2\mathrm{i}z), \tag{7.48b}$$

其中, A 和 B 是由 λ 和 η 确定的复参数.

许多其他常用特殊函数, 如惠特克 (Whittaker) 函数、抛物柱面函数、指数积分和菲涅耳积分等, 都可以通过汇合型超几何函数来定义, 在此就不做列举.

7.4 超几何函数内容总结及人工智能相关新函数

7.4.1 超几何函数内容总结

本章介绍了超几何函数及其衍生函数的系列入门知识, 其目的是为读者开展进阶学习打下基础. 在本节中, 我们在以下几个方面对超几何函数的相关内容进行概括总结.

(1) 超几何函数及其衍生函数为获得数学物理和概率论领域常用特殊函数提供了统一的研究框架.

(2) 超几何微分方程的表达形式相对统一, 参考(7.22)式, 其对方程中的已知函数 $P(x)$ 和 $Q(x)$ 有明确要求, 它们需为有理函数. 换言之, 超几何函数及其衍生函数之于整个函数大家庭仍然是一个小群体. 然而这一小群函数如此受人关注, 恰是因为其对应的二阶线性常微分方程在数学物理中的重要应用价值. 因此, 研究超几何函数及其衍生函数的驱动力, 是与数学物理发展的需求天然吻合的.

(3) 超几何函数及其衍生函数是通过幂级数来定义的. 幂级数的定义方式帮助人们突破了初等函数的限制 (尽管许多超几何函数仍是初等函数). 基于幂级数的定义方式, 超几何函数的概念还可进一步拓展, 以扩大其覆盖范围. 例如广义超几何函数:

$$
{}_p\mathrm{F}_q(a_1,\cdots,a_p;b_1,\cdots b_q;z)=\sum_{k=0}^{\infty}\frac{(a_1)_k\cdots(a_p)_k}{(b_1)_k\cdots(b_q)_k k!}z^k, \tag{7.49}
$$

其中, 第一个下标 p 表示幂级数各项分子中出现参数的数目; 第二个下标 q 表示幂级数各项分母中出现参数的数目. 为确保级数对某个 z 收敛, 需令 $p\leqslant q+1$. 当 $p=q+1$ 时, 级数收敛域是 $|z|<1$; 当 $p<q+1$ 时, 收敛域变为 $|z|<\infty$. 式(7.5)所定义的高斯超几何函数 $\mathrm{F}(a,b;c;z)={}_2\mathrm{F}_1$ 和式(7.40)给出的库默尔函数 $\mathrm{M}(a;c;z)={}_1\mathrm{F}_1$ 是广义超几何函数的两个特殊情况.

综上所述, 较之初等函数, 超几何函数代表着一种发现函数的新逻辑. 它们是因求解关键二阶线性常微分方程的需要而被引入的. 这与通过算数 (如多项式) 或几何 (如三角函数) 直觉来发现新初等函数的方法完全不同. 而随着人工智能技术的蓬勃发展, 如今又出现了第三代新函数形式——神经网络. 在 7.4.2 节, 我们将简要梳理初等函数、超几何函数以及神经网络函数所代表的三代函数形式, 希冀帮助读者将发掘传统特殊函数的思路用于理解神经网络的函数特点.

7.4.2　与人工智能相关的新函数形式

基于 7.4.1 节对超几何函数的总结, 这里将探讨发现新函数的不同范式, 帮助读者在函数表达方法论层面建立一些思考.

初等函数是人类最早使用的系列函数. 在编者看来, 初等函数的发现与推广主要源于人们直觉以及直观应用需要. 例如, 多项式函数是常用的算术操作 (包括加、减、乘) 的抽象化. 再比如, 三角函数源于人们对直角三角形各边比例关系的研究. 这些函数及其反函数构成了人类对自然定量化的基本工具. 直到今天, 这些基于直觉而发展起来的函数依然是人们分析不同因素间规律的 (下意识) 选择. 例如, 人们很自然地会首先尝试使用线性关系去刻画两种因素的定量联系; 或者人们会很自然地使用正余弦函数去刻画周期性变化的规律, 等等. 简而言之, 初等函数是唯象地描述各类变化趋势的有效工具. 这种基于直接和观测规律来“发明”和使用函数的方式, 我们将其称为**第一代函数使用模式**.

随着力学与物理等学科的发展, 人们开始尝试发展更加系统化的理论来刻画这个“变化中有守恒”的物理世界. 如本书尝试呈现的, 微分方程成为理性化分析各种物理规律的重要手段. 基于物理量的守恒关系, 并借助于微积分和线性代数的分析工具, 人们尝试利用微分方程去对一个物理问题进行建模. 本书也介绍了微分方程对波动现象、热传导现象以及静电学现象的一些建模成果. 微分方程的发展自然带来人们对其求解工具的广泛需求. 这是本书所讨论各类特殊函数产生的大背景. 当使用分离变量法求解一个二阶常微分方程特征值问题时, 人们发现传统的基于初等函数的求解工具无法帮助我们解析地求解该问题. 这便引入了**第二代函数使用模式**. 一个函数是否重要, 不在于其是否直观, 乃在于其是否是那些在数学物理领域中重要常微分方程的解. 这正是超几何函数这样一个几乎没有任何直觉应用背景的函数可以脱颖而出的原因, 因为数学物理领域中几乎所有重要的二阶线性常微分方程恰好都可以通过自变量变换而转化为超几何方程 (参考定理 7.1, 其控制方程最多只有 3 个正则奇点). 因此, 尽管没有直观应用的需求, 但研究清楚超几何函数的性质 (它们的零点、递推公式、正交性等), 就可以获得求解数学物理问题的关键钥匙——特殊函数. 尽管特殊函数突破了第一代初等函数的限制, 但特殊函数理论的发展依然离不开人们在简单函数领域积累的各种知识. 例如, 本书经常提及的幂级数法, 就是在用 (无限个) 幂函数的叠加来逼近一个复杂函数. 因此上一代函数使用范式中所积累的知识, 依然是推动新一代函数使用的重要助力.

自 20 世纪 50 年代, 电子计算机技术开始蓬勃发展, 并深刻地影响着各门学科的发展走向. 以微分方程的求解为例. 传统的微分方程求解方法以发现问题 (近似) 解析解为主. 这其中需要依靠人类灵感引入诸多求解技巧, 熟练掌握分离变量法、复变函数的积分、变分原理、格林公式、特殊函数等技巧与方法, 是求解偏微分方程的基础. 然而电子计算算力的提升开辟了一种求解偏微分方程问题的新路径. 计算机擅长极快速地处理简单算术运算. 这就允许人们可以将计算区域无限细分, 在每个小区域内用最简单的函数去逼近真实问题的解, 用最基本的算术运算去逼近微分, 并借助计算机的强大算力将各区域的计算结果快速汇总. 如今在工程中已广泛应用的有限元、有限差分等算法正是这一理念的实践. 此时, 人们不再需要熟练掌握变分原理或格林公式, 就可以使用有限元软件计算一个复杂的偏微分方程问题, 并分析其背后的物理规律. 然而, 了解有限元方法背后的变分原理, 以及熟练掌握推导变分原理所必须的格林公式, 依然会帮助有限元软件用户举一反三, 个性化地求解偏微分方程问题. 这也是本书编写的侧重点之一.

进入 21 世纪的第二个十年, 人工智能 (artificial intelligence, AI) 开始蓬勃发展. 在编者看来, 人工智能蓬勃发展的关键数学基础正是**第三代函数使用模式**的出现, 即使用以神经网络为代表的代理模型来刻画高维隐式函数关系. 如果说经典物理问题 (或者更具体而言连续介质物理问题) 可以通过定义在一维时间和三维空间内的偏微分方程来刻画, 那么今天更多的难题, 其影响因素的维度远在四维空间之上. 在如此纷繁复杂的影响因素面前, 几乎无法形成以理性化守恒律为核心的研究模式. 自然需要新的函数工具来刻画成千上万影响因素之间的隐式规律, 这也成就了神经网络发挥其能力的舞台. 神经网络, 简而言之, 就是模仿人脑记忆事务的方式来刻画输入量与输出量之间的关系. 例如, 一个人可以从一张 (含有成千上万像素点的) 照片中迅速识别出其中的内容. 研究发现, 人类识别世界的载体是由上亿神经元构成的 "神经网络". 每个神经元的输入和输出只能是 0(不释放电信号) 或 1(释放电信号), 但它们连接起来所形成的网络, 经过训练, 就可以记住极为复杂的多元函数关系, 且训练结果的稳定性极强. 对于人脑而言, 所谓训练, 就是反复观看多个照片使得各神经元 "知道" 在什么情况下应该释放电信号. 神经网络函数正是仿照这样的人脑思维模式. 首先建立一个神经网络结构, 保证每个 "神经元" 的输入和输出近似为 0 和 1, 并给出每个神经元输出信号的 (向量运算) 准则. 随后通过大量数据来校准每个神经元输出信号准则的参数①. 从函数特征角度上讲, 神经网络这种函数表达方式与前两代函数完全不同. 它不像初等函数那样来自于人类的唯象观测, 也不似特殊函数那样源于某个微分方程问题求解的需要. 神经网络是数据驱动的, 或者说, 神经网络函数对其所描述问题的 (理性化) 机理知之甚少, 但可通过训练捕捉到高维数据信息所隐含的 (低维) 隐式关系, 进而实现对所关注高维函数关系的精准刻画. 同时我们也需指出, 正像特殊函数的发展需要初等函数的支持一样, 前两代函数使用模式所积累的知识, 也必定会为人类认识神经网络函数的性质提供工具和启发. 例如, 神经网络函数本质上可以表达为线性函数的多重复合. 如何借助于偏微分方程等理性化工具来降低神经网络输入量的规模, 也是值得研究的重要问题之一. 此外, 神经网络 (或更一般地, 高维空间函数) 作为一种函数, 其大部分性质仍未厘清, 甚至更严格地说, 从哪些角度归纳神经网络函数的性质, 都是数学研究中的全新挑战. 而研究特殊函数这一非基于直觉函数的一些基本思路, 如递推公式、施图姆–刘维尔系统, 也可能会为神经网络函数性质的研究提供灵感.

表 7.1 对所讨论的三代函数使用模式给出了一个简单总结. 其目的有二. 第一是对传统函数使用模式 (包括初等函数和特殊函数) 的关键特征进行总结, 帮

表 7.1　三代函数使用模式简单总结

	第一代	第二代	第三代
代表函数	初等函数	特殊函数	神经网络
发展动力	直觉驱动	机制驱动	数据驱动
特长	唯象描述	微分方程解析解	多因素复杂关系

① 关于神经网络更多数学性质的讨论可参考涌井良幸, 涌井贞美. 深度学习的数学. 杨瑞龙译, 北京: 人民邮电出版社, 2019.

助读者更好地在传统函数使用模式下求解应用问题. 第二是眺望新函数使用模式, 为更好地应用神经网络等代理模型提供一些数学基础与研究灵感.

课 后 习 题

7.1 证明: (7.5)式中的级数收敛半径为 1.

7.2 验证(7.9)式.

7.3 证明: $y_2 = x^{1-c}\mathrm{F}(a-c+1, b-c+1; 2-c; x)$ 满足(7.12)式.

7.4 证明: 勒让德方程(7.25)的一个正则奇点位于无穷远点.

(a) 针对常微分方程(7.22)引入变量代换 $\zeta = \dfrac{1}{x}$ 和 $g(\zeta) = y(x) = y(1/\zeta)$. 然后证明(7.22)式可转化为如下形式:

$$\frac{\mathrm{d}^2 g}{\mathrm{d}\zeta^2} + \left(\frac{2}{\zeta} - \frac{P(1/\zeta)}{\zeta^2}\right)\frac{\mathrm{d}g}{\mathrm{d}\zeta} + \frac{Q(1/\zeta)}{\zeta^4}g = 0.$$

(b) 以 ζ 为自变量改写勒让德方程(7.25).

(c) 基于正则奇点的定义, 验证 $\zeta = 0$ 是关于 $g(\zeta)$ 的微分方程的一个正则奇点.

7.5 令(7.33)式中取 $n = 0, \cdots, 5$, 并将结果同 5 次以内勒让德多项式(6.46)作比较.

7.6 推导(7.35)式所给出的 $\mathrm{Q}_n(x)$ 的表达式.

7.7 考虑以正交多项式为通解的常微分方程(7.36).

(a) 写出它们对应的超几何方程形式.

(b) 证明上一问中所得到的微分方程, 其所有奇点 (包括无穷远点) 均是正则奇点.

7.8 验证 $\mathrm{F}(a, b; c; x/b)$ 是 (7.37)式的解, 其中 $\mathrm{F}(a, b; c; x)$ 是满足(7.10)式的高斯超几何函数.

参 考 文 献

谷超豪, 李大潜, 陈恕行, 等. 2012. 数学物理方程. 3 版. 北京: 高等教育出版社.

李大潜, 秦铁虎. 1997. 物理学与偏微分方程 (上). 北京: 高等教育出版社.

唐宇迪, 李琳, 侯惠芳, 等. 2020. 人工智能数学基础. 北京: 北京大学出版社.

王元明. 2004. 数学物理方程与特殊函数. 北京: 高等教育出版社.

Abramowitz M, Stegun I A. 1965. Handbook of Mathematical Functions. New York: Dover Publications Inc.

Baker B B, Copson E T. 2003. The Mathematical Theory of Huygens' Principle. Rhode Island: American Mathematical Society.

Balluffi R W, Allen S, Carter W C. 2005. Kinetics of Materials. Hoboken: Wiley.

Bitsadze A V. 1964. Equations of the Mixed Type. New York: Pergammon.

Cengel Y A, Cimbala J M. 2013. Fluid Mechanics—Fundamentals and Applications. 3rd edition. New York: McGraw-Hill Education.

Erban R, Chapman S J. 2020. Stochastic Modelling of Reaction-diffusion Processes. Cambridge: Cambridge University Press.

Evans L C. 2010. Partial Differential Equations. 2nd ed. Rhode Island: American Mathematical Society.

Huang M C, Du Z L, Liu C, et al. 2002. Problem-independent machine learning (PIML)-based topology optimization—A universal approach. Extreme Mech. Lett., 56: 101887.

Lin G C, Chen F K, Hu P P, et al. 2023. BI-GreenNet: Learning Green’s functions by boundary integral network. Communications in Mathematics and Statistics, 11: 103-129.

Ockendon J R, Howison S D, Lacey A A, et al. 2003. Applied Partial Differential Equations. 2nd ed. New York: Oxford University Press.

Shanks D. 1993. Solved and Unsolved Problems in Number Theory. 4th ed. New York: Chelsea Pub Co.

Strang G. 2019. Linear Algebra and Learning from Data. Wellesley: Wellesley-Cambridge Press.

Temme N M. 1996. Special functions: An Introduction to The Claasical Functions of Mathematical Physics. New York: John Wiley & Sons, Inc.

Tikhonov A N, Samarskii A A. 1990. Equation of Mathematical Physics. New York: Dover Publications, Inc.

Timoshenko S P, Goodier J N. 2010. Theory of Elasticity. 3rd ed. India: McGraw Hill.

Was G S. 2017. Fundamentals of Radiation Materials Science. 2nd ed. New York:

Springer.

Zienkiewicz O C, Taylor R L, Nithiarasu P. 2013. The Finite Element Method for Fluid Dynamics. 7th ed. Oxford: Elsevier, Butterworth-Heinemann.

Zienkiewicz O C, Taylor R L, Zhu J Z. 2005. The Finite Element Method: Its Basis and Fundamentals. 6th ed. Oxford: Elsvier, Butterworth-Heinemann.

Zienkiewicz O C, Taylor R L. 2013. The Finite Element for Solids and Structural Mechanics. 7th ed. Oxford: Elsevier, Butterworth-Heinemann.